中等职业学校计算机系列教材
zhongdeng zhiye xuexiao jisuanji xilie jiaocai

# 计算机外设使用与维修

（第2版）

◎ 张文杰 杨华安 主编
◎ 许长斌 陈宇先 副主编

人民邮电出版社
北京

图书在版编目（C I P）数据

计算机外设使用与维修 / 张文杰，杨华安主编. -- 2版. -- 北京 : 人民邮电出版社，2014.8(2023.7重印)
中等职业学校计算机系列教材
ISBN 978-7-115-30491-9

Ⅰ. ①计… Ⅱ. ①张… ②杨… Ⅲ. ①电子计算机—外部设备—使用方法—中等专业学校—教材②电子计算机—外部设备—维修—中等专业学校—教材 Ⅳ. ①TP334

中国版本图书馆CIP数据核字(2013)第014253号

## 内 容 提 要

本书主要介绍常用计算机外围设备的使用方法及其维修技巧。通过对本书的学习，读者能够认识常用计算机外围设备的特点和用途，能够根据设备的技术指标选购该类设备，能够排除该类外围设备在使用过程中的一般故障。全书主要介绍常用输入设备、输出设备、辅助存储设备、多媒体设备以及网络设备的使用方法和维修技巧。全书理论知识和操作案例相结合，层次清晰、浅显易懂。

本书适合作为中等职业学校“计算机外设使用与维修”课程的教材，也可作为计算机爱好者的自学参考书。

◆ 主　　编　张文杰　杨华安
　副 主 编　许长斌　陈宇先
　责任编辑　王　平
　责任印制　焦志炜

◆ 人民邮电出版社出版发行　　北京市丰台区成寿寺路 11 号
　邮编　100164　　电子邮件　315@ptpress.com.cn
　网址　http://www.ptpress.com.cn
　固安县铭成印刷有限公司印刷

◆ 开本：787×1092　1/16
　印张：12　　　　2014 年 8 月第 2 版
　字数：298 千字　　　2023 年 7 月河北第 9 次印刷

定价：28.00 元

读者服务热线：(010)81055256　印装质量热线：(010)81055316
反盗版热线：(010)81055315
广告经营许可证：京东市监广登字20170147号

# 中等职业学校计算机系列教材编委会

# 序

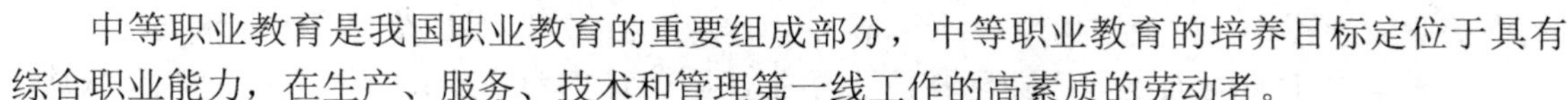

中等职业教育是我国职业教育的重要组成部分，中等职业教育的培养目标定位于具有综合职业能力，在生产、服务、技术和管理第一线工作的高素质的劳动者。

随着我国职业教育的发展，教育教学改革的不断深入，由国家教育部组织的中等职业教育新一轮教育教学改革已经开始。根据教育部颁布的《教育部关于进一步深化中等职业教育教学改革的若干意见》的文件精神，坚持以就业为导向、以学生为本的原则，针对中等职业学校计算机教学思路与方法的不断改革和创新，人民邮电出版社精心策划了《中等职业学校计算机系列教材》。

本套教材注重中职学校的授课情况及学生的认知特点，在内容上加大了与实际应用相结合案例的编写比例，突出基础知识、基本技能。为了满足不同学校的教学要求，本套教材中的4个系列，分别采用3种教学形式编写。

- 《中等职业学校计算机系列教材——项目教学》：采用项目任务的教学形式，目的是提高学生的学习兴趣，使学生在积极主动地解决问题的过程中掌握就业岗位技能。
- 《中等职业学校计算机系列教材——精品系列》：采用典型案例的教学形式，力求在理论知识“够用为度”的基础上，使学生学到实用的基础知识和技能。
- 《中等职业学校计算机系列教材——机房上课版》：采用机房上课的教学形式，内容体现在机房上课的教学组织特点，学生在边学边练中掌握实际技能。
- 《中等职业学校计算机系列教材——网络专业》：网络专业主干课程的教材，采用项目教学的方式，注重学生动手能力的培养。

为了方便教学，我们免费为选用本套教材的老师提供教学辅助资源，教师可以登录人民邮电出版社教学服务与资源网（http://www.ptpedu.com.cn）下载相关资源，内容包括如下。

- 教材的电子课件。
- 教材中所有案例素材及案例效果图。
- 教材的习题答案。
- 教材中案例的源代码。

在教材使用中有什么意见或建议，均可直接与我们联系，电子邮件地址是wangping@ptpress.com.cn。

中等职业学校计算机系列教材编委会

2012年11月

# 前　言

本书是为中等职业教育计算机及应用专业所编写的配套教材，根据教育部 2001 年颁布的中等职业学校计算机及应用专业“计算机外设使用与维修”课程教学基本要求编写的。

由于本书主要面向中等职业学校广大学生，因此在内容的安排上尽量精简，在叙述上尽量通俗易懂。帮助同学们重点了解与计算机外围设备相关的实用知识，培养实际动手能力。全书框架清晰、结构紧凑、难易分明，既方便教师讲授，又便于学生理解掌握。

全书主要介绍常用输入设备、输出设备、辅助存储设备、多媒体设备以及网络设备的使用和维修技巧。通过对相关知识的讲解，帮助读者认识常用计算机外围设备的特点和用途，能够根据设备的技术指标选购该类设备，能够排除该类外围设备在使用过程中的一般故障，为全面掌握计算机硬件知识打下基础。

本书共分 6 章，具体内容介绍如下。

- 第 1 章：计算机外部设备概述。主要讲述计算机硬件的基本知识以及计算机外围设备的种类及其发展趋势。
- 第 2 章：输入设备。主要讲述键盘、鼠标、扫描仪以及数码相机等常用输入设备的种类和选购维护技巧。
- 第 3 章：输出设备。主要讲述显示器、打印机以及绘图仪等常用输出设备的种类和选购维护技巧。
- 第 4 章：外部存储设备。主要讲述光存储设备和移动存储器等常用计算机外部存储设备的种类和选购维护技巧。
- 第 5 章：多媒体设备。主要讲述声卡、多媒体音箱、平板电脑、摄像头等多媒体设备的种类和选购维护技巧。
- 第 6 章：网络设备。主要讲述调制解调器以及各种网络通信设备的种类和选购维护技巧。

教师一般可用 54 学时来讲解本书的内容。在实际授课的过程中可以根据需要对学时进行适当的调整。

本书由张文杰、杨华安担任主编，许长斌、陈宇先任副主编，参加本书编写的还有沈精虎、黄业清、宋一兵、谭雪松、向先波、冯辉、计晓明、滕玲、董彩霞、管振起。

由于编者水平有限，书中难免存在疏漏之处，敬请各位读者批评指正。

**编者**

2012 年 12 月

# 目录

# 第 1 章　计算机外部设备概述

外围设备是计算机内部和外部联系与沟通的桥梁，它是计算机系统不可缺少的组成部分。对于计算机用户来说，直接接触最多的便是外围设备。随着计算机科学技术的飞速发展和应用领域的扩展，计算机系统的外围设备的种类越来越多，能更大程度地满足不同用户的需要。本章将介绍计算机硬件的基础知识、外围设备的分类，以及外设之间的连接和外围设备的发展方向与趋势。

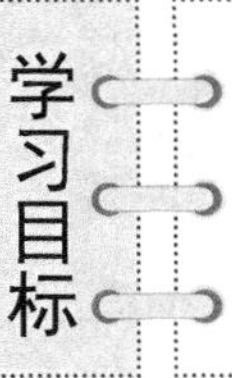


- 了解计算机硬件的基础知识。
- 熟悉计算机外设的分类。
- 简单了解计算机外设的连接。
- 了解计算机外设的发展方向。

## 1.1　计算机硬件的基础知识

一套完整的计算机系统主要由硬件系统和软件系统两大部分组成。硬件是指组成计算机的物理实体，如 CPU、主板、内存等；软件是指运行于硬件之上且具有一定功能并能够对硬件进行操作、管理及控制的计算机程序。

### 1．硬件系统

计算机是 20 世纪最伟大的发明之一，世界上第一台计算机是 1946 年 2 月 15 日由美国宾夕法尼亚大学研制的，命名为 ENIAC（埃尼阿克）。由于它采用“冯·诺依曼”体系结构，故命名为“冯·诺依曼”体系计算机。

微型计算机和大型计算机都是以“电子计算机之父”——冯·诺依曼所设计的体系结构为基础的，“冯·诺依曼”体系结构规定计算机主要由运算器、控制器、存储器、输入设备和输出设备等几部分组成，如图 1-1 所示。

（1）运算器和控制器。

运算器又称算术逻辑单元（Arithmetic Logic Unit），用来进行算术运算和逻辑运算以及位移和循环等操作。控制器是整个计算机的控制和指挥中心，它的主要功能有两个：一是按照程序的逻辑要求，控制程序中指令的执行顺序；二是根据指令寄存器中的指令码控制每一条指令的执行过程。

运算器和控制器合称为中央处理单元（Central Processing Unit），简称 CPU。CPU 是整个计算机的中枢，通过它对各部分的协同工作可以实现数据的分析、判断和计算等处理，以完成程序所指定的任务。

（2）存储器。

存储器是计算机存放数据的仓库，存储器分为内存储器和外存储器。内存储器又叫内存或主存，其容量较小，但速度快，用于存放临时数据；外存储器是辅助存储器，简称外存，其容量较大，但速度较慢，用于存放计算机暂时不用的数据和程序。

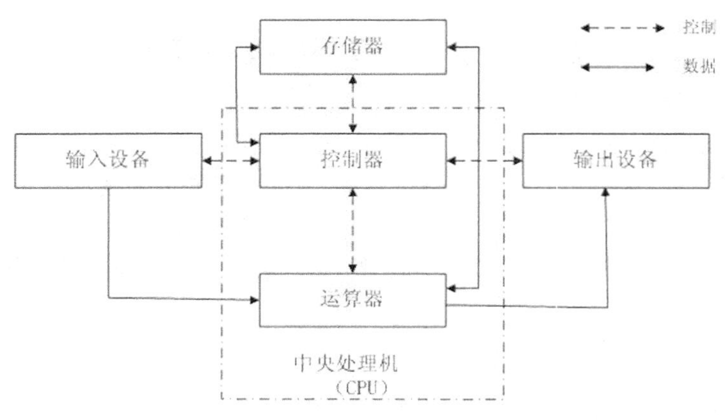


图 1-1　计算机的组成

（3）输入设备。

输入设备是人和计算机之间最重要的接口，它的功能是把原始数据和处理这些数据的程序、命令通过输入接口输入到计算机中，最常见的输入设备包括字符输入设备（如键盘、条形码阅读器、磁卡机）、图形输入设备（如鼠标、图形数字化仪、操纵杆）、图像输入设备（如扫描仪、传真机、摄像机）、模拟量输入设备（如模—数转换器、话筒，模—数转换器也称作 A/D 转换器），随着科学技术的飞速发展，越来越多的新的输入设备将展现在人们的生活中。

（4）输出设备。

输出设备是指将计算机的结果数据以数字、字母、表格、图形、图像的形式输出的设备，最常见的输出设备有显示器、打印机、绘图仪、语音输出设备以及 X-Y 记录仪、数—模（D/A）转换器、缩微胶卷胶片等，随着科学技术的飞速发展，越来越多的新的输出设备也将展现在人们的生活中。

**2．软件系统**

计算机的软件系统运行在计算机硬件系统上，其作用是运行、管理和维护计算机系统，并充分发挥计算机的性能。可将其分为系统软件、应用软件两大类。

（1）系统软件。

系统软件是指管理、监控和维护微机资源(包括硬件和软件)的软件。目前常见的系统软件有操作系统、各种语言处理程序、数据库管理系统及各种工具软件系统等。

（2）应用软件。

应用软件是为解决各种实际问题而编制的计算机程序，应用软件是多种多样的。目前，常见的应用软件有：各种用于科学计算的程序包，字处理软件，计算机辅助设计、辅助制造和辅助教学软件，以及图形软件等。

图 1-2　计算机的基本组成

从外观上看，计算机主要由主机、显示器、鼠标、键盘和音箱等设备组成，如图 1-2 所示。为了更好地了解计算机，这里将计算机细分为 CPU（中央处理器）、主板、内存条、硬盘等内部设备以及光驱、显卡、声卡、机箱、显示器、键盘、鼠标、音箱、打印机、扫描仪、传真机和游戏手柄等外部设备，并结合示意图对它们做简单的介绍。

（1）认识中央处理器 CPU。

CPU 是计算机的核心部件，它由运算器和控制器组成，图 1-3 所示是 Intel 出品的 Pentium 4 CPU。目前的 CPU 制造商主要有 Intel 公司、AMD 公司、MOTO 德州仪器、IBM 中科院（龙芯）、SONY（CLIE 的 UX50）、Cyrix 公司（和 IBM 合并了）、IDT 公司（被 VIA 收购了）、Sun 公司、HP 公司等，比较著名的公司有 Intel 公司和 AMD 公司。

Intel 公司创建于 1968 年，在短短的 20 多年内创下了令人瞩目的辉煌成就，1971 年推出全球第一个微处理器。1981 年，IBM 采用 Intel 生产的 8088 微处理器推出全球第一台 IBM 个人计算机。Intel 领导着 CPU 的世界潮流，从 286、386、486、Pentium、昙花一现的 Pentium Pro、Pentium II、Pentium III 到现在主流的 Pentium 4，始终推动着微处理器的更新换代。

AMD 公司创办于 1969 年，总公司设于美国硅谷，是集成电路供应商，专为计算机、通信及电子消费类市场供应各种芯片产品。AMD 公司的产品现在已经形成了以 Athlon XP、Duron、Sempron、Athlon 64 等为核心的一系列产品。AMD 的产品特点是性能较高而且价格便宜。

（2）认识主板。

主板也称为母板（底板或系统板），在计算机中起着举足轻重的作用，是计算机最重要的部件之一，在主机中，几乎所有的设备都会和主板有关联。从外观上看，一块方形的电路板上布满了各种电子元器件、插槽和各种外部接口，其中有北桥芯片、CPU 插槽、显卡插槽、鼠标和键盘接口、电源插座等。

目前生产主板的厂商主要有华硕（ASUS）、技嘉（GIGABYTE）（见图 1-4）、精英（ECS）、微星（MSI）、升技（ABIT）、磐正（EPOX）及钻石（DFI）等，目前比较受消费者喜爱的主要是华硕、技嘉、微星等主板。

图 1-3　Intel Pentium 4 CPU

图 1-4　主板

（3）认识内存。

内存是“冯·诺依曼”体系计算机中的关键部件，计算机没有内存将无法运行。内存是计算机中各部件与 CPU 进行数据交换的中转站，用于存储 CPU 当前处理的信息，能直接和 CPU 交换数据。内存由半导体大规模集成电路制成，特点是存取速度快，但是容量较小，断电后不能保存数据。

目前生产内存的生产商主要有台湾威贺科技有限公司的 KINGBOX，韩国的三星和现代，美国的迈克龙和德州仪器，日本的日电公司、日立公司、冲电气公司、东芝公司和富士通公司，德国的西门子，中国台湾地区的联华、南亚和茂矽等。图 1-5 所示为现代 1GB 内存。

（4）认识硬盘。

硬盘是计算机中较重要的存储设备，它存放着计算机正常运行需要的操作系统和数据，具有速度快、容量大、可靠性高等特点。目前主要的硬盘有昆腾、富士通、西部数据和 Maxtor 硬盘等，图 1-6 所示为 WD 鱼子酱 160GB 7200 转硬盘。

图 1-5　现代 1GB 内存

（5）认识光驱。

光驱是计算机中最普遍的外部存储设备。由于各种操作系统和软件都是二进制数据，为了方便这些数据的存放和传播，便将其刻在光盘上，使用光驱可以直接读取这些光驱存储资源。目前主要的光驱生产商有 LG 公司、东芝公司、飞利浦公司、三星公司等，图 1-7 所示为三星 16X DVD 金将军光雕刻录机光驱。

图 1-6　160GB 7200 转硬盘

图 1-7　三星 16X DVD 金将军光雕刻录机光驱

（6）认识显卡与显示器。

显卡与显示器共同组成了计算机的显示系统，是计算机的输出设备。显卡又称为显示适配器，如图 1-8 所示，主要用于计算机中的图形处理和输出。显示器如图 1-9 所示，其重要作用是将显卡传送来的图像信息显示在屏幕上，它是用户和计算机对话的窗口，它可以显示用户的输入信息和计算机的输出信息。

目前显示卡的主要制造商有 XFX 讯景、七彩虹、艾尔莎、捷波以及翔升公司等，显示器的品牌主要有飞利浦、冠捷以及三星等。图 1-8 所示为七彩虹 7300GT 显卡；图 1-9 所示为三星 931BW 显示器。

图 1-8　七彩虹显卡

图 1-9　三星显示器

(7）认识声卡与音响。

声卡与音箱组成了计算机的音效系统，它们也是计算机的输出设备之一。声卡的作用和显卡类似，用于声音信息的处理和输入输出，常用的声卡有德国坦克、乐之邦以及创新（见图 1-10）。多媒体音箱用于声音的输出，常用的品牌有创新、轻骑兵、麦博和漫步者（见图 1-11）。

图 1-10　创新 SB Audigy2 ZS 声卡

图 1-11　漫步者 S5 音箱

(8）认识键盘与鼠标。

自从人们摆脱了手工的数字输入后，键盘和鼠标则成了必不可少的输入设备。常用的键盘品牌有罗技、戴尔、双飞燕、明基等，如图 1-12 所示；常用的鼠标品牌有罗技、微软、雷柏、双飞燕以及明基等，如图 1-13 所示。

图 1-12　键盘

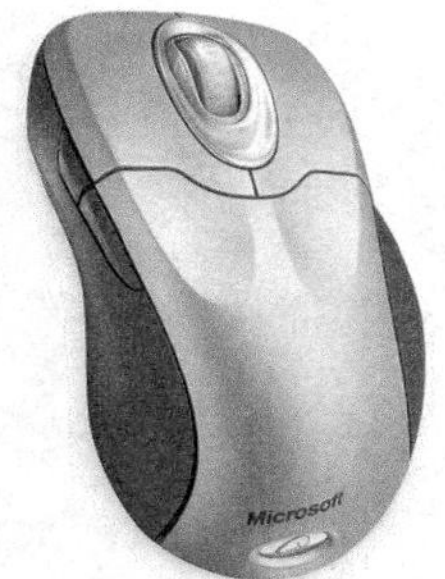


图 1-13　鼠标

(9）认识电源与机箱。

电源也称为电源供应器，是计算机的能量中心，提供计算机正常运行时所需要的动力。机箱用于安装各种计算机设备配件，将计算机设备整合在一起，起到保护计算机部件的作用，此外也能屏蔽主机内的电磁辐射。常见的电源品牌有航嘉、长城多彩、世纪之星以及金河田等，如图 1-14 所示；常见的机箱品牌有航嘉、长城多彩、世纪之星以及金河田等，如图 1-15 所示。

图 1-14　长城多彩电源

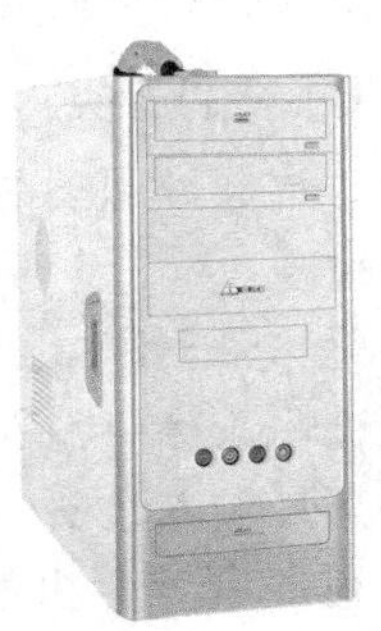

图 1-15　金河田机箱

（10）认识其他外围设备。

除了上面介绍的计算机必不可少的设备外，还可以为计算机添加其他各种外设，例如用于文字或图形打印的打印机，如图 1-16 所示；用于游戏的游戏控制器，如图 1-17 所示；用于扫描文字和照片的扫描仪，如图 1-18 所示。

图 1-16　惠普 LaserJet 1022 打印机

图 1-17　游戏手柄

图 1-18　扫描仪

## 1.2　计算机外设及其使用

计算机外围设备的种类很多，一般按照对数据的处理功能进行分类。输入/输出设备属于外围设备，但外围设备除输入/输出设备外，还应包括外存储器设备、多媒体设备、网络通信设备和外围设备处理机等。外围设备的具体分类如图 1-19 所示。

### 1．计算机外设的分类

按照外设对数据处理功能的不同可以进行以下分类。

（1）输入设备。

输入设备是人和计算机之间最重要的接口，它的功能是把原始数据和处理这些数据的程序、命令通过输入接口输入到计算机中。因此，凡是能把程序、数据和命令送入计算机进行处理的设备都是输入设备。

由于需要输入到计算机的信息多种多样，如字符、图形、图像、语音、光线、电流、电压等，而且各种形式的输入信息都需要转换为二进制编码，才能为计算机所利用，因此，

不同输入设备在工作原理、工作速度上相差很大，这是需要特别注意的。

（2）输出设备。

输出设备同样是十分重要的人机接口，它的功能是用来输出人们所需要的计算机的处理结果。输出的形式可以是数字、字母、表格、图形和图像等。最常用的输出设备是各种类型的显示器、打印机和绘图仪，以及X-Y记录仪、数—模(D/A)转换器、缩微胶卷胶片输出设备等。

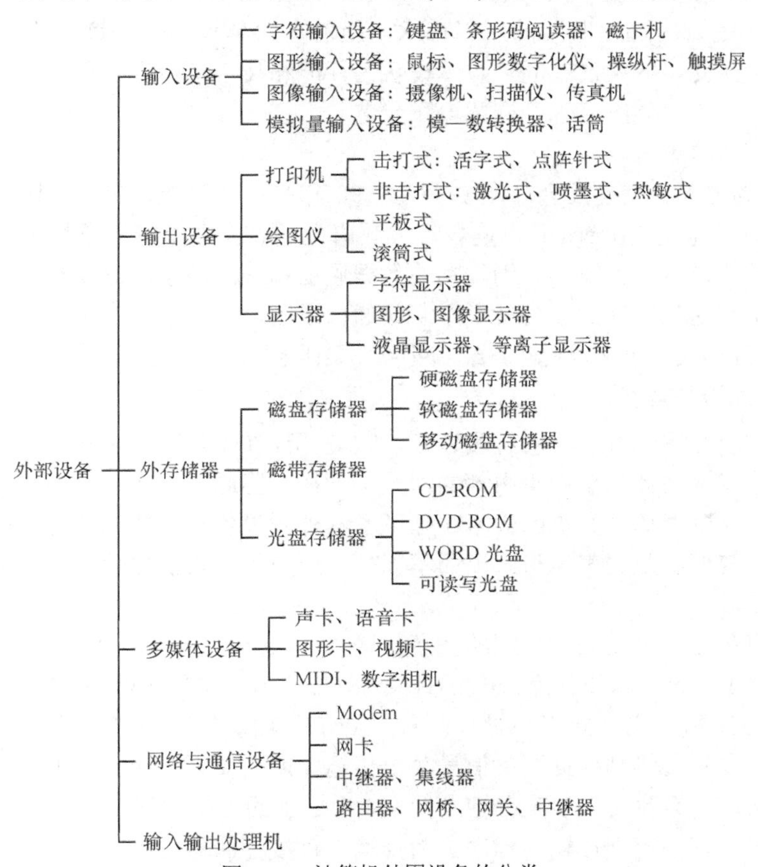


图1-19 计算机外围设备的分类

（3）外存储器设备。

在计算机系统中除了计算机主机中的内存储器（包括主存和高速缓冲存储器）外，还应有外存储器，简称“外存”。外存储器用来存储大量的暂时不参加运算或处理的数据和程序，因而允许较慢的处理速度。在需要时，它可以成批地与内存交换信息。它是主存储器的后备和补充，因此称它为“辅助存储器”。

外存的特点是存储容量大、可靠性高、价格低，在断电情况下可以永久地保存信息，进行重复使用。

外存按存储介质可分为磁表面存储器和光盘存储器。现在人们使用的磁表面存储器主要是磁盘存储器和磁带存储器。微机上使用的主要是硬磁盘存储器、软磁盘存储器和移动磁盘存储器。光盘存储器作为一种新型的信息存储设备已经在微机上普及。

（4）多媒体设备。

现代社会是信息爆炸的时代，文字、图形、图像、语音等各种信息大量产生，人类要利用各种各样的信息，要求计算机能够处理各种不同形式的信息，多媒体设备就应运而生。多媒体设备的功能是使计算机能够直接接收、存储、处理各种形式的多媒体信息。现在市场上出售的微型计算机（PC）几乎都是多媒体计算机。多媒体计算机必须配置的基本多媒体设备除已列在外存储器中的 CD-ROM 或 DVD-ROM 外，还应有调制解调器（Modem）、声卡和视频卡。其他多媒体设备包括数码相机、数码摄像机和 MIDI 乐器等。

多媒体技术是一门迅速发展的新兴技术，新的多媒体设备在不断产生，各种多媒体技术标准正在逐步建立。各种已有的多媒体设备的性能和技术指标也在不断地改进和提高，本书仅对现有的主要多媒体产品进行介绍。

（5）网络与通信设备。

21 世纪人类进入了信息社会。从 20 世纪 90 年代中期开始，世界各国都开始努力进行信息化基础设施的建设。Internet 迅速普及，政府上网、企业上网、学校上网……网络和通信技术获得了前所未有的大发展。为了实现数据通信和资源共享，需要有专门的设备把计算机连接起来，实现这种功能的设备就是网络与通信设备。

目前的网络通信设备包括调制解调器、网卡以及中继器、集线器、网桥、路由器、网关等。

**2．计算机外设的连接**

计算机系统所配置的外围设备种类繁多，它们不仅在工作速度上与 CPU 相差很大，而且在数据表示形式上与计算机主机内部的形式不一样。因此，要实现外围设备与计算机的连接和信息交换，充分发挥计算机的效率，除了了解外围设备与计算机的连接接口、外围设备与计算机在工作速度和数据表示形式上的不同外，还应了解它们传输信息的种类、传输控制方式和传输方法。

（1）外围设备与中央处理器之间的信息传输。

外围设备与中央处理器之间传输的信息种类有地址信息、数据信息、状态信息和控制信息。

数据传输的控制方式有同步和异步两种。同步传输是指各外围设备都在统一的节拍下进行数据传输，异步传输则根据回答信号决定传输周期。如果传输时间短于一个节拍，同步传输是一种浪费；而异步传输能充分地利用 I/O 通道上的工作时间。

传输的方式有程序查询传输、程序中断传输、直接存储器传输和 I/O 处理机传输。在小型机和微型机中，多采用程序查询传输、程序中断传输和直接存储器访问方式；而在大型机、中型机和高档小型机中一般采用 I/O 处理机传输方式。

无论采用哪一种控制方式和传输方式，都需要相应的控制逻辑电路和信息通道来实现。外围设备与计算机连接的一般模式如图 1-20 所示。

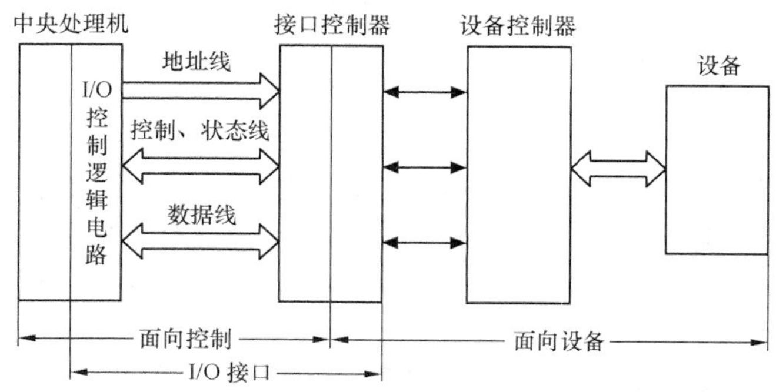


图 1-20　外围设备与计算机连接的一般模式

（2）外围设备与 PC 连接的接口。

主机与外围设备之间是通过接口来交换信息的，每一台外围设备都有各自的接口。接口也称适配器（adapter）、设备控制卡（device control card）或输入输出控制器。

图 1-21 所示为主机与外围设备连接的一般原理图。从图中可以看出，主机（包括 CPU、内存的 RAM 和 ROM）是通过总线与外设接口相连接的。通过这个原理图可以分析接口的基本功能和工作过程。

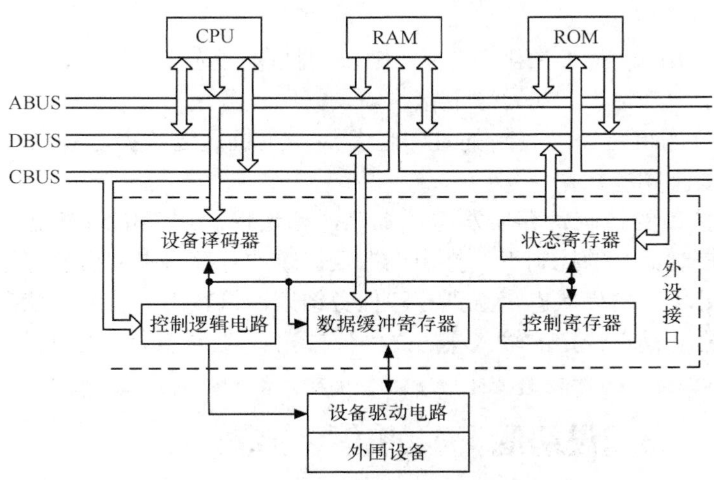


图 1-21　主机与外围设备连接的一般原理图

（3）外设接口的基本功能。

尽管不同外设接口的组成及任务各不相同，但它们要实现的基本功能大致相同。一般说来，任何外设的接口都必须具有下列基本功能。

① 实现数据缓冲。因为主机传输数据的速度要远远快于外设，两者之间的速度不匹配。为了尽量减少这种速度之间的不匹配，在外设的接口中，一般都设置若干个数据缓冲寄存器，在主机与外设交换数据时，先将数据暂存在该缓冲寄存器中，然后再输出到外围设备或输入到主机中。

② 记录外设的工作状态。主机是根据外设的工作状态来管理外设的，因此在设备的接口中必须有记录该设备工作状态的状态寄存器。外设的状态一般设为“空闲”、“忙”、“就绪”3 种之一。

③ 能够接收主机发来的各种控制信号，以实现对该设备的控制操作。为此，在设备中应设置设备控制寄存器，用以存储主机发送来的控制信号。

④ 能够判断主机是否选中本接口及本接口所连接的外围设备。一台计算机所连接的外围设备可能很多，例如键盘、鼠标、显示器、打印机、音箱等。每台设备有各自的设备号，也称设备地址。主机就是通过发送设备地址来标识设备的。因此，在接口中有识别设备地址的设备译码器。

⑤ 实现主机与外设之间的通信控制，包括同步控制、中断控制等。为此，在接口中必须包含实现这些控制功能的控制逻辑电路。

**【案例 1-1】 认识外设接口的工作过程。**

下面以打印机打印输出为例来说明外设接口的工作过程。当需要打印一篇文稿时，发出打印命令，这时主机控制打印机输出数据，主要工作过程如下。

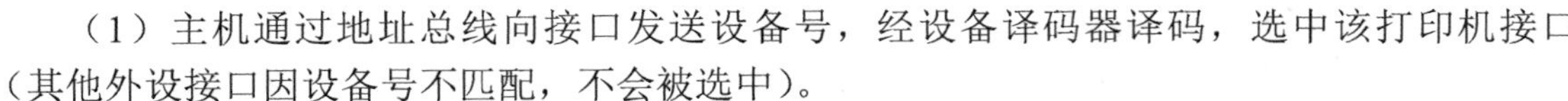

（1）主机通过地址总线向接口发送设备号，经设备译码器译码，选中该打印机接口（其他外设接口因设备号不匹配，不会被选中）。

（2）主机测试打印机接口状态寄存器的状态，以判断打印机所处的工作状态。

① 若测得打印机处于“忙”状态，则表明打印机正在执行一个打印任务，不能接收新的打印任务，直到正在执行的打印任务结束，打印机将转到“就绪”状态。

② 若测得打印机处于“就绪”状态，则表明打印机前一个打印任务已完成，可以接收新的打印任务。

③ 若测得打印机处于“空闲”状态，则表明打印机尚未启动，这时需要主机启动打印机，使打印机处于“就绪”状态，才能接收新的打印任务。

（3）当确定打印机可以接收新的打印任务后，主机通过数据总线向打印机接口的数据缓冲寄存器发送要打印的数据。

（4）主机向接口的控制寄存器发送控制字，通过控制逻辑电路发出打印输出所需要的控制命令。在该控制命令的控制下，打印机把数据缓冲寄存器中的内容打印在纸上。在打印过程中，打印机处于“忙”状态，直到打印任务结束，再转入“就绪”状态。

以上工作过程都是在一定的输入/输出控制方式下，通过执行程序来完成的。

## 1.3 外围设备的发展趋势与方向

进入 21 世纪，计算机技术的飞速发展使计算机系统朝着巨（高性能巨型机）、微（微型化的笔记本计算机、掌上电脑）、网（网络计算机）、智（智能化计算机）、多（多媒体计算机）的方向发展，这使得计算机的外围设备也必须要与其相匹配。当前，外围设备的发展方向可以归纳为：大型高性能和小型、微型的高性能、易维护、低价格相结合，电子化和智能化相结合，多种技术并存。

（1）大型高性能和小型、微型的高性能、易维护、低价格。

目前，运行速度达每秒几千亿次的大型高性能巨型机已经在运行，运行速度为每秒几万亿次的大型高性能巨型机也在研制之中，这些大型高性能的巨型机其内存容量都在几千兆字节以上，这就要求有大型高性能的外围设备与之相匹配。因此在巨型机系统中，大容量的磁表面存储器、光盘和激光打印机等获得了很大的发展。

计算机的微小化是指利用微电子技术和超大规模集成电路技术，把计算机的体积进一步缩小，价格进一步降低。计算机的微小化已成为计算机发展的重要方向，各种笔记本计算机和掌上电脑的大量面世和使用是计算机微小化的一个标志。计算机向微小化发展要求有微型的外围设备与之配套，所以具有这类特点的外围设备迅速发展，如大小为 2.5/1.8 英寸（1 英寸=2.54cm）容量达几十吉字节的硬盘驱动器和代替软盘使用的容量为几十到几百兆字节的 U 盘（可移动盘），以及小型激光打印机等。

（2）电子化和智能化。

为了适应上述发展的要求，外围设备正在向电子化和智能化的方向发展，如尽量减少外围设备中机械部件的比重，采用辅助电机和大规模/超大规模集成电路器件代替，使其结构简单化。外围设备的控制采用微处理器、单片机和专用大规模集成电路器件，使外围设备具有处理机的功能。这样不仅使外围设备的体积缩小，增强了功能，提高了可靠性，而且降低了成本。这些特点在打印机、显示器、磁盘存储器、扫描仪中体现得十分明显。

（3）多种技术并存。

在外围设备的各个领域中，包括输入/输出设备、外存储器设备和显示终端，到目前为止，还没有哪一种技术能够完全满足各类用户的不同使用需求。实际上，一种技术无论从技术本身还是从成本上均有长有短，不可能都好。即使是一种全新的技术也有一个发展过程，不可能立即代替现有技术，同时原有设备也在改进。因此，各种技术相互竞争、相互促进、并行发展是外围设备技术发展的必然趋势，这种趋势短期内不会停止，从长远来说也不会有大的变化。例如，近 10 年虽然出现了激光打印机和光盘存储器，但针式打印机和磁盘仍然在使用和发展，而且将在外围设备技术中继续占据重要的地位。

## 1.4 小结

本章概括介绍了计算机硬件的基础知识和外围设备的有关概念，如什么是外围设备、外围设备的分类、外设之间的连接等。最后介绍了外围设备的发展趋势和方向。通过对本章的学习，读者可以对计算机的外部设备有了一定的了解，为以后各章的学习打下扎实的基础。

本章主要是概括性的介绍，没有太难的知识点。相对而言，中央处理器和外部设备接口的连接是个难点，外部设备之间是通过数据线连在一起的。数据线分为数据总线（DB）、控制总线（CB）、地址总线（AB）。在学习本课程之前，建议读者先学习“计算机应用基础知识”课程。

## 1.5 习题

**一、单项选择**

1．下列关于外围设备的几项叙述中，________的说法不正确。

A．外围设备除了输入/输出设备外，还应包括外存储器设备、多媒体设备、网络通信设备等

B．输入/输出设备属于外围设备

C．外围设备属于输入/输出设备

D．外围设备是相对于计算机主机来说的，因此可以认为，在计算机硬件系统中，主机以外的设备都可以称为外围设备

2．主机从外部获取信息的设备称为________。

A．外部存储器　　B．外围设备　　C．输入设备　　D．输出设备

3．下列哪个设备不属于输入设备？________

A．鼠标　　B．模—数转换器　　C．扫描仪　　D．数—模转换器

4．下列哪个设备不属于输出设备？________

A．绘图仪　　B．模—数转换器　　C．显示器　　D．数—模转换器

5．下列是对外围设备功能的几项叙述，其中________不是外围设备功能。

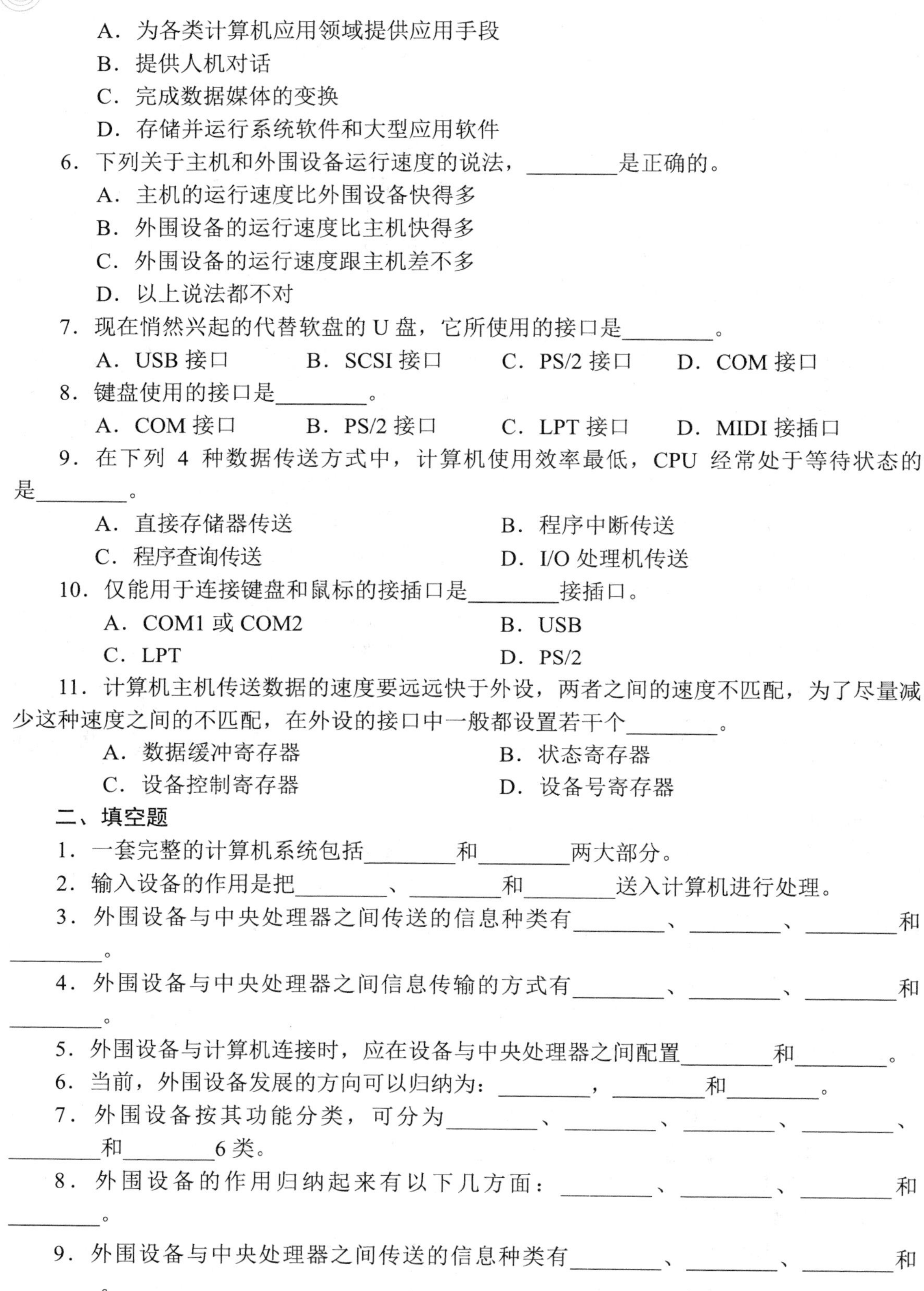

A．为各类计算机应用领域提供应用手段

B．提供人机对话

C．完成数据媒体的变换

D．存储并运行系统软件和大型应用软件

6．下列关于主机和外围设备运行速度的说法，________是正确的。

A．主机的运行速度比外围设备快得多

B．外围设备的运行速度比主机快得多

C．外围设备的运行速度跟主机差不多

D．以上说法都不对

7．现在悄然兴起的代替软盘的 U 盘，它所使用的接口是________。

A．USB 接口　　B．SCSI 接口　　C．PS/2 接口　　D．COM 接口

8．键盘使用的接口是________。

A．COM 接口　　B．PS/2 接口　　C．LPT 接口　　D．MIDI 接插口

9．在下列 4 种数据传送方式中，计算机使用效率最低，CPU 经常处于等待状态的是________。

A．直接存储器传送　　B．程序中断传送

C．程序查询传送　　D．I/O 处理机传送

10．仅能用于连接键盘和鼠标的接插口是________接插口。

A．COM1 或 COM2　　B．USB

C．LPT　　D．PS/2

11．计算机主机传送数据的速度要远远快于外设，两者之间的速度不匹配，为了尽量减少这种速度之间的不匹配，在外设的接口中一般都设置若干个________。

A．数据缓冲寄存器　　B．状态寄存器

C．设备控制寄存器　　D．设备号寄存器

**二、填空题**

1．一套完整的计算机系统包括________和________两大部分。

2．输入设备的作用是把________、________和________送入计算机进行处理。

3．外围设备与中央处理器之间传送的信息种类有________、________、________和________。

4．外围设备与中央处理器之间信息传输的方式有________、________、________和________。

5．外围设备与计算机连接时，应在设备与中央处理器之间配置________和________。

6．当前，外围设备发展的方向可以归纳为：________，________和________。

7．外围设备按其功能分类，可分为________、________、________、________、________和________6 类。

8．外围设备的作用归纳起来有以下几方面：________、________、________和________。

9．外围设备与中央处理器之间传送的信息种类有________、________、________和________。

10．尽管不同外设的接口的组成及任务各不相同，但它们要实现的基本功能大致相同，这些基本功能是：________、________、________和________。

三、简答题

1．计算机输出设备的作用是什么？常用的输出设备有哪些？

2．计算机输入设备的作用是什么？常用的输入设备有哪些？

3．计算机的性能指标有哪些？

4．计算机外设的发展方向是什么？

四、操作题

1．到当地的电子计算机配件市场去调查一下，观察各种配件并询问价格，从而了解当今硬件的配置情况，根据调查结果给出适合不同场合的计算机最佳配置列表。

2．打开一台计算机，观察它内部的各个部件及组成情况。

3．根据计算机对环境的要求，同时考虑当地的实际情况，假如你是一名机房管理人员，你要采取哪些措施（比如购置 UPS 等）？

# 第2章　输入设备

输入设备是人与计算机相互沟通的主要媒介，键盘和鼠标是微机系统的基本输入设备。随着计算机技术的飞速发展，用户对输入设备的功能要求越来越高，输入设备的种类也越来越多，输入设备已从以前的单一键盘、鼠标发展到今天的扫描仪、手写笔、数码相机等。此外，在图像处理系统中可配置扫描仪；在多媒体系统中应增加语音输入设备、图像采集处理设备等；在大型商场、银行等一些专用计算机系统中要配有磁卡、条形码阅读器等；在文字录入方面，光学文字识别输入设备（OCR）和手写板输入设备以其方便、直观的特点被越来越多的用户所采用。

本章主要介绍键盘、鼠标、手写笔、扫描仪、数码相机和条形码阅读器等有关输入设备的分类、性能指标、选购方案以及常见的故障及解决方案。

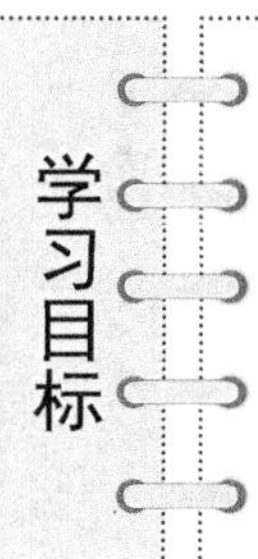


- 了解输入设备的种类及其用途。
- 熟悉鼠标的种类及选购和维护方法。
- 熟悉键盘的种类及选购和维护方法。
- 熟悉扫描仪的种类及用途。
- 了解数码相机的种类及选购和维护方法。
- 明确其他输入设备的用途和用法。

## 2.1　键盘

键盘、鼠标是用户和计算机进行沟通的主要工具。用户从键盘上输入命令，通过键盘操作微机的运行。鼠标虽然代替了键盘的一部分功能，但是在输入文字时，键盘依然有着不可动摇的地位。例如，计算机启动时要检测键盘，设置 CMOS 时也需要使用键盘作为基本的输入工具。键盘已向着多媒体、多功能和人体工程学方向不断发展，巩固着其在输入设备中的重要地位。

### 2.1.1　键盘的分类

键盘从 PC XT/AT 时代 83 键的键盘，发展到今天 101 键和 104 键的键盘，以及笔记本 84 键的键盘，这与人们的要求有着密切的联系。随着 Internet 网络技术和多媒体技术的发展，近几年新兴的多媒体键盘增加了不少常用快捷键，如键盘收发电子邮件、打开游览器软件、启动多媒体播放器等功能键，使得操作进一步简化，同时在造型上也发生了重大变化，着重体现个性化的键盘以及长时间面对电脑的身体减少伤害的人体键盘。键盘的种类很多，一般按照它的应用范围、外形、接口、键盘开关接触方式和按键个数等进行分类。

### 1. 按照应用范围分类

键盘按照应用范围可分为工控机键盘和微机键盘两类。

（1）工控机键盘。工控机键盘如图 2-1 所示，其和主机连为一体，键盘和主机的相对位置固定不变，采用这种连接方式的键盘也称为固定键盘。固定键盘没有自己专用的外壳，而是借用主机的外壳。

（2）微机键盘。微机键盘如图 2-2 所示，它独立于主机之外，外观是个扁平板，通过一根活动电缆或以无线方式与主机相连，因为这种键盘和主机的位置可以在一定范围内移动调整，所以这种连接方式的键盘有自己的外壳。

图 2-1 工控机键盘

图 2-2 微机键盘

### 2. 按外形分类

（1）标准键盘。这是市场上最常见的键盘，各厂家的标准键盘在尺寸、布局等方面大同小异，价格也便宜。

（2）人体工程学键盘。这种键盘是在标准键盘的基础上，将左右键盘区左右分开呈一定角度的扇形，用户在操作时可以保持一种比较自然的形态，符合人在键盘上的操作习惯。该键盘有以下优点。

- 用户长时间操作不会感到疲劳，还可以有效地减少击键的错误率。
- 人体工程学键盘还在键盘的下部增加护手托板，支持悬空的手腕以减少由于手长期悬空导致的疲劳，如图 2-3 所示。

图 2-3 微软人体工程学键盘

（3）多媒体网络键盘。多媒体网络键盘是在普通 104 键的键盘上多加了一些对多媒体和网络操作的功能键，主要用于完成一些快捷操作。

（4）多功能键盘。多功能键盘是在普通键盘的基础上又集成了其他的外部设备。

- 带鼠标的键盘（见图 2-4），这种键盘的一端装有一个轨迹球或压力感应板，可以取代鼠标的功能，节省桌面空间。
- 带手写板的键盘（见图 2-5），将普通键盘的小键盘区替换成手写板，既可以在键盘区进行命令和文字输入，也可以在手写板上手写输入命令和文字。
- 带读卡器的键盘（见图 2-6），它是一种软硬结合的键盘，由于具有读卡功能，所以能够读取合法操作人员的工作证和操作证数据。

图 2-4 带鼠标的键盘（右上角的滚球为鼠标）

图 2-5 带手写板的键盘（右边为手写板）

- 集成 USB HUB 的键盘（见图 2-7），这类键盘采用 USB 接口与主机相连。由于采用 USB 接口的外设越来越多，计算机提供的 USB 接口不够使用，需要用 USB HUB 扩展 USB 接口的数量。

图 2-6 带读卡器的键盘

图 2-7 集成 USB 的键盘

### 3. 按接口分类

键盘按接口可以分为 AT 接口、PS/2 接口、USB 接口和无线接口等键盘。

（1）AT 接口键盘，AT 接口键盘俗称为“大口”键盘，现在使用得很少，已经基本淘汰。

（2）PS/2 接口键盘，俗称“小口”键盘。PS/2 接口的传输速率比 COM 接口稍快一些，不支持热插拔。在 BTX 主板规范中，这也是即将被淘汰的接口。

需要注意的是，在连接 PS/2 接口鼠标时不能错误地插入键盘 PS/2 接口（当然，也不能把 PS/2 接口键盘插入鼠标 PS/2 接口）。一般情况下鼠标的接口为绿色，键盘的接口为紫色，另外也可以从 PS/2 接口的相对位置来判断：靠近主板 PCB 的是键盘接口，其上方的接口是鼠标接口。PS/2 接口的外形如图 2-8（a）所示，键盘 PS/2 接口线如图 2-8（b）所示。

（a）主机上 PS/2 接口

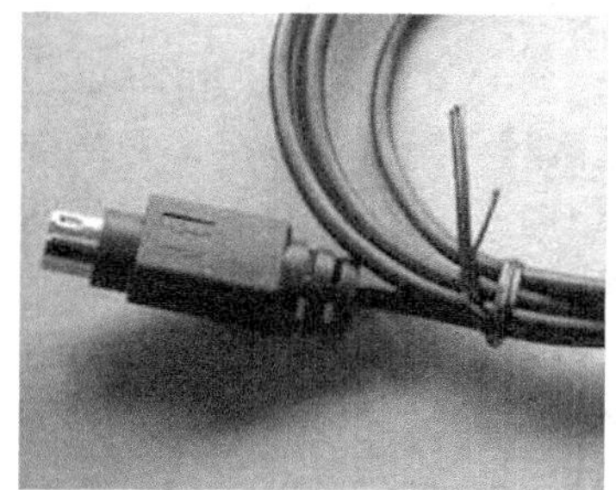

（b）键盘 PS/2 接口线

图 2-8 PS/2 接口

（3）USB（Universal Serial Bus，通用串行总线）接口键盘现在已经成为最受消费者欢迎的接口键盘。

目前常见的 USB 接口按照版本可分为 USB 1.1 及 USB 2.0，其最大数据传输率分别是

12Mbit/s 和 480Mbit/s，是一种高速的通用接口，与前两种接口相比，其优点是具有非常高的数据传输率，完全能够满足各种鼠标在刷新率和分辨率方面的要求，能够使各种中高档鼠标完全发挥其性能，而且支持热插拔，如图 2-9 所示。随着 BTX 规范的普及，目前已是最为流行的键盘接口。



（4）无线键盘（见图 2-7）就是键盘与主机之间没有直接的物理连线，可以完全脱离主机。可以带着键盘远离主机，不必担心键盘信号线和其他电缆缠在一起。

图 2-9　USB 接口

无线键盘需要使用干电池供电。按照发射的遥控信号，无线键盘可分为红外线型和无线电波型。为了配合移动的需要，一般无线键盘的体积比较小而且集成有轨迹球，键位与笔记本电脑相仿；为了减小体积，省略了右边的数字小键盘，并将常用的功能键融合在键盘的边缘位置；它的有效范围在 3m 之内。这种键盘价格比较贵。

#### 4．按键盘开关接触方式分类

键盘上的所有按键都是结构相同的按键开关，按照开关的接触方式可以分为触点式（机械式）和无触点式（电容式）两大类。

（1）触点式按键（机械式按键）：早期的键盘几乎大都是机械式键盘，现在已经基本被淘汰了。触点式按键键盘工艺比较简单、价格低廉，但是手感比较差，击键用力大，响声大，容易使手指疲劳；机械式触点磨损比较快，故障率比较高，使用寿命短。

（2）无触点式按键（电容式按键）：目前使用的计算机键盘多为电容式无触点键盘。特点是手感好、击键声音小、容易控制、灵敏、结构简单、成本低，易于小型化和批量生产。可以制造出高质量的键盘，但是相应的电路比较复杂，维修起来会稍微困难。

#### 5．按键个数分类

不同型号的计算机键盘提供的按键数目也不是完全相同的。早期的 PC 有 83 个按键，后来发展到了 101 个按键，然后又出现了 102 个按键和 104 个按键的键盘。但是它们的主要布局都是相同的。现在，家用计算机一般使用的是 104 个按键的键盘，84 个按键的键盘一般只适用在笔记本电脑上，以减小体积。

### 2.1.2　键盘的选购与维护

键盘与其他设备相比可靠性比较高，价格也相对比较便宜。但这并不意味着可以不加考虑地任选一个，选键盘时要从按键时的手感、是否防水、多媒体、快捷键和人体工程学设计，以及接口的类型是 PS/2 还是 USB 等主要性能参数来考虑。

#### 1．键盘的选购

在选购键盘时要注意以下因素。

（1）人体工程学性能。人体工程学键盘可以减少因击键时间长而带来的疲惫，只是价格稍贵，有条件的用户应该选购人体工程学键盘。

（2）防水设计。一般，人在使用计算机的时候可能喜欢喝一些饮料，而这些液体往往在不经意间倒在了键盘上。普通键盘一沾水就会报废，而具有防水功能的键盘则经过稍稍晾干就可以照常使用了。

（3）检查键盘的插头类型。键盘的插头一般分为USB接口、PS/2接口和蓝牙，要检查主机适合于哪一种接口的键盘。一般采用USB接口和PS/2接口的标准插头可以插入任何类型主板的键盘插座中，只是有些需要大小口转换器；但有些原装机键盘插头的形状和尺寸较为特别，不能插入到兼容机主板的插座中。

（4）手感舒适度。手感舒适是挑选键盘最关键的一点。由于要经常用手敲击键盘，键盘的手感很重要，手感太轻、太重都不好。手感主要是指键盘的弹性，在购买时应多敲打几下，以自己手感轻快为准。一般选用比较轻一点的键盘，也就是击键力比较小的键盘，会提高打字速度，长时间打字也不会觉得疲劳。目前很多键盘都带有手托，可以让手腕在打字的时候落在手托上，长时间打字不容易疲劳。

（5）检查外观。不同厂家生产的键盘品质有很大差异，因此在购买键盘时，要验看键盘外部部件加工是否精细，表面是否美观。做工比较好的键盘都采用激光印字键帽，使用这种工艺，键盘上的印字在长时间使用后不会褪色，而劣质的键盘使用一段时间以后，印字就会逐渐褪色甚至消失。

（6）品牌。目前市场上键盘的品牌很多，其中以微软、雷柏、罗技、双飞燕的键盘比较好，其他像新贵、现代、戴尔等也是质量不错且价格低廉的键盘。

### 2．键盘常见的故障及解决方案

由于键盘的使用率较高，其故障率也居高不下，掌握其常见故障的处理是非常必要的。

造成键盘产生故障的原因主要有以下几个。

（1）键盘是计算机最基本的部件之一，其使用频率高。

（2）击键用力过大造成键盘内部微型形状弹片变形。

（3）灰尘过多，造成电路不能正常工作。

（4）细小的杂物落入键盘表面的缝隙中，使按键被挤住，甚至造成短路等故障。

（5）液体渗漏。大多数普通键盘还没有防水设置，一旦有液体流进，就会使键盘受损，导致接触不良、腐蚀电路或短路等故障。

**【案例2-1】　键盘常见故障及其维护**

下面介绍最常见的键盘故障及其诊断维修方法。

（1）在输入时，敲过某一键时，屏幕上显示出许多相同字符。

**【故障分析】**

这是纯机械故障。

**【故障处理】**

① 如果键的定位槽被卡住了，这时只要将键盘外壳打开，调整好键盘的位置后重新固定好即可。

② 如果键本身失去了弹性，只要将键拆开，换上一个新的弹性介质，故障就可排除。

（2）某些按键无法按下。

**【故障分析】**

在敲击某些按键时不能正常输入，而其余按键正常，这是一种最常见的故障。该情况可能是由于键盘太脏，或者按键的弹簧失去弹性所造成的，所以需要保持键盘清洁。

【故障处理】

① 关机后拔下键盘接口，并将键盘翻转。

② 打开底盘，用无水酒精擦洗按键下与键帽相接的部分。

③ 按键不能弹起。

【故障分析】

经常使用的按键有时按下后不能回弹，这类故障会造成以下不正常现象。

① 键盘指示灯闪烁一下后，显示器黑屏。

② 单击鼠标选中多个目标。

③ 录入文字时大写灯灭，但是输入的字母全是大写。

造成这类故障的原因可能有以下几种。

① 该键使用次数过多。

② 按键时用力过大，或每次按下时间过长，造成按键下的弹簧弹性功能消退而无法托起按键所致。

③ 键盘质量太差所致。

【故障处理】

在关机后打开键盘底盘，找到卡住的键的弹簧。如果弹簧已经老损无法修复，就必须更换新的；如果不太严重，可以先清洗一下，再摆正位置后，涂少许润滑油脂以改善弹性。

（3）开机时提示“Keyboard error or no keyboard present”，或者开机后激活到蓝天白云时死机。

【故障分析】

引起上述故障的可能原因有以下几种。

① 键盘没有接好。

② 键盘接口的插针弯曲。

③ 键盘或主板接口损坏等。

④ 键盘和鼠标接反了。

【故障处理】

对于前两种故障，在开机时注意键盘右上角的 3 个灯是否闪烁一下，如果没有闪烁，要首先检查键盘的连接情况。接着观察接口有无损坏，用万用表测量主板的键盘接口，如果接口中的第 1、第 2、第 5 芯中某一芯的电压相对于 4 芯为 0 伏，则说明接口线路有断点，找到断点重新焊接好即可。如果主板上的键盘接口正常，则说明键盘损坏，要更换新的键盘。

对于后两种故障，只需将其正确安装即可。

（4）有时开机进入 Windows 后鼠标可以使用，但键盘不能使用。

【故障分析】

出现这种情况要检查键盘接口是否松动。

【故障处理】

① 使用鼠标软关闭 Windows 系统（以防硬关机使系统瘫痪）。

② 关机后，拔出键盘接口一部分再稍用力插回，再开机检验。注意不要力气太大，以免损伤主板上的键盘接口部分。

③ 有时键盘接口松动是因为维修维护电脑时或搬动电脑造成的。如果是刚组装的计算机，要注意是否是键盘接口质量问题或主板上键盘接口质量问题，如果是要及时更换，以免过保修期。键盘接口不好的情况时有发生，主板接口不好的情况少有。

（5）键盘无法插入主板接口。

**【故障分析】**

有些刚组装的计算机，键盘无法接进主板上的键盘接口，或者有时可以接入但很困难。这种情况的出现可能是由于接口大小不匹配、主板太高或太低、个别键盘接口外包装塑料太厚等原因引起的。

**【故障处理】**

① 仔细检查接口，新的主板一般使用小接口，如果是大接口可以购买转接头。

② 如果是同样的接口，注意检查主板上键盘接口与机箱给接口留的孔洞，看主板是偏高了还是偏低了，个别主板有偏左或偏右的情况，可能要更换机箱，否则，更换另外长度的主板铜钉或塑料钉。使用塑料钉更好，因为可以直接打开机箱，用手按主板键盘接口部分，插入键盘，解决主板偏高的问题。

（6）输入字符与显示不一致。

**【故障分析】**

这类故障一般都是由于两个原因引起的。

① 键盘电路触发器中的某一个触发器发生了故障，引起该位置发送代码不发生变化。

② 主机的键盘接口电路发生故障，使得 4 位二选一多路开关的输入端某一门损坏，引起接受代码的某一位始终不发生变化。

**【故障处理】**

只要用万用表或示波器对键盘电路触发器或主机的键盘接口电路进行检测，找到故障点即可。

（7）个别键不好用，换键盘故障依旧。

**【故障分析】**

出现这种情况的原因可能是人为设置、病毒或超频。

**【故障处理】**

解决的方法是恢复键盘默认值。具体如下：

① 依次用鼠标选择【控制面板】→【键盘】→【语言】命令，并设置成默认值。

② 查杀病毒或重新安装系统。

（8）在计算机开机自检时，屏幕提示："Keyboard error"。

**【故障分析】**

键盘自检出错是一种很常见的故障，可能的原因主要如下。

① 键盘接口接触不良。

② 键盘硬件故障。

③ 键盘软件故障。

④ 病毒破坏和主板故障等。

**【故障处理】**

当出现自检错误时，可关机后拔插键盘与主机接口的插头，检查是否接触良好后再重新启动系统。如果故障仍然存在，可用替换法换用一个正常的键盘与主机相连，再开机试验。若故障消失，则说明键盘自身存在硬件问题，可对其进行检修。若故障依旧，则说明是主板接口问题，必须检修或更换主板。

（9）某些字符无法输入。

**【故障分析】**

一般情况下，这种故障大多是由于按键失效或焊接点失效引起的。检查时，先打开键盘，用万用表电阻档测量接点的通断状态，若按键始终不通，则说明按键失效。若通断正常，则说明可能是虚焊、脱焊，可沿着印刷电路板上的印刷线路走向逐段进行测量，找出失效点补焊。有时，有多个既不在同一行上，也不在同一列上的字符都不能输入，则可能是键盘内部的芯片出现故障，可以使用示波器进行检测，也可以用替换法。

**【故障处理】**

① 先关机，拔下键盘插头。

② 反转键盘，拧下螺丝，打开键盘，使用酒精擦洗键盘按键下面与键帽接触的部分。如果表面有一层比较透明的塑料薄膜，则需揭开后再清洗。

（10）Enter 键失效，开机自检时 PC 扬声器一阵急响，打开文件时仅需要单击鼠标左键就可以马上打开，鼠标右键根本用不了，屏幕显示就像手一直不停地按着 Enter 键一样。

**【故障分析】**

从现象上看，一定是 Enter 键无法复位造成的。把键盘翻转过来，小心地把后面板拆下，看到两张碳或金属质触头的透明薄膜，中间还夹着一张在小黑点位置上是小圆洞的透明薄膜，再下一层是一个有与键盘上的键一一对应的小凹洞的橡胶膜，每个小凹洞同时也与上层透明薄膜的“小圆黑点”互相对应，每个小黑点与键盘上的每个键相互对应。

与回车键对应的小黑点则有 4 个串联，使得任何一方向敲击 Enter 键都能获得系统承认，3 个相对较近的和一个较远的，由于长期使用和橡胶老化的原因，较远的这个小黑点在没有敲击的时候也是接触的，表明这个回车键一直是按下的。

**【故障处理】**

可以剪一块比中间那张薄膜的洞稍微大些的透明胶纸把离那 3 个小黑点较远的洞贴上，使得它再也不能响应，由于还有 3 个小黑点可以让这个回车键被按下，所以不用担心其使用问题。

## 2.2 鼠标

鼠标又称滑鼠，也是目前人与计算机进行交流的一种常见输入设备。通过一根电缆与主机连接起来，由于其细长接线像老鼠的尾巴，其外型也有点像老鼠，所以也被叫做“mouse”（老鼠）。

### 2.2.1 鼠标的分类

鼠标的分类方法很多，一般按照鼠标的键数、与计算机连接的接口方式和构造来分类。

#### 1．按键数分类

按键数鼠标可以分为两键鼠标、三键鼠标和多键鼠标。两键鼠标已不常见，在此省略介绍。

（1）三键鼠标。

IBM 公司认为鼠标需要 3 个按键才够用（见图 2-10），它在两键鼠标的基础上加上了中键，又称为 PC Mouse。使用中键在某些特殊场合往往会达到事半功倍的作用，例如在 AutoCAD 等绘图软件中就可以利用中键快速启动常用命令，使工作效率成倍提高。

大多数三键鼠标的中键都是滚轮状，如图 2-11 所示。滚动滚轮可以实现特定的操作，比如下拉页面，缩放图形等。

图 2-10　三键鼠标 1

图 2-11　三键鼠标 2

（2）多键鼠标。

Microsoft 智能鼠标在原有两键鼠标的基础上增加了一个滚轮键，只要按一下中间的滚轮，文档就自动翻页，使得上下翻页变得极其方便，尤其适合长篇阅读和上网浏览，还可以实现多种特殊功能，如随意缩放页面等。随着应用的增加，其他厂商生产的新型鼠标除了有滚轮外，还增加了拇指键等快捷按键，进一步简化了操作程序，如图 2-12 所示。

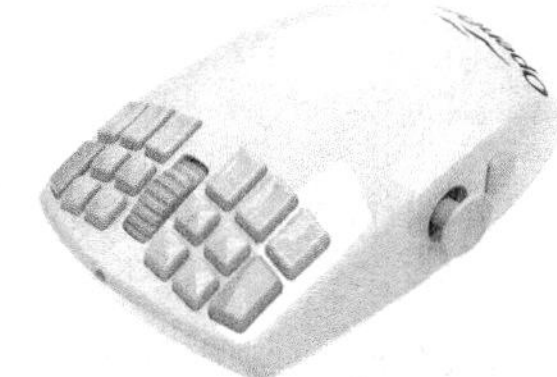

图 2-12　多键鼠标

2．按接口分类

鼠标按其接口类型可以分为串行口（一般为方口）、PS/2 口（一般为小圆口）、USB 口 3 类（见图 2-13）。

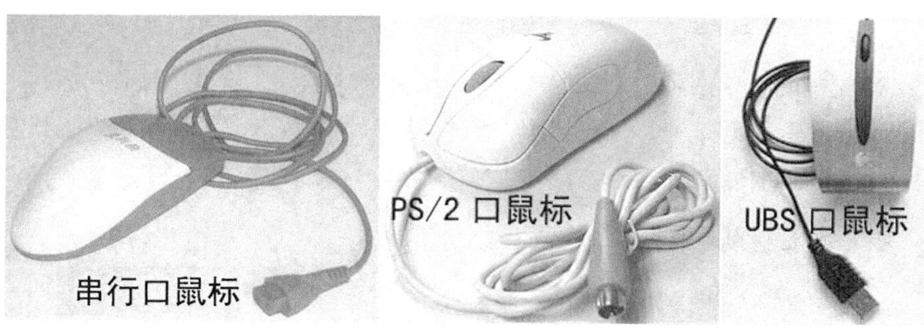


图 2-13　不同接口的鼠标

传统的鼠标是串行口连接的，用的是 9 针的 D 形接口，它占用了一个串行通信口。由于丰富的外设不断涌现和主板频繁地升级，人们逐渐开始使用 PS/2 鼠标。PS/2 鼠标用的是 6 针的圆形接口。随着 USB 接口的兴起，USB 接口鼠标已经逐渐普及，USB 鼠标使用 USB 接口，现在已有无线鼠标发展起来，应该是未来的发展趋势。

3．按内部构造分类

这是鼠标分类最常用的一种方式，可以分为机械式、光机式、光电式、轨迹球、无线式和网络等鼠标。

（1）机械式鼠标。机械式鼠标（见图 2-14）是最早期的鼠标类型，它的结构简单，使用环境要求较低，维修方便。但是机械式鼠标精度低、传输速度慢、寿命短。现在机械式鼠标已基本被淘汰。

（2）光机式鼠标。光机式鼠标的全称是光电机械式鼠标，曾经是最常见的一种鼠标类型。光机式鼠标的精确度和传输速度比机械式鼠标要高。由于采用非接触部件使磨损率下降，从而大大地提高了鼠标的寿命。光机式鼠标的外形与机械式鼠标没有区别，不打开外壳很难分辨。

（3）光电式鼠标。光电式鼠标（见图 2-15）精确度高，其定位精度为机械式鼠标的两倍以上，是专业人员的首选。由于光电式鼠标中没有橡胶球、传动轴和光栅轮，所以鼠标内部结构比较简单。光电式鼠标的接触部件较少，使鼠标的可靠性大大增强。

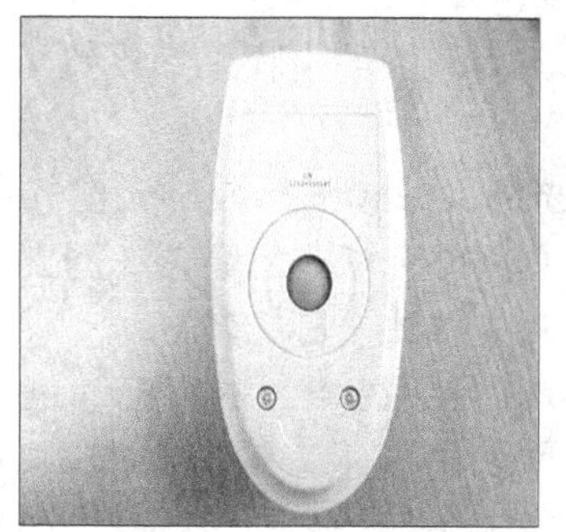

图 2-14　机械式鼠标

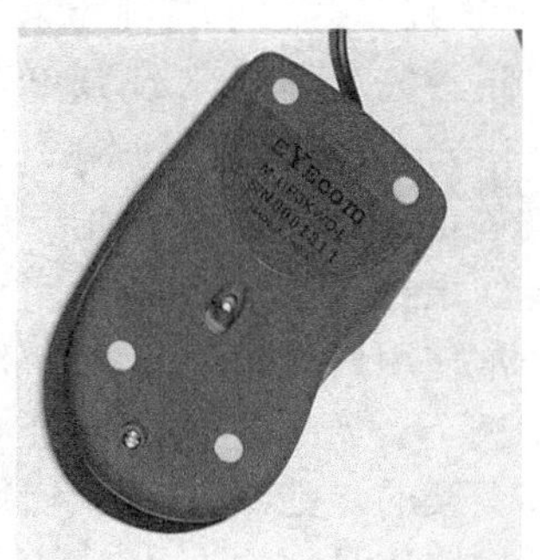

图 2-15　光电式鼠标

（4）轨迹球鼠标。轨迹球鼠标的工作原理和内部结构与机械式鼠标相似，不同的是轨迹球鼠标工作时球在上面，而其球座在下面固定不动，直接用手拨动轨迹球来控制鼠标在屏幕上移动。使用轨迹球鼠标的优点是可以使手变得更“懒”。由于轨迹球的基座无需运动，所以可以占据较小的桌面空间，操作时手腕可以基本不运动，全靠手指拨动。

（5）无线式鼠标。无线式鼠标（见图 2-16）不需连接线，只需在鼠标内装入电池，并在主机通信口上接通信盒，鼠标可远距离操作主机。无线式鼠标可以分为两种：红外型和无线电型。红外型鼠标的方向性要求比较严格，一定要对准红外线发射器后才能操作；而无线电型鼠标的方向性要求不太严格，可以偏离一定角度。

图 2-16　无线式鼠标

（6）网络鼠标。人们在浏览网页时要不断地拖动滚动条滚屏或翻页，手容易产生疲劳。网络鼠标在普通的两键鼠标的基础上增加了一个滚轮键，只要按下滚轮键，就可以在网页中实现自动阅览、卷动、缩放等一系列功能，免去了不断翻页的烦恼。

### 2.2.2　鼠标的选购与维护

鼠标体积小巧，可以在屏幕上快速、准确地移动和定位光标，使操作计算机更加轻松自如，提高人们的工作效率。下面介绍其选购与维护知识。

#### 1．鼠标的性能指标

（1）分辨率（或解析度）。分辨率以 dpi（dot per inch，每英寸点数）为单位，分辨率越高越便于控制。大部分鼠标都是提供 200～400dpi 的标准分辨率，一般 400dpi 就可以满足大部分图形软件的要求了。

（2）轨迹速度（tracking speed）。它反映了鼠标的反映灵敏度，以 mm/s（毫米/秒）为单位，一般该速度达到 600mm/s 以上较为灵敏。



### 2．鼠标的选购

优质的鼠标应该是外形美观、按键灵敏、手感舒适、滑动流畅、定位精确、辅助功能强、服务完善、质量可靠、经久耐用、价格合理。如果还有特殊的要求那么就还要考虑以下几个方面。

（1）鼠标接口类型。选购鼠标时首先应该考虑接口，根据主板接口配备情况，鼠标可以选择串行接口、PS/2 接口和 USB 接口。

其中 USB 接口为目前主流方向。同一种鼠标一般还有串口和 PS/2 两种接口，价格也基本相同，在这种情况下建议选购 PS/2 接口的鼠标，因为一般的主板上都设置了 PS/2 鼠标接口，省下来一个串口可以为今后的升级做准备。

（2）功能的选择。如果只是一般的家用，那么选择机械式鼠标或是光电式鼠标就再适合不过了；如果经常没日没夜地上网，那么就需要一只网络鼠标，它会使在网上冲浪非常方便；如果经常使用一些专业的设计软件，那还是买一只光电式鼠标比较好。

（3）手感、外观与造型。已经有媒体报道，长期使用手感不适的鼠标、键盘等设备，可能会引起上肢的一些综合病征。因此，如果要长时间使用鼠标，那么就应该注意鼠标的手感。好的鼠标应该是根据人体工程学原理设计的外型，手握时感觉轻松、舒适而且与手掌面贴合，按键轻松而有弹性，滑动流畅，鼠标指针定位精确。

在选购鼠标时应该仔细观察鼠标塑料外壳的外观和形态。优质鼠标的工艺难度要大得多。鼠标的外部造型要以个人的喜好为选择标准。造型漂亮、美观的鼠标能给人带来愉悦的感觉，有益于人的心理健康。

（4）品牌和售后服务。鼠标厂家也讲质量认证，优质的鼠标肯定通过了很多国际认证，能提供优异的质量指标：能达到 400dpi 以上的分辨率，能保证 300 万次以上的按键次数。这类鼠标厂商往往能提供 1～3 年的质保，对用户所提出的各种问题都能认真回复，能够解决用户所提出的各种技术问题，提供足够的技术支持，并保证用户能方便地退换。常见的品牌有罗技、微软、双飞燕等。

（5）衡量质量的几个指标。有的鼠标很便宜，但是用两三个月就报废了；有的鼠标价格虽然贵了点，但是用了 4 年之后还可以正常使用。购买鼠标时可以参照几个标准。

① 要看外观。好的鼠标制作工艺难度大，一般比较精细；劣质的则大多数比较粗糙。

② 看流水序列号。正式厂家的鼠标都有产品序列号，要注意看鼠标的品牌和产品序列号。如果是伪劣产品，则往往没有产品序列号，或者所有的产品序列号都是相同的。

③ 如果有可能，最好看看鼠标的内部，就能了解鼠标的优劣。优质鼠标的电路板多是多层板，全自动波峰焊表面安装；滚轮由优质的特殊轻质树脂材料制成；而劣质鼠标则是单层板，用手工焊接，滚轮则多为再生橡胶。

④ 看鼠标分辨率。鼠标分辨率是最常见的技术指标，它的单位为 dpi，它表示每移动一英寸的距离，鼠标能产生的脉冲信号数量。鼠标的性能和它的分辨率成正比，分辨率越高，就表示光标在显示器屏幕上移动定位越准确，鼠标的性能越好。

⑤ 看支持鼠标的软件。从实用的角度看，软件的重要性不次于硬件。好而实用的鼠标

应附有足够的辅助软件，优质的鼠标的驱动程序比操作系统附带的驱动程序功能更强大。而且每一键都能让用户重新自定义，能够满足各类用户的特殊需求，充分发挥鼠标的作用。

### 【案例 2-2】 鼠标常见的故障及解决方案

鼠标的故障分析与维修比较简单，大部分故障为接口或按键接触不良、断线、机械定位系统脏污造成的。少数故障为鼠标内部元器件或电路虚焊，这主要存在于某些劣质产品中，其中尤以发光二极管、IC 电路损坏居多。

（1）系统无法识别鼠标。开机后，系统提示"Windows 没有检测到鼠标"或屏幕显示"没有安装鼠标"，但是实际上是安装了鼠标及其驱动程序的。

**【故障分析】**

系统不承认有鼠标的故障可由接触不良、鼠标模式设置错误、鼠标的硬件故障、病毒或主板故障等引起。

**【故障处理】**

① 首先拔插鼠标与主机的接口插头，检查接触是否良好，处理后重新启动系统。

② 如果故障仍存在，拔下鼠标的接口插头，换一 COM 接口插上去，并把 CMOS 中对 COM 接口的设置做相应的修改，重新开机启动。

③ 若问题没有解决，则检查鼠标底部是否有模式设置开关，如果有，试着改变其位置，重新启动系统。若没有解决问题，仍把开关拨回原位。

④ 若故障仍存在，则用替换法，将另一只正常的相同型号的鼠标与主机连接，再开机启动。

⑤ 若故障消失，则说明是鼠标的硬件故障引起的，检查鼠标的接口插头和连线有无问题，如无问题，再检查鼠标的 X 轴和 Y 轴的移动机构或光电接收电路系统有无问题。

⑥ 若用替换法后故障仍存在，则说明是软故障。退出 Windows 后，在 DOS 下检查 config.sys 文件或 autoexec.bat 文件中是否已加入了鼠标驱动程序；若没有，则装入鼠标驱动程序。

⑦ 若在 DOS 下已加入了鼠标驱动程序，再在 Windows 下检查 system.ini 文件 BOOT 段中是否加入了 mouse.drv=<文件名>设置项。

⑧ 若故障仍存在，则用 KV300 进行检测杀毒，重新冷启动后，检查鼠标驱动程序是否完好，如有问题应重新安装。如果驱动程序是好的，再检查 CMOS 的内容是否被修改，如被修改应重新设置，然后再次开机启动。

⑨ 若经以上检查后故障仍存在，可能主板线路有故障，要送专业人员修理。

（2）鼠标有光标显示但是无法移动。一台计算机启动后，屏幕显示有鼠标光标，但是不能移动。

**【故障分析】**

这个问题多是由于软件故障引起的。

**【故障处理】**

① 打开系统设备设置表，检查所用鼠标是否列在设置表中。如果没有，应该确保所用鼠标列在设置表中。

② 进一步检查鼠标驱动程序。如果是正确的，但是鼠标光标不能移动。此时，应该检查鼠标接口与其他设备之间有无冲突。

（3）鼠标指针死锁，开机自检后，鼠标指针出现在各种图形界面下时都不动。

【故障分析】

导致这个问题的原因较多，下面逐一分析并给出解决方法。

【故障处理】

① 死机。机器处于死机状态，则鼠标指针会死锁。此时重新启动计算机即可。

② 插头接触不良。当机器运行正常而鼠标指针死锁时，应关机后拔插鼠标与主机的接口插头，消除松动及接触不良，之后重新启动系统。

③ 模式设置开关有误。检查鼠标底部有无模式设置开关，如果有模式设置开关，则试着改变其设置，之后重新启动系统。

④ 鼠标类型不相符。在【控制面板】中选择【系统】/【鼠标】/【属性】命令，检查驱动程序是否与所安装的鼠标类型相符。

⑤ 鼠标本身有问题。采用替换法，将另一只同类型鼠标与主机相连，重新启动系统进行试验。

⑥ 是否存在设置冲突。检查鼠标是否与中断请求（IRQ）设置发生冲突。在 DOS 提示符下，用诊断程序 MSD 检查与哪一个中断地址有冲突。如果确实有设置冲突，则应该重新设置中断地址。

⑦ 驱动程序不兼容。检查鼠标驱动程序是否与另一串行设备的驱动程序不兼容。如果不兼容，则应该断开另一串行设备的连接，并且卸载该设备的驱动程序。

⑧ 主板接口电路有故障。经过上述的系列检查，鼠标指针死锁故障如果还未排除，则应该考虑主板接口电路是否有问题。

（4）鼠标指针跳动，开机进入系统环境后，移动鼠标时，鼠标指针跳动，不稳定。

【故障分析】

该故障有可能是因为操作系统没有接收到鼠标发出的消息而造成的。

【故障处理】

① 检查是否安装有另外的串行设备，如果没有，则不存在中断冲突问题。

② 检查驱动程序是否安装正常，如果不是，则重新安装。

③ 利用杀毒软件查杀病毒，如果没有发现有染毒现象，则采用替换法一般就可以发现问题所在。

（5）一台装有独立网卡的计算机，COM1 端口接外置 Modem，鼠标接在 COM2 端口。中断冲突造成鼠标无法使用。

【故障分析】

这个问题是由于中断冲突造成的。

【故障处理】

① 用键盘打开设备管理器，发现 COM2 端口前面有一个黄色感叹号。

② 选中后检查其属性，发现鼠标和网卡都是用了 IRQ3，中断向量发生冲突，所以鼠标无法使用。

（6）鼠标引起计算机异常掉电。一台新组装的兼容机，正常安装并进入 Windows 之后，每次用鼠标打开文件或文件夹时便异常掉电关机，安全模式也不例外。

【故障分析】

一般这个问题是由于鼠标自身硬件故障引起的。

【故障处理】

① 查看是否是由电源故障引起的。

② 更换新电源后再试，若现象依然如此，则相继更换其他部件进行测试。

③ 若还是无法解决问题，则反复开机测试。

④ 若发现只有单击鼠标时电脑才掉电，则拆开鼠标观察，发现有几条细导线的绝缘层已经严重破损，露出了里面的金属丝，而且有的部分贴在了一起，可以断定是由于短路造成的。

（7）找不到鼠标。计算机启动后在桌面上找不到鼠标。

【故障分析】

导致这个问题的原因较多，下面逐一分析并给出解决方法。

【故障处理】

① 鼠标彻底损坏，需要更换新鼠标。

② 鼠标与主机连接串口或 PS/2 口接触不良，仔细接好线后，重新启动即可。

③ 主板上的串口或 PS/2 口损坏，这种情况很少见，如果是这种情况，只好去更换一个主板或使用多功能卡上的串口。

④ 鼠标线路接触不良，这种情况是最常见的。接触不良的点多在鼠标内部的电线与电路板的连接处。故障只要不是在 PS/2 接头处，一般维修起来不难。若是由于线路比较短或比较杂乱而导致鼠标线被用力拉扯，解决方法是将鼠标打开，再使用电烙铁将焊点焊好。还有一种情况就是鼠标线内部接触不良，是由于时间长而造成老化引起的，这种故障通常难以查找，更换鼠标是最快的解决方法。

⑤ 有时候在非法关机后会遇到鼠标突然找不到的情况，重启几次有可能就又正常了。

（8）鼠标按键失灵。

【故障分析】

导致这个问题的原因较多，下面逐一分析并给出解决方法。

【故障处理】

① 鼠标按键无动作，这可能是因为鼠标按键和电路板上的微动开关距离太远或单击开关使用过一段时间后反弹能力下降造成的。拆开鼠标，在鼠标按键的下面粘上一块厚度适中的塑料片，厚度要根据实际需要而确定，处理完毕后即可使用。

② 鼠标按键无法正常弹起，这可能是因为按键下方微动开关中的碗形接触片断裂引起的，尤其是塑料簧片长期使用后容易断裂。如果是三键鼠标，那么可以将中间的那一个键拆下来应急。如果是品质好的原装名牌鼠标，则可以拆开微动开关，细心清洗触点，涂上一些润滑脂后，装好即可使用。

（9）移动鼠标，但鼠标不灵活。

【故障分析】

这是鼠标灵敏度下降造成的，最有可能是透镜通路脏了，光线不能顺利到达。

【故障处理】

同清理机械鼠标的滚球一样，用棉花蘸上酒精轻轻擦拭发光管、透镜、反光镜及光敏光表面。

# 2.3 扫描仪

扫描仪（见图 2-17）是除键盘和鼠标之外被广泛应用于计算机的输入设备。可以利用扫描仪输入照片建立自己的电子影集；输入各种图片建立自己的网站；扫描手写信函再用 E-mail 发送出去以代替传真机；还可以利用扫描仪配合 OCR 软件输入报纸或书籍的内容，免除键盘输入汉字的辛苦。所有这些展示了扫描仪的不凡功能，它使人们在办公、学习和娱乐等各个方面提高效率并增进乐趣。

图 2-17　扫描仪

## 2.3.1 扫描仪的分类

扫描仪有很多种，按不同的标准可分成不同的类型，通常都是按照扫描原理将常用扫描仪分为 3 种类型。

### 1. 平板式扫描仪

平板式扫描仪如图 2-18 所示，又称为平台式扫描仪、台式扫描仪，是目前办公用扫描仪的主流产品。从指标上看，这类扫描仪光学分辨率在 300～8000dpi，色彩位数从 24 位到 48 位，部分产品可安装透明胶片扫描适配器用于扫描透明胶片，少数产品可安装自动进纸实现高速扫描。扫描幅面一般为 A4 或是 A3。从原理上看，这类扫描仪分为 CCD 技术和 CIS 技术两种，从性能上讲 CCD 技术是优于 CIS 技术的，但由于 CIS 技术具有价格低廉、体积小巧等优点，因此也在一定程度上获得了广泛的应用。

### 2. 馈纸式扫描仪

馈纸式扫描仪又称为小滚筒式扫描仪，如图 2-19 所示。由于平板式扫描仪价格昂贵，手持式扫描仪扫描宽度小，为满足 A4 幅面文件扫描的需要，推出了这种产品，这种产品绝大多数采用 CIS 技术，光学分辨率为 300dpi，有彩色和灰度两种，彩色型号一般为 24 位彩色，也有极少数馈纸式扫描仪采用 CCD 技术，扫描效果明显优于 CIS 技术的产品。但由于结构限制，体积一般明显大于 CIS 技术的产品。

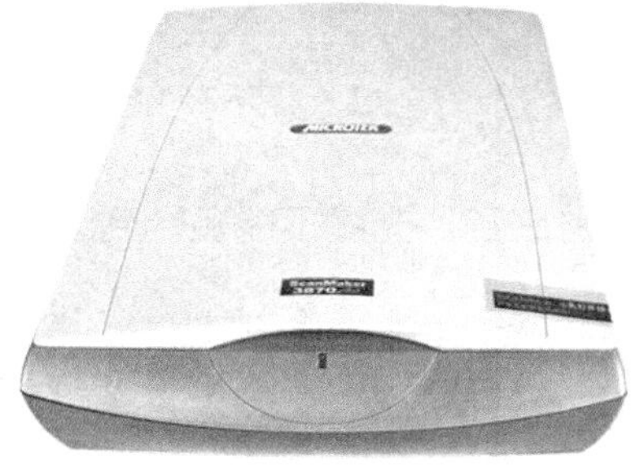

图 2-18　平板式扫描仪

图 2-19　馈纸式扫描仪

随着平板式扫描仪价格的下降，馈纸式扫描仪曾经退出了历史的舞台。不过随后又出现了一种新型产品，这类产品与老产品的最大区别是体积很小，并采用内置电池供电，甚至有的不需要外接电源，直接依靠计算机内部电源供电，主要目的是与笔记本电脑配套，又称为笔记本式扫描仪。

### 3．高拍仪扫描仪

高拍仪采用 USB2.0 接口，传输速度可达到 480Mbps，200\300\500 万像素传感器配备 300\500\800 万像素高清晰镜头，提供高质量扫描，最大扫描尺寸可达 A3 幅面，不管是彩色书籍，还是票据、身份证或者文稿、文件之类，都可轻松获取 JPG 或者设定的格式文件存盘电脑。高拍仪采用便携可折叠式结构设计，既能放置于办公室用做文件、票据、DV 视频的采集工具，也能随身携带便于移动办公，如图 2-20 所示。

### 4．便携式扫描仪

便携式扫描仪如图 2-21 所示，主要是出于轻薄的考虑，目前主流的便携式扫描仪都使用了 CIS 元件。便携式扫描仪不管是在扫描速度还是易操做性方面，都要比一般的平板式扫描仪强出很多。独特的高效能双面扫描让用户可以更加快捷的进行文档整理，在工作时还无需预热，开机即可扫描，在大大提高了工作效率的同时，也符合了国家所提倡的能源节约理念。

图 2-20　高拍仪

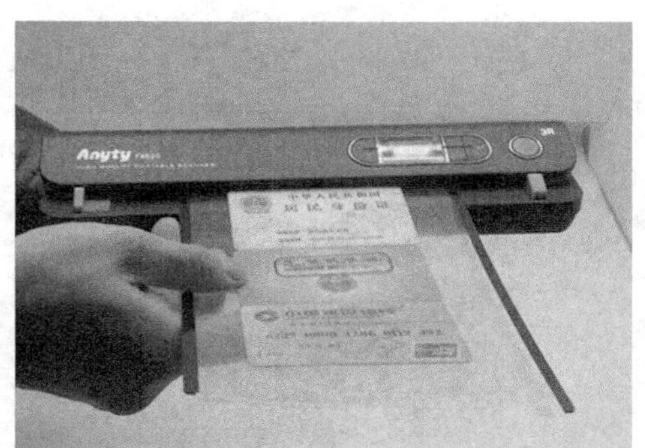


图 2-21　便携式扫描仪

**【知识拓展】**

CIS（接触式图像传感器）这个名词虽然是近些年才开始流行，但事实上这种技术却几乎是与 CCD 技术同时诞生的，只是出于商业上的考虑，此前没有大规模流行。现在随着轻薄风尚的流行，它便又被重新提上了舞台，绝大多数手持式扫描仪都采用了 CIS 技术。使用 CCD 作为感光元件的扫描仪，由于需要通过一系列透镜、反射镜等组成的光学系统将图像传送到 CCD 芯片上，所以体积一般比较大。而使用 CIS 光学转换器件的扫描仪，由于采用的是一列内置的 LED 发光二极管照明，直接接触在原稿表面读取图像数据，因此使用 CIS 技术的扫描仪没有附加的光学部件，移动部分又轻又小，整个扫描仪可以做得非常轻薄。

在过去，扫描仪的品质，一直是 CCD 呈绝对领先态势。这主要是由 CIS 器件的性能所决定的，另外 CIS 扫描的景深比较小，扫描稿件要求比较平整，相反 CCD 扫描仪景深大，可以轻松扫描立体实物。不过现在随着技术的发展，同级别的产品之间，这种性能差距可谓消失殆尽。首先是，CIS 通过改进如采用铰链机构也可以扫描 3D 物体，并且提高了分辨率。它还有 CCD 扫描仪无可比拟的优势，比如结构简单、体积轻薄，CIS 扫描仪生产流程非常简化，易于运输，故障率低且易于维修，与 CCD 扫描仪比起来更加抗震，对运输和使用环境的要求不是非常严格。

另外，CCD 扫描仪一般使用冷阴极管做光源，这种光源需要 1 分钟左右的预热才能稳定发光，扫描仪打开后不能立刻使用；CIS 扫描仪随时开机都可以进行扫描。就当前技术水平而言，不可否认的是 CCD 扫描仪图像品质更为出色，而 CIS 扫描仪体积小巧，则非常适合于空间比较拥挤的环境，如办公室或家庭。

**5. 其他扫描仪**

（1）鼓式扫描仪。又称为滚筒式扫描仪（见图 2-22），是专业印刷排版领域应用最广泛的产品，使用的感光器件是光电倍增管。

（2）大幅面扫描仪。一般指扫描幅面为 A1、A0 幅面的扫描仪，又称工程图纸扫描仪，常用于扫描大幅面的工程图样，如图 2-23 所示。

（3）底片扫描仪。又称胶片扫描仪，光学分辨率一般可以达到 2 700dpi 的水平，主要任务就是扫描各种透明胶片，如图 2-24 所示。

（4）条形码扫描仪。条形码是一种信息代码，用特殊的图形来表示数字、字母信息和某些符号，条形码扫描仪实际上是一种条形码自动识别系统，用来识别条形码，如图 2-25 所示。

图 2-22　鼓式扫描仪

图 2-23　大幅面扫描仪

图 2-24　底片扫描仪

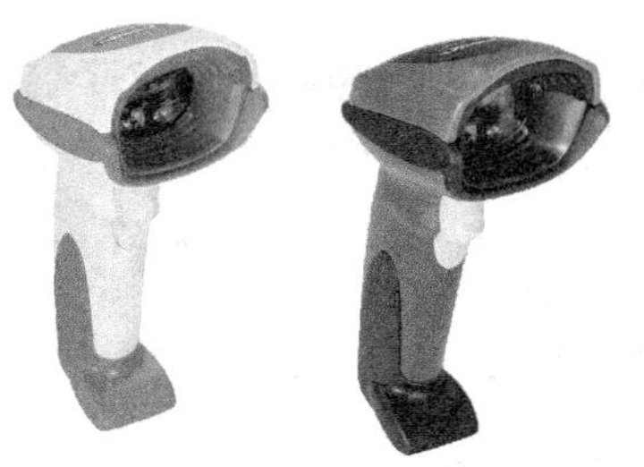

图 2-25　条形码扫描仪

## 2.3.2　扫描仪的选购与维护

随着人们日常生活水平的提高，扫描仪已经成为办公室的基本办公配置，同时也逐渐

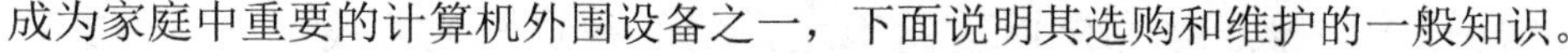

成为家庭中重要的计算机外围设备之一，下面说明其选购和维护的一般知识。

**1．扫描仪的性能指标**

扫描仪的性能指标主要从以下几个方面考虑。

（1）光学分辨率。光学分辨率是指扫描仪的光学系统可以采集的实际信息量，也就是扫描仪的感光元件的分辨率。例如最大扫描范围为216mm×297mm（适合于A4纸）的扫描仪可扫描的最大宽度为8.5英寸（216mm），它的CCD含有5 100个单元，其光学分辨率为5 100点/8.5英寸=600dpi。常见的光学分辨率有300dpi×600dpi、600dpi×1200dpi、1000dpi×2000dpi或者更高。对于在网络上显示照片或打印3cm×5cm或4cm×6cm的照片，100dpi的分辨率已经很大了。

（2）最大分辨率。最大分辨率又叫做内插分辨率，它是在相邻像素之间求出颜色或者灰度的平均值从而增加像素数的办法。内插算法增加了像素数，但不能增添真正的图像细节，因此应更重视光学分辨率。

（3）色彩分辨率。色彩分辨率又叫色彩深度、色彩模式、色彩位或色阶，总之都是表示扫描仪分辨彩色或灰度细腻程度的指标，它的单位是bit（位）。

从理论上讲，色彩位数越多，颜色就越逼真，但对于非专业用户来讲，由于受到计算机处理能力和输出打印机分辨率的限制，追求高色彩位带来的只会是浪费。

（4）光罩。一种在扫描胶卷过程中，产生一定的光照以增强扫描效果的设备，通常被保存在模板中。光罩能被做进扫描仪的上盖中，或者被做成不同的模块置入或扣在扫描仪的玻璃上。分离式的光罩使得扫描仪制造商将扫描仪的上盖做得很薄甚至能够将自动送纸器做进上盖里。光罩有不同的大小，最小的仅可以容纳一张幻灯片，很多扫描仪都是容纳3张幻灯片或6英寸长的胶片，还有一些大到可以容纳一张或更多的大版式的幻灯片。

（5）自动送纸器。为了处理高容量的光学字符识别或为了扫描那些比平台式扫描仪扫描界面还长的书页，一个自动送纸器会很有用。自动送纸器通常被做进扫描仪的盖子或代替扫描仪的盖子。

（6）传感技术。平台式扫描仪有两种类型的传感技术，一种是电荷耦合装置（CCD），一种是接触式影像传感器（CIS）。CCD技术比较旧一点，但是听起来可能更熟悉，因为它也被用在数码相机上。CIS传感器是一项较新的创新，即使扫描的图像质量有点不高，但CIS扫描仪比CCD扫描仪在外形上要小得多，耗电量也要小得多，而且使用CIS技术的扫描仪支持USB接口。

（7）接口方式。接口方式（连接界面）是指扫描仪与计算机之间采用的接口类型。常用的有USB接口、SCSI接口和并行打印机接口。SCSI接口的传输速度最快，而采用并行打印机接口则更简便。

**2．扫描仪的选购**

目前，在国内市场上流行的扫描仪产品主要有清华紫光、中晶、Avision、UMAX、爱克发、N-TEK、惠普、Mustek、佳能、ScanACE、柯达等十几种品牌，而每一种品牌都有各种不同型号和档次的产品，少则几款，多则20多款。面对如此众多的产品，用户应该如何选择适合自己的扫描仪呢？以下就详细介绍如何选购扫描仪。

（1）选型原则。从产品来看，尽管各品牌都会从高到低兼顾各个层面的需要，但一般还都有一个市场侧重点。其中惠普、爱克发、柯达等主要针对高端、大幅面以及一些专业应用；清华紫光等则以中低端市场和家庭应用为主，走的是普及化路线；而像中晶、UMAX、N-TEK 等品牌，一方面与惠普等国际品牌争夺高端市场，另一方面又针对主流市场与清华紫光等厂商抢夺用户，是那种兼收并蓄、大而全的运作思路。

- 对于入门级的个人用户

将扫描仪买进家庭的个人用户，一般情况下首先应该对经济实用性和易用性等方面给予更高的重视，而不必过于追求高分辨率；即使是爱好图像处理的发烧友们，600dpi 的光学分辨率也能满足要求。接口类型以 USB 为好，方便今后的扩展。在易用性方面，主要看是否附带有详细的安装和使用手册，其扫描软件界面是否易于理解且容易设置各种选项，是否设计有一些比较方便而省事的功能键等。

此外，还可以看看扫描仪的色彩风格是否符合自己的审美习惯。对此，在条件允许的情况下，最好在购买时带张图片或照片试扫一下，观察效果后再定。喜欢追求家用扫描仪品位的用户不妨也关注一下它的外观是否优美、体积大小是否能接受等，优美时尚的外观能起到装饰的作用。

- 对于普通办公用户

如果购买扫描仪是办公之用，一般情况下可能更加明确应用的目的。如果使用的情况比较单一，建议在选购时根据应用情况考虑。如果经常需要处理大量文案等，扫描仪不失为一个“排版录入”的好帮手，只要选择一款最高光学分辨率达 600dpi 的扫描仪即可，要求随机捆绑有识别率较高、功能丰富的 OCR 软件，如果工作需要，最好能支持简体、繁体和英文；如果经常处理的文稿数量较多，对扫描仪的性能应该偏重于扫描速度（尤其是光学分辨率 300dpi 黑白文本扫描模式下），这样可以尽可能地提高工作效率。

对于 Web 制作者来说，光学分辨率 600dpi 就能满足需要，至于色彩方面，由于这类图像是显示在电脑屏幕上，而电脑屏幕往往存在不同程度的色彩偏差，所以在这方面也不宜有过于专业的要求。

扫描仪的易用性和智能化设计对普通办公用户同样显得重要，扫描仪在硬件上的一种良好设计能省去一些繁琐的扫描步骤，尤其是对于经常批量扫描的用户来说更为有用。例如有些扫描仪具有省事的“一键扫描”功能，有的具有“开盖即扫”功能，而有的则有自动分析图、表和文字并做相应处理的功能等。

- 对于专业用户

专业用户主要是指在平面设计、广告制作和印刷排版等领域中从事专业处理图像工作的用户，他们往往对扫描仪的各方面性能有较高的要求。对于这类用户，因为他们的需求更加明确，所以在选择的时候目的性很强。专业用户一般会选择光学分辨率达到 1200dpi 的扫描仪，实际的硬件色彩位数当然越高越好；扫描胶卷底片等透明稿件的功能一般是必需的；考虑到更多地会以较高分辨率扫描图片，如果扫描仪配有速度更快的 SCSI 接口（或者 IEEE 1394 接口）则更好；至于体积、重量和外观特征则往往是较次要的要求。

（2）性能检测。在这里要提醒的是，无论是什么类型的用户，在确定自己对扫描仪基本配置的需求及能承担的费用，选定扫描仪款式之后，一定要开机测试扫描效果。一般可采用下述方法对扫描仪的感光元件质量、传动机构、分辨率、灰度级、色彩等性能进行检测。

- 检测感光元件

扫描一组水平细线（如发丝或金属丝），然后在 ACDSee 32 中浏览，将比例设置为

100%观察，如纵向有断线现象，说明感光元件排列不均匀或有坏块。

- 检测传动机构

扫描一张标称幅面（如 A4）图片，在 ACDSee 32 中浏览，将比例设置为 100%观察，如横向有撕裂现象或能观察出水平线，说明传动机构有机械故障。

- 检测分辨率

用标准分辨率（如 600dpi）扫描彩色照片，然后在 ACDSee 32 中浏览，将比例设置为 100%观察，不应观察到混杂色块，否则分辨率不足。

一般检查可用标准分辨率扫描一张人物面部特写（照片质量要好），注意观察面部皱纹的分支的连续性，分辨率较高的扫描仪的表现较好。也可用标准分辨率同时扫描一张“一元小钞”和一张“百元大钞”，在 ACDSee 32 中设置为 100%的比例浏览时，肉眼无法观察出的细节，如底纹和色彩，应能分辨得很清楚。

- 检测灰度级

选择标称灰度级扫描一张带有灯光的夜景照片，注意观察亮处和暗处之间的层次，灰度级高的扫描仪对图像细节（特别是暗区）的表现较好。

如果对灰度级要求很高，可选择默认值扫描一张色标卡样本，如 AGFA 公司的 IT8 彩色标准色标卡（国际公认的权威标准），该卡上有 22 级灰度梯尺，用 Photoshop 的 Eyedropper 功能读出扫描结果中 22 级灰度的解析程度，常见扫描仪大多能分辨出 20 级左右的灰度。

- 检测色彩

选择标称色彩位数，取消色彩校正扫描一张白纸，如果扫描出的白色底板上有浅浅的色彩（有些低档扫描仪带有较深的色彩），说明扫描仪的色彩系统有问题。

选择标称色彩位数扫描一张色彩丰富的彩照，将显示器的显示模式设置为真彩色，与原稿比较一下，观察色彩是否饱满，有无偏色现象。

如果对色彩要求很高，可选择默认值扫描一张色标卡样本（如 AGFA 公司的 IT8 彩色标准色标卡），用 Photoshop 的 Eyedropper 功能读出纯黑和纯白区域的 RGB 值（纯黑区域的 RGB 值越接近 0 越好；纯白区域的 RGB 值越接近 255 越好；两者之间数值范围越宽，说明动态范围越大；RGB 三色值越平均，说明色彩偏差越小）。纯黑区域的 RGB 值一般应在 20 以下，最好小于 15；纯白区域的 RGB 值一般应在 233 以上，最好大于 240；RGB 三色值一般应小于 10，最好能小于 5。

- OCR 文字识别输入检测

扫描一张自带印刷稿，采用黑白二值、标准分辨率进行扫描，光学分辨率 300dpi 的扫描仪能对报纸上的 5 号字做出正确的识别，光学分辨率 600dpi 的扫描仪几乎能认清名片上的 7 号字。

此外，服务问题也是很重要的。购买扫描仪一定要选择有一定规模和信誉度的商家，最好是厂家或厂家指定的代理商，而且一定要出具盖有公章的收款凭据，凭据上应写明购买的扫描仪的具体品牌、款式、价格、购买日期、出货单位等。所购买的扫描仪应该具有一定时限的保修期和保修范围，最好问清楚保修细节（如保修内容、是否上门维修、费用问题等）。

### 3. 扫描仪使用技巧

在使用扫描仪时，要明确以下要点。

（1）确定合适的扫描方式。使用扫描仪可以扫描图像、文字以及照片等，不同的扫描对象有其不同的扫描方式。打开扫描仪的驱动界面可以发现程序提供了三种扫描选项，其中：

- “黑白”方式：适用于白纸黑字的原稿，扫描仪会按照 1 个位来表示黑与白两种像素，这样会节省磁盘空间。
- “灰度”方式：适用于既有图片又有文字的图文混排稿样，扫描该类型兼顾文字和具有多个灰度等级的图片。
- “照片”方式：适用于扫描彩色照片，它要对红绿蓝三个通道进行多等级的采样和存储。

在扫描之前，一定要先根据被扫描的对象，选择一种合适的扫描方式，才有可能获得较高的扫描效果。

（2）优化扫描仪分辨率。扫描分辨率越高得到的图像越清晰，但是考虑到如果超过输出设备的分辨率，超高清晰的图像打印出来后并不会得到明显的质量提升，仅仅是多占用了磁盘空间，没有实际的价值。因此选择适当的扫描分辨率就很有必要。

例如，准备使用 600dpi 分辨率的打印机输出结果，以 600dpi 扫描。如果可能，在扫描后按比例缩小大幅图像。例如，以 600dpi 扫描一张 4×4 英寸的图像，在组版程序中将它减为 2×2 英寸，则它的分辨率就是 1200dpi。

（3）设置好扫描参数。扫描仪在预扫描图像时，都是按照系统默认的扫描参数值进行扫描的，对于不同的扫描对象以及不同的扫描方式，效果可能是不一样的。所以，为了能获得较高的图像扫描质量，可以用人工的方式来进行调整参数。

例如当灰阶和彩色图像的亮度太亮或太暗时，可通过拖动亮度滑动条上的滑块，改变亮度。如果亮度太高，会使图像看上去发白；亮度太低，则太黑。应该在拖动亮度滑块时，使图像的亮度适中。同样的对于其他参数，可以按照同样的调整方法来进行局部修改，直到自己的视觉效果满意为止。总之，一幅好的扫描图像不必再用图像处理软件中进行更多的调整，即可满足打印输出，而且最接近印刷质量。

（4）设置好文件的大小。无论被扫描的对象是文字、图像还是照片，通过扫描仪输出后都是图像，而图像尺寸的大小直接关系到文件容量的大小，因此在扫描时应该设置好文件尺寸的大小。通常，扫描仪能够在预览原始稿样时自动计算出文件大小，但了解文件大小的计算方法更有助于你在管理扫描文件和确定扫描分辨率时做出适当的选择。

二值图像文件的计算公式是：水平尺寸×垂直尺寸×（扫描分辨率）2/8。彩色图像文件的计算公式是：水平尺寸×垂直尺寸×（扫描分辨率）2×3。

（5）存储曲线并装入扫描软件。有时，为了得到最好的色彩和扫描对比度，先做低分辨率的扫描，在 Photoshop 中打开它，并用 Photoshop 的曲线功能来作色彩和对比度的改进。存储曲线并装载回扫描软件，扫描仪现在将使用此色彩纠正曲线来建立更好的高分辨率文件。

如果用一类似的色域范围扫描若干个图像，可使用相同的曲线，并且也可以经常存储曲线，再根据需要装载回它们。

（6）根据需要的效果放置好扫描对象。在实际使用图像的过程中，有时希望能够获得倾斜效果的图像，有很多设计者往往都是通过扫描仪把图像输入到电脑中，然后使用专业的图像软件来进行旋转，以使图像达到旋转效果，殊不知，这种过程是很浪费时间的，根据旋转的角度大小，图像的质量会下降。

如果事先就知道图像在页面上是如何放置的，那么使用量角器和原稿底边在滚筒和平台上放置原稿成精确的角度，会得到最高质量的图像，而不必在图像处理软件中再作旋转。

（7）在玻璃平板上找到最佳扫描区域。为了能获得最佳的图像扫描质量，可以找到扫描仪的最佳扫描区域，然后把需要扫描的对象放置在这里，以获得最佳、最保真的图像效果。

具体寻找的步骤为：首先将扫描仪的所有控制设成自动或默任状态，选中所有区域，接着再以低分辨率扫描一张空白、白色或不透明块的样稿；然后再用专业的图像处理软件 Photoshop 来打开该样稿，使用该软件中的均值化命令（Equalize 菜单项）对样稿进行处理，处理后就可以看见扫描仪上哪儿有裂纹、条纹、黑点。可以打印这个文件，剪出最好的区域（也就是最稳定的区域），以帮助放置图像。

（8）使用透明片配件来获得最佳扫描效果。许多平板扫描仪配有放在扫描床顶端的透明片配件。为得到透明片或幻灯片的最佳扫描，从架子和幻灯片安装架上取下图片并安装其在玻璃扫描床上，反面朝下（反面通常是毛面）。用黑色的纸张剪出面具，覆盖除稿件被设置的地方之外的整个扫描床。这将在扫描期间减少闪耀和过分曝光。同样地，扫描三维物体时，用颜色与被扫描的物体对比强烈的物体覆盖扫描仪的盖子。

（9）使扫描图像色域最大化。为充分利用 30 位或 36 位的扫描仪增加色彩范围，使用扫描仪软件（像 Agfa 的 FotoTune）或其他公司的软件尽量对色彩进行调节。因为 Photoshop 仅限 24 位图像，所以图像可能以最宽的色域范围被插入。

（10）使用无网花技术来扫描印刷品。当扫描印刷品时，在图像的连续调上会有网花出现。如果扫描仪没有去网功能，尝试寻找使网花最小的分辨率。常常，与印刷品网线一样或一倍的分辨率可能奏效。一旦得到相当好的扫描，使用 Photoshop 的 Gaussian Blur 过滤器（用小于 1 像素的设置）稍微柔化网花直至看不出。然后应用 Unsharp Mask 使图像锐利回来。也能通过稍微旋转图像来改进扫描，这是因为改变了连续调的网角。

#### 4．扫描仪的维护

为了延长扫描仪的使用寿命，应做好以下日常维护。

（1）要保护好光学部件。扫描仪在扫描图像的过程中，通过一个叫光电转换器的部件把模拟信号转换成数字信号，然后再送到计算机中。这个光电转换设置非常精致，光学镜头或者反射镜头的位置对扫描的质量有很大的影响。因此在工作的过程中，不要随便地改动这些光学装置的位置，同时要尽量避免对扫描仪的震动或者倾斜。

遇到扫描仪出现故障时，不要擅自拆修，一定要送到厂家或者指定的维修站去；另外在运送扫描仪时，一定要把扫描仪背面的安全锁锁上，以避免改变光学配件的位置。

（2）做好定期的保洁工作。扫描仪可以说是一种比较精致的设备，平时一定要认真做好保洁工作。扫描仪中的玻璃平板以及反光镜片、镜头，如果落上灰尘或者其他一些杂质，会使扫描仪的反射光线变弱，从而影响图片的扫描质量。

为此，一定要在无尘或者灰尘尽量少的环境下使用扫描仪，用完以后，一定要用防尘罩把扫描仪遮盖起来，以防止更多的灰尘来侵袭。当长时间不使用时，还要定期地对其进行清洁。清洁时，可以先用柔软的细布擦去外壳的灰尘，然后再用清洁剂和水对其认真地进行清洁。接着再对玻璃平板进行清洗，由于该面板的干净与否直接关系到图像的扫描质量，因

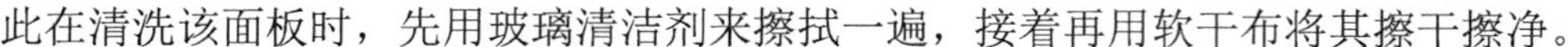
此在清洗该面板时，先用玻璃清洁剂来擦拭一遍，接着再用软干布将其擦干擦净。

## 【案例 2-3】 扫描仪常见的故障及解决方案

下面结合扫描仪使用过程的具体故障介绍其维护方法。

（1）图像未完全被获取，要扫描的图片没有全部被扫描。

**【故障分析】**

由于聚焦矩形框仍然停留在预览图像上，所以只有矩形框内的区域被获取。

**【故障处理】**

在做完聚焦后，单击一下去掉聚焦矩形框，反复试验以获得图像。

（2）图像有噪点，扫描的图像很模糊。

**【故障分析】**

可能是扫描仪的工作环境湿度超出了其允许范围。

**【故障处理】**

让扫描仪工作在允许范围内。关掉计算机，再关掉扫描仪，然后先打开扫描仪，再打开计算机，以重新校准扫描仪。

（3）扫描仪未准备就绪，打开扫描仪电源后，发现 Ready（准备）灯不亮。

**【故障分析】**

可能是由于温度太低，导致预热不够。

**【故障处理】**

① 先检查扫描仪内部灯管。若发现内部灯管是亮的，可能与室温有关，解决的办法是让扫描仪通电半小时后关闭扫描仪，一分钟后再打开它，问题即可迎刃而解。

② 若此时扫描仪仍然不能工作，则先关闭扫描仪，断开扫描仪与计算机之间的连线，将 SCSI ID 的值设置成 7，大约一分钟后再把扫描仪打开。在冬季气温较低时，最好在使用前先预热几分钟，这样就可避免开机后 Ready 灯不亮的现象。

（4）输出图像色彩不够艳丽，一张颜色数非常丰富的照片扫描结果与原图色彩相差很大。

**【故障分析】**

这是由于相关配备软件有问题引起的，可以用相应的软件进行校正。

**【故障处理】**

① 可以先调节显示器的亮度、对比度和 Gamma 值。Gamma 值是人眼从暗色调到亮色调的一种感觉曲线。Gamma 值越高，感觉色彩的层次就越丰富。

② 为了求得较好的效果，也可以在 Photoshop 等软件中对 Gamma 值进行调整，但这属于“事后调整”。

③ 在扫描仪自带的软件中，如果是普通用途，Gamma 值通常设为 1.4；若是用于印刷，则设为 1.8；网页上的照片则设为 2.2。

④ 还有就是扫描仪在使用前应该进行色彩校正，否则就极可能使扫描的图像失真。

⑤ 此外，还可以对扫描仪驱动程序对话框中的亮度/对比度选项进行具体调节。

（5）出现交叉影像。扫描印刷品时候，交叉影像出现在图像的特定区域内。

**【故障分析】**

可以尝试通过软件设置来消除这一问题。

**【故障处理】**

可以采用以下几种方法来避免交叉影像的产生。

① 在【图像类型】中选择【彩色照片（去网纹）】设置，或在【图像类型】对话框中选取【去网纹】设置。

② 在文件和稿件间放置一张透明页，使图像散焦。

③ 正确定位图像。

④ 可稍调小图像尺寸。

⑤ 在扫描仪的【TWAIN】中选中【清除边缘清晰化】复选框。

（6）在扫描印刷品的时候，系统找不到扫描仪。

**【故障分析】**

可以尝试通过检测系统连接和设置来消除这一问题。

**【故障处理】**

先用观察法查看扫描仪的电源及线路接口是否已经连接好，然后确认是否先开启扫描仪的电源，然后才启动计算机。如果不是，可以单击 Windows【设备管理器】中的【刷新】按钮，查看扫描仪是否有自检，绿色指示灯是否稳定地亮着。假若是，则可排除扫描仪本身出故障的可能性。如果扫描仪的指示灯不停地闪烁，表明扫描仪状态不正常。这时候可以重新安装最新的扫描仪驱动程序。同时，还应检查【设备管理器】中扫描仪是否与其他设备冲突（IRQ 或 I/O 地址），若有冲突就要进行更改。注意，这类故障无非就是线路问题、驱动程序问题和端口冲突问题。

## 2.4 数码相机

数码相机早已成为计算机的流行外设之一，数字摄影技术是胶片摄影与计算机图像技术的结合，而数码相机位于数字摄影技术的最前端，其产品的更新、技术的进步及价格的下降，加上 Internet 上电子数据交换的广泛需要，促使数码相机成为最热门的新型电子产品。

一段时间来，只是依靠扫描仪和传统的胶片冲洗技术，对于很多人来讲其过程太麻烦，首先要拍摄，然后冲扩底片，看图像是否满意，整个过程可能重复数次，最后由计算机进行处理和编辑，直到满意为止。而使用数码相机却将这些过程变得相当便捷，可以用数码相机拍摄到满意的图像，然后可立即打印输出或将其直接保存到计算机中进行处理和编辑，由于数码相机不需要胶卷，没有冲扩过程，可以提供更容易和更快捷的计算机处理过程，因而数码相机正广泛深入各个领域，为人们的工作和生活带来了方便和乐趣。

### 2.4.1 数码相机的分类

目前市场上的数码相机种类繁多，比较著名的数码相机品牌有佳能、索尼、尼康、富士、三星、明基、卡西欧、奥林巴斯、松下、宾得等。

按照不同的分类方式，数码相机可以分为很多种类。

### 1. 按照用途分类

（1）卡片相机。

卡片相机在业界内没有明确的概念，仅指那些小巧的外形、相对较轻的机身以及超薄时尚的设计是衡量此类数码相机的主要标准，如图 2-26 所示。

卡片相机主要特点是可以随身携带，虽然卡片相机功能并不强大，但是最基本的曝光补偿功能还是超薄数码相机的标准配置，再加上区域或者点测光模式，这些小东西在有时候还是能够完成一些摄影创作。

图 2-26　卡片相机

（2）单反相机。

单反相机的全称是单镜头反光照相机，如图 2-27 所示，它是用一只镜头并通过此镜头反光取景的相机。单镜头反光相机原理所谓“单镜头”是指摄影曝光光路和取景光路共用一个镜头，不像旁轴相机或者双反相机那样取景光路有独立镜头。“反光”是指相机内一块平面反光镜将两个光路分开：取景时反光镜落下，将镜头的光线反射到五棱镜，再到取景窗；拍摄时反光镜快速抬起，光线可以照射到感光元件 CMOS 上。

图 2-27　单反相机

单反相机使得视差问题基本得到解决，取景、调焦都十分方便，其可以随意换用与其配套的各种广角、中焦距、远摄或变焦距镜头，也能根据需要在镜头安装近摄镜、加接延伸接环或伸缩皮腔。总之凡是能从取景器里看清楚的景物，照相机都能拍摄下来。

（3）长焦相机。

长焦数码相机就是拥有长焦镜头的数码相机，如图 2-28 所示。镜头的焦距一般用毫米来表示，例如我们常说的 35mm 的镜头、50mm 的标头、135mm 的镜头等。镜头根据它的焦距可以分为广角镜、标准镜头和长焦镜头等。

在 35mm 胶卷里，50mm 的镜头的视角相当于人眼的视角，也就是说放大倍率为 1，我们把它称为标头。通过镜头内部镜片的移动而改变焦距。当我们拍摄远处的景物或者是被拍摄者不希望被打扰时，长焦的好处就发挥出来了。另外焦距越长则景深越浅，和光圈越大景深越浅的效果是一样的，浅景深的好处在于突出主体而虚化背景。

图 2-28　长焦相机

### 2．按照图像传感器分类

（1）面阵 CCD 数码相机。面阵 CCD 数码相机使用的 CCD 芯片感光区为一个平面矩阵。由于 CCD 形成一个平面矩阵，所以扑捉影像时一次曝光完成，可以像胶卷一样通过瞬间曝光记录整幅画面，拍摄速度快，对拍摄活动景物和用普通闪光灯拍摄等无任何特殊要求。因此此种数码相机被称为“实时”相机。

（2）线阵 CCD 数码相机。线阵 CCD 数码相机又称为扫描式数码相机。它的传感器是以单个线状分布的。因此，它扫描物体时像平面扫描仪一样速度慢，但能够产生大量的数据。采用 CCD 的数码相机分辨率极高，但曝光时间长，使得这类数码相机无法拍摄活动的景物，也不能进行闪光拍摄。

（3）CMOS 数码相机。CMOS 的器件成本比较低。目前，CMOS 数码相机在清晰度和拍摄速度上还有些问题，尚需进一步解决。

### 3．按对计算机的依附程度分类

（1）联机型数码相机。联机型数码相机本身不带存储卡，使用时必须与计算机连接，以便将所拍摄的内容直接存储到计算机的存储介质上。

（2）脱机型数码相机。脱机型数码相机自身带有存储介质，可以脱离计算机独立工作。脱机型数码相机根据所使用的存储介质的不同，可以进一步分为内置式和可移动式两种。内置式数码相机所使用的存储器与数码相机固化在一起，不需要另配存储介质。可移动式数码相机所使用的存储介质是可随时装入相机或从相机中取出的存储卡，存满后可随时更换，像使用软盘一样方便。

## 【案例 2-4】　认识 CCD 和 CMOS

### 1．什么是 CCD

电荷耦合器件图像传感器（Charge Coupled Device，简称 CCD）使用一种高感光度的半导体材料制成，能把光线转变成电荷，通过模/数转换器芯片转换成数字信号，数字信号经过压缩以后由相机内部的闪速存储器或内置硬盘卡保存，因而可以轻而易举地把数据传输给计算机，并借助于计算机的处理手段，根据需要和想象来修改图像。

### 2．什么是 CMOS

互补性氧化金属半导体（Complementary Metal-Oxide Semiconductor，简称 CMOS）和 CCD

一样同为在数码相机中记录光线变化的半导体。CMOS 的制造技术和一般计算机芯片没什么差别，主要是利用硅和锗这两种元素所做成的半导体，使其在 CMOS 上共存着带 N（带负电）和 P（带正电）级的半导体，这两个互补效应所产生的电流即可被处理芯片记录和解读成影像。然而，CMOS 的缺点就是太容易出现杂点， 这主要是因为早期的设计使 CMOS 在处理快速变化的影像时，由于电流变化过于频繁而会产生过热的现象。

### 3．CCD 与 CMOS 比较

在相同的分辨率下，CMOS 价格比 CCD 便宜，但是 CMOS 器件产生的图像质量相比 CCD 来说要低一些。到目前为止，市面上绝大多数的消费级别以及高端数码相机都使用 CCD 作为感应器；CMOS 感应器则作为低端产品应用于一些摄像头上，若有哪家摄像头厂商生产的摄像头使用了 CCD 感应器，厂商一定会不遗余力地以其作为卖点大肆宣传，甚至冠以“数码相机”之名。一时间，是否具有 CCD 感应器便成了人们判断数码相机档次的标准之一。

## 【案例 2-5】 单反相机的优势

数码单反相机的专业定位，决定了即使是面向普通用户和发烧友的普及型产品也拥有大量过人之处，这是许多发烧友选择数码单反相机的根本原因。

### 1．图像传感器的优势

对于数码相机来说，感光元件是最重要的核心部件之一，它的大小直接关系到拍摄的效果，要想取得良好的拍摄效果,最有效的办法其实不仅仅是提高像素数，更重要的是加大CCD或者CMOS的尺寸。无论是采用 CCD 还是 CMOS，数码单反相机的传感器尺寸都远远超过了普通数码相机。

因此，数码单反的传感器像素数不仅比较高（目前最低 600 万像素），而且单个像素面积更是民用数码相机的四五倍，因此拥有非常出色的信噪比，可以记录宽广的亮度范围。600 万像素的数码单反相机的图像质量绝对超过采用 2/3 英寸 CCD 的 800 万像素的数码相机的图像质量。

### 2．丰富的镜头选择

数码相机作为一种光、机、电一体化的产品，光学成像系统的性能对最终成像效果的影响也是相当重要的，拥有一支优秀的镜头对于成像的意义绝不亚于图像传感器的选择。同时，随着图像传感器、图像引擎和存储器件的成本不断降低，光学镜头在数码相机成本中所占的比重也越来越大。

对于数码单反相机来讲更是如此。在传统单反相机的选择中，镜头群的丰富程度和成像质量就是影友选择的重要因素，到了数码时代，镜头群的保有率顺理成章地成了品牌竞争的基础。佳能、尼康等品牌都拥有庞大的自动对焦镜头群，从超广角到超长焦，从微距到柔焦，用户可以根据自己的需求选择配套镜头。

同时，由于传感器面积较大，数码单反相机比较容易得到出色的成像。更重要的是许多摄影发烧友手里，一般都有着一两只，甚至多达十几只的各种专业镜头，这些都是影友用自己的血汗钱购买的，如果购买了数码单反相机机身，一下子就把镜头盘活了，而且和原来的传统胶片相机构成了互相补充的胶片和数码两个系统。

### 3．迅捷的响应速度

普通数码相机最大的一个问题就是快门时滞较长，在抓拍时掌握不好经常会错过最精彩的瞬间。响应速度正是数码单反相机的优势，由于其对焦系统独立于成像器件之外，它们基本可以实现和传统单反相机一样的响应速度，在新闻、体育摄影中让用户得心应手。目前佳能的 EOS1D MARKⅡ和尼康 D2H 均能达到每秒 8 张的连拍速度，足以媲美传统胶片相机。

### 4．卓越的手控能力

虽说如今的相机自动拍摄的功能是越来越强了，但是拍摄时由于环境、拍摄对象的情况是千变万化的，因此一个对摄影有一定要求的用户是不会仅仅满足于使用自动模式拍摄的。这就要求数码相机同样具有手动调节的能力，让用户能够根据不同的情况进行调节，以取得最佳的拍摄效果。

因此具有手动调节功能也就成为数码单反相机必须具备的功能，也是其专业性的代表。而在众多的手动功能中曝光和白平衡是两个重要的方面。当拍摄时自动测光系统无法准确地判断拍摄环境的光线情况和色温时，就需要用户根据自己的经验来进行判断，通过手动来进行强制调整，以取得好的拍摄效果。

### 5．丰富的附件

数码单反相机和普通数码相机一个重要的区别就是它具有很强的扩展性，除了能够继续使用偏振镜等附加镜片和可换镜头之外，还可以使用专业的闪光灯，以及其他的一些辅助设备，以增强其适应各种环境的能力。比如大功率闪光灯、环型微距闪光灯、电池手柄、定时遥控器，这些丰富的附件让数码单反相机可以适应各种独特的需求。

## 2.4.2 数码相机的选购与维护

数码相机是一种高端的计算机外围设备，下面介绍其选购以及相关的使用维护知识。

### 1．数码相机的主要参数

（1）感光器件种类和尺寸。

感光器件是数码相机的心脏，目前数码相机的核心成像部件有两种：一种是广泛使用的 CCD（电荷藕合）元件；另一种是 CMOS（互补金属氧化物导体）器件。

说到 CCD 的尺寸，其实是说感光器件的面积大小。现在市面上的消费级数码相机主要有 2/3 英寸、1/1.8 英寸、1/2.7 英寸、1/3.2 英寸 4 种。一般都用“1/? 英寸”表示，“1”后面的数值越小，CCD 尺寸越大，成像质量越好，比较好的有 1/1.8 英寸。 CCD/CMOS 尺寸越大，感光面积越大，成像效果越好。目前更大尺寸 CCD/CMOS 加工制造比较困难，成本也非常高。因此，CCD/CMOS 尺寸较大的数码相机的价格也较高。感光器件的大小直接影响数码相机的体积重量。超薄、超轻的数码相机一般 CCD/CMOS 尺寸也小，而越专业的数码相机的 CCD/CMOS 尺寸也越大。

（2）有效像素数。

有效像素数英文名称为 effective pixels。与最大像素不同，有效像素数是指真正参与感光成像的像素值。最高像素的数值是感光器件的真实像素，这个数据通常包含了感光器件的非成像部分，而有效像素是在镜头变焦倍率下所换算出来的值。以美能达的 DiMAGE7 为例，其 CCD 像素为 524 万（5.24Megapixel），因为 CCD 有一部分并不参与成像，有效像素只为 490 万。在选择数码相机的时候，应该注重看数码相机的有效像素是多少，有效像素的数值才是决定图片质量的关键。

（3）最高分辨率。

数码相机能够拍摄的最大图片的面积，就是这台数码相机的最高分辨率。从技术上说，数码相机能产生的图片在每寸图像内以点数表示，通常以 dpi 为单位，英文为 dot per inch。分辨率越大，图片的面积越大。

分辨率是用于度量位图图像内数据量多少的一个参数。通常表示成 ppi（每英寸像素，pixel per inch）和 dpi（每英寸点）。包含的数据越多，图形文件的体积就越大，也能表现更丰富的细节。

分辨率和图像的像素有直接的关系：一张分辨率为 640 像素×480 像素的图片，它的分辨率就达到了 307 200 像素，也就是常说的 30 万像素，而一张分辨率为 1 600 像素×1 200 像素的图片，它的像素就是 200 万。这样就可以知道，分辨率的两个数字表示的是图片在长和宽上占的点数的单位。一张数码图片的长宽比通常是 4∶3。

（4）光学变焦。

数码相机依靠光学镜头结构来实现变焦。数码相机的光学变焦方式与传统 35mm 相机差不多，就是通过镜片移动来放大与缩小需要拍摄的景物，光学变焦倍数越大，能拍摄的景物就越远。如今的数码相机的光学变焦倍数大多在 2～5 倍，即可把 10m 以外的物体拉近至 3～5m 近；家用摄录机的光学变焦倍数在 10～22 倍，能比较清楚的拍到 70m 外的东西。使用增倍镜能够增大摄录机的光学变焦倍数。

（5）数字变焦。

数字变焦也称为数码变焦，是通过数码相机内的处理器，把图片内的每个像素面积增大，从而达到放大目的。与光学变焦不同，数码变焦是在感光器件垂直方向上的变化，而给人以变焦效果的。在感光器件上的面积越小，那么视觉上就会让用户只看见景物的局部。但是由于焦距没有变化，所以，图像质量是相对于正常情况下较差。

通过数码变焦，拍摄的景物放大了，但它的清晰度会有一定程度的下降，所以数码变焦并没有太大的实际意义。目前数码相机的数码变焦一般在 6 倍左右，太大的数码变焦会使图像严重受损，有时候甚至因为放大倍数太高，而分不清所拍摄的画面。

（6）显示屏的尺寸。

数码相机与传统相机最大的一个区别就是它拥有一个可以及时浏览图片的屏幕，称之为数码相机的显示屏，一般为液晶结构（Liquid Crystal Display，简称 LCD）。数码相机显示屏尺寸即数码相机显示屏的大小，一般用英寸来表示。如：1.8 英寸、2.5 英寸等，目前最大的显示屏为 3.0 英寸。

数码相机显示屏越大，虽然可以令相机更加美观，但使得数码相机的耗电量也越大。所以在选择数码相机时，显示屏的大小也是一个不可忽略的重要指标。

### 2．数码相机的选购

随着国家刺激消费，不断推出各种长假、黄金周等旅游机会，越来越多的家庭和个人都希望拥有一台高性价比的数码相机。随着科学技术的发展，数码相机价格不断下降，新品不断推出，功能日渐丰富，体积越发小巧。对于消费者来说，应该如何选择一台合适的数码相机呢？

（1）一般家庭用户选机原则。一般家庭用户使用数码相机主要用于家庭娱乐，看重实用性、强大的功能以及耐用性，因此高性价比是首选因素。目前市场占主力的 1000 万像素和 1600 万像素的机型即可满足成像需求，此外，多种拍摄模式、宽广的 ISO 值设定范围、高速准确地对焦则是必需的功能特点，而保证耐用性的金属外壳也是必不可少的考虑因素。

（2）追求时尚前卫的消费者的选机原则。追求时尚前卫的消费者一般注重外形设计与亮点功能的紧密结合是首选标准，比如小巧的外形、亮丽的颜色以及舒适的手感等。

（3）专业级水准的用户的选机原则。专业级水准的用户最注重对成像质量的极致追求，因此手动操作功能是必备的，可更换的镜头、1000 万像素以上的 CMOS 图像传感器和多种图像记录模式是高图像品质的保障。

（4）购机渠道。正规的数码相机销售柜台将会保证你的相机“出身”。购买时应考虑品牌效应，因为它是数码相机整体质量和售后服务的主要保障。

（5）走出高像素误区。像素作为衡量数码相机质量的标准之一，常被消费者视为选购数码相机时的考核重点，但是不宜盲目地追求高像素，甚至将其看作衡量数码相机质量的唯一标准。众所周知，数码相机需要依靠内部的图像处理引擎来减少色彩误差。数码相机成像的原理和传统相机有着本质上的差别，通过感光元件获得的数据必须经过处理并组合，才能生成最终的图像文件，处理引擎的计算方法直接影响最终图像的质量。因此，像素的确可以视为数码相机等级的重要判定标准之一，但却不是唯一的标准，我们需要通过数码相机的综合指标来全面考察数码相机的品质。

（6）认识感光元件尺寸的重要性。影响数码相机成像质量的因素有很多，其中，数码相机感光元件的光敏单元尺寸对成像的影响是很大的。光敏单元的尺寸越大，感光元件对光线就越敏感，产生的信号噪声就越小，对高光和阴影部分的再现就会更优异，对比度也更高。而在有限的感光元件面积上增加过多的光敏单元，会导致光敏单元过小而带来图像信噪比降低、感光度降低等问题。

（7）CCD 和 CMOS 的选择。数码相机是利用一个感光元件将透过镜头照射到芯片上的光线转换成电荷，然后电信号经过处理后变成数字信号，再经过图像处理引擎的处理将数字信号以一定格式压缩后存入缓存内产生数码照片的。其中感光元件的重要性是不言而喻的。

目前市场上的数码相机使用的感光元件有 CCD 和 CMOS 两种，它们在功能和性能上存在着很大的差异。在数码相机开始流行的时候，CMOS 技术还不是很成熟，因此大部分消费者的观念都认为 CCD 比 CMOS 好，而 CMOS 感光元件只适合使用在手机或者其他对图像要求没有那么高的场合。CMOS 感光元件也有着许多优点，CMOS 一样通过半导体来转换光线，但与 CCD 不同的是，CMOS 的每个光敏元件都有一个将电荷转化为电子信号的放大器，CMOS 可以在每个像素基础上进行信号放大，采用这种方法可节省任何无效的传输操作，所以只需少量的能量消耗，同时噪声也有所降低。

（8）认识镜头的重要性。镜头是一部相机的灵魂，数码相机当然也不例外。表面上看，数码相机由于感光元件分辨率有限，理论上对镜头的光学分辨率要求会比较低，但由于普通数码相机采用的是 CCD 或者 CMOS 感光元件进行感光，其面积要比传统胶片的面积小很多，因此对镜头解析度的要求就更加严格。否则，数码相机即便有很高的像素数，成像质量仍旧会因为镜头的原因而比较差。换句话说，就是数码相机采用的光学镜头的解析能力一定要优于感光元件的分辨率。

镜头的选购要点如下。

- 镜头口径越大越好。大口径镜头对成像边缘清晰度有好处，并且容易配合附加镜头的使用，获得最理想的拍摄效果。
- 变焦范围越大越好。镜头变焦的范围越大，所拍景物的范围也就越广，清晰度也越理想。
- 光圈越大越好。通过调整光圈的大小，一个普通的镜头可以营造出不同风格的画面效果，十分实用，例如标准镜头通过调整光圈可以实现长焦效果等。
- 付款之前验机。用数码相机对着一张白纸，进行实拍，然后再用黑布蒙住镜头，拍一张全黑的相片。最后取出数码相机的内存卡，放在电脑的读卡器中，用 ACDSee 6 将相片放大到 5000%，仔细观察画面，若全白的相片中不存在黑点，全黑的相片中不存在白点，则可以放心选购。

目前主流数码相机镜头品牌及相关相机品牌主要如下。

- 莱卡：德国顶级镜头品牌，从用料、机械加工、光学设计及研磨，堪称世界一流。相关数码相机品牌为松下。
- 施耐德：德国顶级镜头品牌，成像质量和色彩还原为世界顶级。相关数码相机品牌为柯达。
- 卡尔蔡司：德国顶级镜头品牌，在大光圈镜头的设计上十分独到，十分迎合专业人士的口味。相关数码相机品牌为索尼。
- 尼柯尔镜头：日本顶级镜头品牌，其成本适中，多用于家用专业级数码相机中，是发烧友们的理想选择。相关数码相机品牌为尼康。
- 美能达镜头：日本顶级镜头品牌，其产品在微距方面颇有建树，尤其是拍摄花卉的必备用镜。相关数码相机品牌为美能达。

### 3. 使用提示

（1）数码相机最主要的部件是 CCD，一般都用“1/? 英寸”表示，“1”后面的数值越小，CCD 尺寸越大，成像质量越好，比较好的有 1/1.8 英寸。

（2）卡片机的机身薄是最大的特点，因为机身薄，它的光学变焦倍数就不可能很高，最多 2～3 倍，而非卡片机可以达到 3～4 倍。专业的可以达到 10 倍以上。光学变焦才是真正的变焦。数码变焦只是徒有虚名。

（3）不要盲目追求 CCD 尺寸，它不是万能的，例如一款卡片机 CCD 为 500 万像素，另一款非卡片机 CCD 为 300 万像素，实际上拍出来的照片还是非卡片机效果好。家用的话，400 万就足够了。

（4）在选购时，在表示数码相机的像素时有的会标明有效像素，有的会标明插值像素，有效像素才是相机真实的像素，而插值像素简单地说是通过软件处理将照片放大得到的像素，一台相机插值像素 400 万，很可能实际像素只有 320 万，所以要仔细分辩。

**【案例 2-6】 数码相机常见故障及解决方案**

数码相机是一种精密产品，需要谨慎使用，在使用过程中出现小的故障可以尝试进行排除，但是建议不要擅自拆开机身，遇到大的故障最好送专业机构进行维修。

（1）闪光灯不发光。

【故障分析及排除】

① 若未设定闪光灯，可按闪光灯弹起杆，设定闪光灯。

② 闪光灯正在充电，可等到闪光灯指示灯停止闪烁变绿后再用闪光灯。导致闪光灯充电时间过长的原因可能是电池即将耗尽、电压过低。

③ 在已设定闪光灯的情况下，指示灯在控制面板上点亮时，闪光灯工作异常，出现这种情况要修理。

（2）电源指示灯不亮。

【故障分析及排除】

① 若电源未打开，可按电源键接通电源。

② 若电池极性装错，要重新正确安装电池。

③ 若电池耗尽，要更新电池。

④ 若电池暂时失效，使用时要保暖电池，在拍照间隙，暂时不使用电池。

（3）相机自动关闭。

【故障分析及排除】

① 如果数码相机突然自动关闭，首先想到的应该是电池电力不足——数码相机是个耗电大户，因为电池电力不足而关闭的现象经常出现。

② 如果更换了电池以后，数码相机还是无法开启，而相机却比较热，那就是因为连续使用相机时间过长，造成相机过热而自动关闭了。停止使用，等它冷却后再使用。

（4）数码相机不工作。

【故障分析及排除】

① 如果电池电力已低于电力所需或电池耗尽时，就会出现失误操作，如中途倒片，甚至不能工作，此现象非相机故障。若是电池问题，更换电池即可。

② 另外，也有可能是因电池片弹性减弱而引起相机通电接触不良。若是接触不良，只要用尖嘴钳及镊子把电池弹片往上拉一点，恢复原来的位置即可。

（5）相机无法识别存储卡。

【故障分析及排除】

① 使用了跟数码相机不兼容的存储卡。解决方法是换上数码相机能使用的存储卡。

② 存储卡芯片损坏，找厂商更换存储卡。

③ 在拍摄过程中存储卡被取出，或者由于电力严重不足而造成数码相机突然关闭，存储卡内的影像文件被破坏了。如果重新插入存储卡或者重新接上，电力问题还是存在，可格式化存储卡。

（6）刚拍摄的相片不能在液晶显示屏上呈现。

【故障分析及排除】

① 若电源关闭着或记录模式开启着，要将记录/播放开关设定于播放位置，并接通电源。

② 若 SmartMedia 卡无相片，可查看控制面板。

（7）液晶显示屏模糊不清。

【故障分析及排除】

① 若亮度设定不对，可在播放模式下，从菜单中选择【BRIGHTNESS】命令并进行调节。

② 若阳光照射在显示屏上，要遮住阳光。

（8）相机连接电脑传送资料至电脑时出现出错信息。

**【故障分析及排除】**

① 计算机未插接好，要正确插接电缆。

② 若电源未打开，可按电源键接通电源。

③ 若电池耗尽，可更新电池或使用交流电源转接器。

④ 串行口选择不当。用操作系统软件确认串行口是否选择得当。

⑤ 无串行口可供使用。按 PC 的使用说明空出一个串行口（仅限于 Macintosh 开关 AppleTalk/LocalTalk 机型）。

⑥ 未安装 TWAIN/Plug-In。将 TWAIN/Plug-In 安装在电脑上。

⑦ 当按任何键均不能进行任何操作时，可按卡盖上的重设键，然后再按电源键。

（9）液晶显示器显示图像时有明显瑕疵或出现黑屏。

**【故障分析及排除】**

出现这种情况多数是 CCD 图像传感器存在缺陷或损坏所致。此时应更换 CCD 图像传感器。这种情况多发生在二手数码相机上，选购二手数码相机时，一定要仔细鉴别 CCD 图像传感器。如果相机没有 LCD 显示屏，CCD 成像器件的好坏一般无法直接判断，有时由于 CCD 已经损坏但在拍摄时一切正常，直到下载照片时才发现照片一片漆黑，所以，只能通过实拍查看输出照片的质量。

（10）计算机不能正常下载照片。

**【故障分析及排除】**

这种情况大多数是计算机连接线有问题。依照相机接口不同，计算机连线方式很多，常用的标准串口连线就有 3 种，此外还有 USB 等其他连线。进行连线操作时务必到位、不松动。有条件的话，最好有备用连线，这样连线出现问题时可以及时更换。

（11）用专用照相纸打印出来的照片不清楚。

**【故障分析及排除】**

数码照片的图像质量直接与每英寸像素数目（dpi），即图像分辨率有关。像素越多，分辨率越高，图像质量越好。为了得到好的打印质量，所需的图像分辨率大约是 300dpi。使用数码相机拍照时，如果准备将照片打印出来，一定要使用相机所允许的最大像素数。当然，像素越多也就意味着文件越大，在相机内存中储存的照片的数量就会减少。

（12）打印出来的图像模糊不清、灰暗和过度饱和。

**【故障分析及排除】**

这种情况多数是因为所用的纸张不符合要求。打印图像时所用的纸张类型对图片的质量有重大影响。同一幅图像打印在专用照相机纸上显得亮丽动人，打印在复印纸上则清晰、光亮。而打印在便宜的多用途纸上时，则会显得模糊不清、灰暗和过度饱和。

（13）拍好的照片上有很多小点。

**【故障分析及排除】**

这就是照片中的噪点。这种情况多数出现在夜景的拍摄中，是由于感光度太高造成的。感光度的数值越高，画面的质量就会越粗糙；感光度的数值越低，画面就会越细腻。但是，感光度高意味着对光的敏感度高，所以，在弱光拍摄的时候，常常要选择高感光度，那么，如果相机本身的降噪系统不好的话，就会造成画面出现噪点的情况。想要避免这样的情况，就需要人为地将感光度调得稍低一些，然后用相对较长的曝光时间来补偿光线的进入，这样，拍出来的照片就会有层次，而质量就有保证了。当然，其前提是需要有三脚架。

（14）照片发暗，出现颗粒状图像。

**【故障分析及排除】**

虽然使用最高分辨率，但拍摄出来的照片发暗，出现颗粒状图像，通常这是由于光线不足所致。使用数码相机拍照时，光线对照片的影响最大，大多数数码相机的光敏感度相当于 SIO 100 胶卷的感光度，因此，光线不足会造成照片发暗和出现颗粒状图像。如果相机有闪光灯，不仅室内拍照需要使用，而且室外拍摄阴影下的物体时也要使用闪光灯。

（15）关闭数码相机电源，镜头不能缩回正常状态。再次开机，镜头微调，屏幕出现“请关闭电源并重新启动”信息。关闭电源，镜头微调，电源关闭，镜头不能缩回正常状态。

**【故障分析及排除】**

① 先打开电源。

② 关闭电源，手指微微用力，感受镜头驱动马达力度。

③ 打开电源，跟随镜头马达驱动方向，感受驱动马达移动范围。

④ 关闭电源，跟随镜头马达驱动方向，手指微微用力下压镜头，当镜头向外驱动时，则松劲；镜头马达向回驱动时，手指加力，使镜头缩回正常位置。

## 2.5 其他输入设备

目前的输入设备除了常用的键盘、鼠标、扫描仪、数码相机外，还包括语音输入设备、手写设备以及 IC 卡等，下面对其做简要介绍。

### 2.5.1 语音输入设备

所谓语音输入/输出设备，是指能够采集音频信息（来自话筒、磁带、CD—ROM 或其他音源）到微机系统同时可以通过系统控制（利用音箱、音响等）来向外界输出音频信息的设备，一般在 PC 系统中指的是声卡设备（见图 2-29）。

语音输入设备和相应软件构成的语音输入系统是目前与计算机交流最为快捷、方便的方式，人们通过麦克风、声卡等语音输入设备将平常说话的声音输入到计算机中，机器在识别的基础上完成各种具体操作。实现语音输入的关键是语音识别。但是由于人的语音千变万化，语音识别系统需要用户训练计算机识别其所说的话，同时语音识别系统对用户的口音、计算机硬件与使用环境噪声的要求较高，它不是批量输入汉字的好方法。进入 20 世纪 90 年代后，语音识别技术有了飞速的发展，已从实验室的研究走向商业应用，但目前还未得到普及。

图 2-29 声卡设备

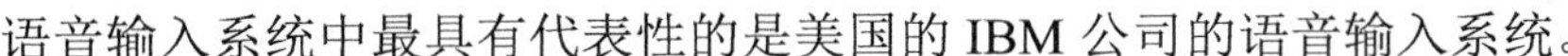



语音输入系统中最具有代表性的是美国的IBM公司的语音输入系统。

该系统可用于声控打字和语音导航。只要对着微机讲话，不用敲键盘即可打汉字，每分钟可输入150个汉字，是键盘输入的2倍，是普通手写输入的6倍。该系统识别率可达95%以上。并配备了高性能的麦克风，使用便利，特别适合于起草文稿、撰写文章和准备教案，是文职人员、作家和教育工作者的良好助手。

## 2.5.2 手写输入设备

在计算机文字处理中，汉字输入方法的研究是一门重要的课题。笔输入法是正在发展中的非键盘输入法。这种输入法是利用电磁感应原理将数字化仪与特定的识别软件结合而成的手写输入设备。笔输入法的优点是只要会写汉字，就能进行汉字输入，它特别适合不太熟悉计算机的用户，尤其是中老年人。

目前市场上手写输入设备产品比较多，市场上常见的有文明笔、汉王手写板、汉王有线小金刚等几种输入设备。

下面简单地介绍这几款常用的手写输入设备。

### 1. 汉王小龙女手写板

汉王小龙女手写板（见图2-30）虽然小，但是其拥有最新自由手写识别技术，不需要学习适应就可以用工整、连笔、倒插笔、简化、繁体、行草等多种不同写法输入同一个字。同时还支持多颜色笔触以及强大的记忆功能。

### 2. 汉王有线小金刚手写板

汉王有线小金刚（见图2-31）基于Foxmail的手写亲笔邮件软件，集亲笔手迹、绘画于一体，使您可以像在信纸上一样，自如地书画，让收信者看到您的亲笔手迹。可以发送各种语言的手写邮件，没有汉王软件的计算机也能收看汉王亲笔信。

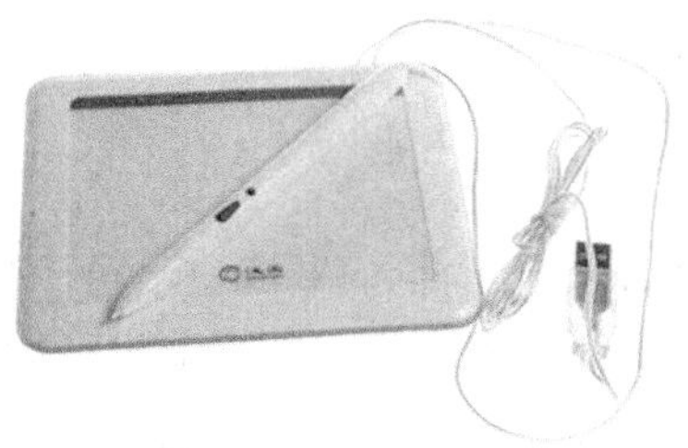

图2-30　汉王小龙女手写板

图2-31　汉王有线小金刚手写板

汉王有线小金刚还带有办公事务软件，约会日程、任务计划、管理文件，日历、日记、便签与留言；还可以定时响铃提醒。日常事务历历在目，生活工作井井有条。而且，它轻松活泼的教学设计、琳琅满目的绘画工具、其乐无穷的趣味组图、功能强大的图像处理等功能，全程语音提示，使您感受到绘画的乐趣，领悟到绘画的奥妙。

### 3. Wacom影拓五代数位板

Wacom影拓数位绘图板（见图2-32）整体采用黑色设计，外观沉稳大方，数位绘图板三维尺寸为380mm×250mm×11.5mm，触控区面积为223.5mm×140mm，属于10英寸中型触控板。Wacom影拓5 PTK-650数位绘图板正常使用重量为930g，适中的大小尺寸和重量，即方便用户外出写生携带（宽度与 14 英寸笔记电脑近似，长度略长 50mm），又不会对使用造成额外的负担。功能按键设计简捷直观，由一个触控环和八个按键组成，按键表面覆盖有类肤材质，触感细润，防滑效果良好。功能强大的驱动软件，可以在用户将手指探到按键上方时，自动在屏幕上显示出按键对应功能。尽管没有 OLED 屏幕的影拓 5 少了一丝炫酷的科技感，但可以让用户操作更加直观方便。

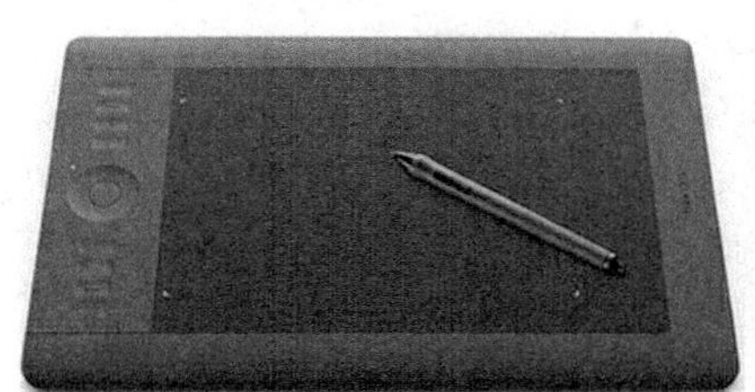

图 2-32　Wacom 影拓 5 代数位板

### 2.5.3　IC 卡输入设备

IC 卡输入设备又称为集成电路卡或智能卡，它是将一片或几片数据存储、加密及处理的集成电路芯片嵌于塑料基片中封装而成的。随着信息社会的不断发展，生活领域及文化领域等都将越来越依赖 IC 卡，IC 卡读写设备已经成为一种重要的计算机输入设备。

IC 卡具有防磁、防静电、防破坏性和耐用性强，防伪性好，存储数据安全性高，数据存储量大，应用设备及系统网络环境成本低，品种型号齐全，技术规范成熟等特点。正是 IC 卡具有很多优点，因此在金融、税务、公安、交通、邮电和通信等领域得到了广泛的重视和应用。未来多功能 IC 卡的普及与应用将改变整个社会的生活方式，IC 卡是人类全面迈向电子信息化时代的钥匙。

#### 1．IC 卡的组成。

根据国际标准化组织（ISO）的有关规定，IC 卡应符合国际标准 ID-1 的外形尺寸，并在塑料基片中嵌入单片或多片集成电路芯片。它主要有半导体集成电路芯片、电极模片和塑料基片组成。

（1）半导体集成电路芯片是 IC 卡的核心部分，一般采用 0.0～0.35μm 的 HCMOS 或 NMOS 工艺制造的超大规模集成电路。

（2）电极模片是半导体芯片各输入/输出信号引脚与外部设备连接的导电体，实际上一种精密的印刷电路板。

（3）塑料基片是半导体芯片和电极模片的载体，它可以采用 PVC、PET 或 ABS 等塑料制成。目前国内一般采用 PVC 材料。

#### 2．IC 卡的分类

按照 IC 卡的结构原理，IC 卡可以分为一般存储卡、加密存储卡、CPU 卡和超级智能卡。

（1）一般存储卡。这类卡存储信息方便，使用简单，价格便宜，在很多场合可以代替磁卡，但由于其本身不具备信息保密功能，因此，只能应用于保密要求不高的场合。

（2）加密存储卡。在访问这类卡之前需要核对密码，只有密码正确，才能进行存取操作。因此，这类卡应用于保密要求高的场合。

（3）CPU 卡。这类卡具有存储容量大、处理能力强和信息存储安全等特性，因此，广泛应用于信息安全性要求特别高的场合。

（4）超级智能卡。它上面有 MPU 和存储器，并装有键盘、液晶显示器和电源，有的卡上还配有指纹识别装置等。

3．几款 IC 卡输入设备

（1）感觉式 IC 卡手持 POS。

感觉式 IC 卡手持 POS 如图 2-33 所示。

其功能特性是：

① 采用 Flash 芯片，存储数据掉电后数据不丢失，数据存储容量大，可满足大数据量、长时间的数据采集。

② 对感应式 IC 卡进行读写操作。

③ 128×64 点阵宽温型 LCD 显示屏，可滚动显示、背光、便于夜晚操作，内置国标二级字库及 ASCII 库。

④ 有交接班登记，操作员责任明确，且系统自动化处理，可有效堵塞管理漏洞。

⑤ 内带 RS-232 串行接口。

⑥ 内置实时时钟，保证数据的时间准确性。

⑦ 可二次开发，软件在线编程下载（ISP），方便软件维护。

（2）感应式 IC 卡考勤机。

感应式 IC 卡考勤机如图 2-34 所示，其功能特性是：

图 2-33　感觉式 IC 卡手持 POS

图 2-34　感应式 IC 卡考勤机

① 工作方式：离线或在线实时工作。

② 编码：内置用户号、组号，以区分不同用户及同一单位中不同的考勤区域。

③ 显示：高亮度 LCD 显示刷卡时间和卡号等。

④ 存储：自动记载每次刷卡记录。

⑤ 传送：后台管理计算机实时或召唤采集刷卡记录。

⑥ 存储容量：存储刷卡记录 12 000 条。

⑦ 安全性：内置挂失卡等黑名单处理，可密码考勤。后备电池保证交流电失电情况下继续工作 24h，内置电池保护时钟及历史刷卡记录存储。

⑧ 连接方式：一个 RS232/485 通信口，用于总线方式通信，总线方式下可连接 256 个考勤机。外接有线或无线 Modem，用于 2km 以上长距离传输。可选件支持 TCP/IP 通信。

（3）感应式 IC 卡收费售饭系统。

感应式 IC 卡收费售饭系统如图 2-35 所示，它的功能特点如下。

① 方便快捷：持卡人将储值卡在收费机天线处放一下，0.2s 内完成收费操作。

② 系统安全可靠：每台收费机可脱机独立使用，也可联网使用，每台机都具有特定系统密码、用户密码和个人卡密码三重密码检验功能，完全防止和杜绝非法卡的侵入。

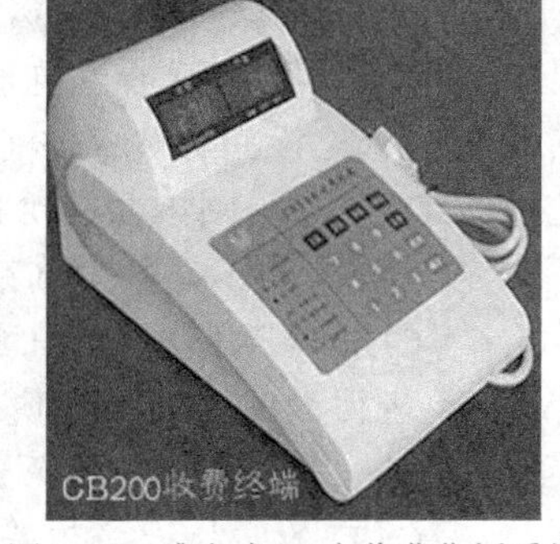

图 2-35 感应式 IC 卡收费售饭系统

③ 系统具有生成报表功能：可自动记录存储、自动统计、清算和报表打印。

④ 系统具有完善的网络与自动远程通信功能，系统管理方便可靠。

⑤ 由于机器与卡无接触部分，做到全封闭，可防尘、防油污和防静电，特别适应饭堂、餐厅等恶劣环境的收费。

⑥ 交、直流电两用，收费机自带的后备电源可连续供电 10h 以上，即使无市电也能工作。

⑦ 实现了汇总计算、统计报表和打印等功能。可随时对消费记录实行多种查询、核对，实时生成财务报表。

⑧ Windows 中文版操作界面，界面友好、操作简单和方便实用。

### 2.5.4 条形码阅读器

条形码阅读器是用于读取条形码所包含的信息的设备，条形码阅读器的结构通常为以下几部分：光源、接收装置、光电转换部件、译码电路和计算机接口。

#### 1. 条形码阅读器的工作原理

条形码阅读器的基本工作原理为：由光源发出的光线经过光学系统照射到条形码符号上面，被反射回来的光经过光学系统成像在光电转换器上，使之产生电信号，信号经过电路放大后产生一模拟电压，它与照射到条形码符号上被反射回来的光成正比，再经过滤波、整形，形成与模拟信号对应的方波信号，经译码器解释为计算机可以直接接收的数字信号。

#### 2. 条形码阅读器的分类。

普通的条形码阅读器通常分为 3 种：光笔条形码阅读器、CCD 条形码阅读器和激光条形码阅读器。

（1）光笔条形码阅读器。

光笔条形码阅读器是最先出现的一种手持接触式条形码阅读器，它也是最为经济的一种条形码阅读器。与条形码接触阅读，能够明确哪一个是被阅读的条形码；阅读条形码的长度可以不受限制；与其他的条形码阅读器相比成本较低；内部没有移动部件，比较坚固；体积小，重量轻。但也有以下缺点。

- 使用光笔会受到各种限制，比如在有一些场合不适合接触阅读条形码。
- 只有在比较平坦的表面上阅读指定密度的、打印质量较好的条形码时，光笔条形码阅读器才能发挥它的作用。
- 操作人员需要经过一定的训练才能使用，如阅读速度、阅读角度以及使用的压力不当都会影响它的阅读性能。

- 因为它必须接触阅读，当条形码在因保存不当而产生损坏或者上面有一层保护膜时，光笔也不能使用。

（2）CCD 条形码阅读器。

CCD 条形码阅读器为电子耦合器件（Charg Couple Device），比较适合近距离和接触阅读，它的价格没有激光条形码阅读器贵，而且内部没有移动部件。与其他条形码阅读器相比，CCD 条形码阅读器的价格较便宜，容易使用。它的重量比激光条形码阅读器轻，而且不像光笔条形码阅读器只能接触阅读。但也有以下缺点。

- CCD 条形码阅读器的局限在于它的阅读景深和阅读宽度，在需要阅读印在弧型表面的条形码（如饮料罐）时会有困难。
- 在一些需要远距离阅读的场合，如仓库领域，也不是很适合。
- CCD 的防摔性能较差，因此产生的故障率较高。
- 在所要阅读的条形码比较宽时，CCD 条形码阅读器也不是很好的选择，信息很长或密度很低的条形码很容易超出扫描头的阅读范围，导致条形码不可读。
- 某些采取多个 LED 的条形码阅读器中，任意一个 LED 的故障都会导致不能阅读。

（3）激光条形码阅读器。

激光条形码阅读器是各种扫描器中价格相对较高的，但它所能提供的各项功能指标最高，因此在各个行业中都被广泛采用。MS9540 手持式高速条形码阅读器如图 2-36 所示。

激光条形码阅读器分为手持与固定两种形式：手持激光条形码阅读器连接方便简单、使用灵活；固定式激光条形码阅读器适用于阅读量较大、条形码较小的场合，有效解放双手工作。它具有以下优点。

图 2-36　手持式高速条形码阅读器

- 激光条形码阅读器可以很好地用于非接触扫描，通常情况下，在阅读距离超过 30cm 时激光条形码阅读器是唯一的选择。
- 激光阅读条形码密度范围广，并可以阅读不规则的条形码表面或透过玻璃或透明胶纸阅读，因为是非接触阅读，因此不会损坏条形码标签。
- 因为有较先进的阅读及解码系统，首读识别成功率高、识别速度相对光笔及 CCD 更快，而且对印刷质量不好或模糊的条形码识别效果好。
- 激光条形码阅读器的防震防摔性能好，如 Symbol LS4000 系列的扫描仪。

其缺点为：激光条形码阅读器的唯一的缺点是它的价格相对较高，但如果从购买费用与使用费用的总和计算，与 CCD 条形码阅读器并没有太大的区别。

### 3．使用条形码阅读器的优点

（1）可靠准确。有资料可查，键盘输入平均每 300 个字符一个错误，而条形码输入平均每 15 000 个字符一个错误。

（2）数据输入速度快。键盘输入，一个每分钟打 90 个字的打字员 1.6s 可输入 12 个字符或字符串，而使用条形码做同样的工作只需 0.3s，速度提高了 5 倍。

（3）经济便宜。与其他自动化识别技术相比，推广应用条形码形技术，所需费用较低。

（4）灵活、实用。条形码符号作为一种识别手段可以单独使用，也可以和有关设备组成识别系统实现自动化识别，还可和其他控制设备联系起来实现整个系统的自动化管理。同时，在没有自动识别设备时，也可实现手动键盘输入。

（5）自由度大。识别装置与条形码标签相对位置的自由度要比 OCR 大得多。条形码通常只在一维方向上表达信息，而同一条形码上所表示的信息完全相同并且连续，这样即使是标签有部分缺欠，仍可以从正常部分输入正确的信息。

（6）设备简单。条形码符号识别设备的结构简单，操作容易，无需专门训练。

（7）易于制作。可印刷，称为“可印刷的计算机语言”。条形码标签易于制作，对印刷技术设备和材料无特殊要求。

## 2.6 小结

输入设备是人与计算机相互沟通的主要媒介。已从早期单一的键盘、鼠标，发展到今天的扫描仪、手写笔和数码相机等。这些设备按照输入信息的形态来分，可分为字符输入、图形输入、条形码输入及语音输入等；按输入方式来分，可分为纸介质输入设备、磁介质输入设备、光学识别输入设备、语音识别输入设备和各种类型的键盘输入设备等。

本章介绍了目前比较常见的几种计算机外部设备：键盘、鼠标、扫描仪、数码相机、语音输入设备和手写输入设备等，并对它们的分类、性能指标及选购的方法做了简单的介绍，同时也对各种输入设备的常见的故障及解决方案做了详细的解释说明。通过对本章的学习，读者能够对计算机的输入设备有个大概的了解，为以后的工作和生活带来方便。

## 2.7 习题

**一、选择题**

1．能直接将图形或图像输入到计算机中去的设备是________。

A．鼠标　　B．数码相机　　C．摄像机　　D．图形（图像）扫描仪

2．计算机常见的键盘有 84 键、101 键、102 键和 104 键等多种，这些数字是表示________。

A．一种产品的型号　　B．键盘上的键数

C．一种规格　　D．一种商标

3．目前，打印机主要分为________。

A．针式打印机　　B．喷墨打印机　　C．激光打印机　　D．彩色打印机

4．可以利用________输入文字，但必须要有相应的文字识别软件。

A．扫描仪　　B．打印机　　C．复印机　　D．数码相机

5．________是目前采用公用电话网传送并记录图文真迹的唯一方法。

A．传真机　　B．复印机　　C．扫描仪　　D．电话机

6．CPU 是________的合称。

A．控制器和存储器　　B．运算器和控制器

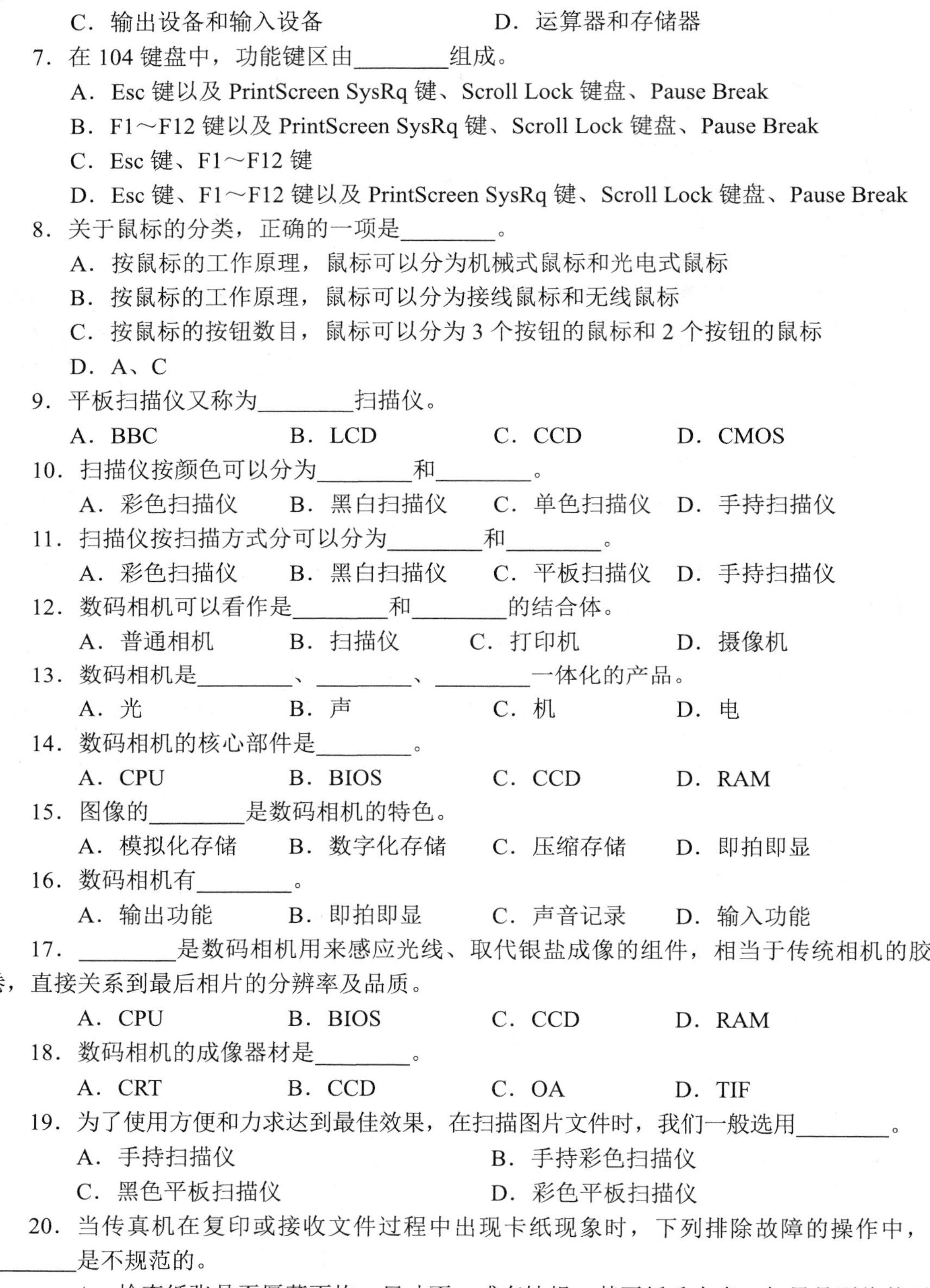

C. 输出设备和输入设备　　D. 运算器和存储器

7. 在 104 键盘中，功能键区由________组成。

A. Esc 键以及 PrintScreen SysRq 键、Scroll Lock 键盘、Pause Break

B. F1～F12 键以及 PrintScreen SysRq 键、Scroll Lock 键盘、Pause Break

C. Esc 键、F1～F12 键

D. Esc 键、F1～F12 键以及 PrintScreen SysRq 键、Scroll Lock 键盘、Pause Break

8. 关于鼠标的分类，正确的一项是________。

A. 按鼠标的工作原理，鼠标可以分为机械式鼠标和光电式鼠标

B. 按鼠标的工作原理，鼠标可以分为接线鼠标和无线鼠标

C. 按鼠标的按钮数目，鼠标可以分为 3 个按钮的鼠标和 2 个按钮的鼠标

D. A、C

9. 平板扫描仪又称为________扫描仪。

A. BBC　　B. LCD　　C. CCD　　D. CMOS

10. 扫描仪按颜色可以分为________和________。

A. 彩色扫描仪　　B. 黑白扫描仪　　C. 单色扫描仪　　D. 手持扫描仪

11. 扫描仪按扫描方式分可以分为________和________。

A. 彩色扫描仪　　B. 黑白扫描仪　　C. 平板扫描仪　　D. 手持扫描仪

12. 数码相机可以看作是________和________的结合体。

A. 普通相机　　B. 扫描仪　　C. 打印机　　D. 摄像机

13. 数码相机是________、________、________一体化的产品。

A. 光　　B. 声　　C. 机　　D. 电

14. 数码相机的核心部件是________。

A. CPU　　B. BIOS　　C. CCD　　D. RAM

15. 图像的________是数码相机的特色。

A. 模拟化存储　　B. 数字化存储　　C. 压缩存储　　D. 即拍即显

16. 数码相机有________。

A. 输出功能　　B. 即拍即显　　C. 声音记录　　D. 输入功能

17. ________是数码相机用来感应光线、取代银盐成像的组件，相当于传统相机的胶卷，直接关系到最后相片的分辨率及品质。

A. CPU　　B. BIOS　　C. CCD　　D. RAM

18. 数码相机的成像器材是________。

A. CRT　　B. CCD　　C. OA　　D. TIF

19. 为了使用方便和力求达到最佳效果，在扫描图片文件时，我们一般选用________。

A. 手持扫描仪　　B. 手持彩色扫描仪

C. 黑色平板扫描仪　　D. 彩色平板扫描仪

20. 当传真机在复印或接收文件过程中出现卡纸现象时，下列排除故障的操作中，________是不规范的。

A. 检查纸张是否厚薄不均、尺寸不一或有缺损，甚至纸毛太多，如果是则将其更换成标准纸张

B．进行常规的清洁调试或更换所有电路板

C．检查记录纸边缘传感器，看其是否灵活，如不灵活稍微打磨传感器拔杆，并添加润滑液使其正常

D．不要打开传真机的机壳，将所卡纸张拔出

21．微型计算机必不可少的输入、输出设备是________。

A．主机、打印机、显示器、硬盘、键盘

B．控制器、主机、键盘、打印机、显示器

C．控制器、硬盘、主机箱、集成块、显示器

D．键盘、鼠标、显示器

**二、填空题**

1．目前计算机系统常用的输入设备中，属于人工输入设备的有________、________、________等，属于识别输入设备的有________、________、________、________、________等。

2．键盘的开关类型有多种，一般可分为________键开关和________键开关。

3．鼠标的灵敏度由鼠标中的________和________决定。

4．按鼠标与计算机连接的接口方式，可以分为________鼠标、________鼠标和________鼠标。

5．扫描仪与计算机连接的硬件接口主要有________、________和________3 种。

**三、判断题**

1．当前，键盘接口多采用单片微处理器，由它来控制整个键盘的工作。

2．使用键盘可以方便地输入文字和数字，使用鼠标也可以输入字符和数字。

3．利用鼠标可以方便地对图形进行编辑和修改。

4．利用键盘也可以方便地对图形进行编辑和修改，但速度慢。

5．电容式开关是有触点式键开关。

6．IC 卡具有防磁、防静电、防破坏性和耐用性强的特点。

# 第 3 章　输出设备

输出设备是计算机用来显示或打印输出计算机数据与处理结果的设备，常见的输出设备有显示器、打印机、绘图仪以及语音输出设备等，常用的输出设备是显示器和打印机。在本章节中，我们将着重对显示器和打印机进行介绍。

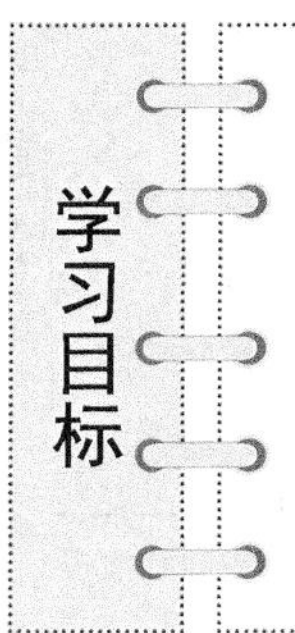


- 掌握显示器的分类与选购方法。
- 掌握显卡的主要技术指标及选购方法。
- 掌握显示器与显卡的常见的故障及其解决办法。
- 了解打印机的各种类型及其应用领域。
- 掌握打印机的安装与使用方法。
- 掌握打印机的维护技巧以及常用故障的解决办法。
- 了解绘图仪的种类和性能指标。

## 3.1　显示设备

显示设备是多媒体计算机系统中实现人机交互的实时监视的外部设备，是计算机不可缺少的重要输出设备。显示设备主要由显示器和显示适配器（显卡）组成。其功能是能够在显示器的屏幕上迅速显示计算机的信息，并允许人们在利用键盘把数据和指令送入计算机时，通过计算机的硬件和软件功能，方便地对所显示的内容进行增删和修改。显示设备也是实现人机对话的重要工具之一。

### 3.1.1　显示器的分类

显示器是计算机中最基本的输出设备，用以显示计算机输出的各种数据、图形和图像等信息。随着显示技术的发展，显示器的显示效果越来越清晰，性价比也越来越高。从早期的黑白世界到现在的色彩世界，显示器走过了漫长的发展历程。

#### 1．CRT 显示器

CRT（Cathode Ray Tube，阴极射线管）显示器是较为传统的显示器，它是在真空显像管中采用电子枪发出射线，以一定的规则去轰击显示屏上的荧光粉使之产生图像的显示器。从十几年前的 12 英寸黑白显示器到现在的 19 英寸、21 英寸彩色纯屏显示器，发展速度非常快，应用也非常广泛，如图 3-1 所示。随着 LCD 液晶显示器等的异军突起，CRT 显示器已经逐渐退出了历史舞台。

#### 2．LCD 液晶显示器

LCD（Liquid Crystal Display，液晶显示屏）是利用液晶的电光效应产生图像的显示器。与传统的 CRT 显示器相比，LCD 不但体积小、厚度薄，而且重量轻、功耗和辐射小，给人以一种健康产品的形象，其外形如图 3-2 所示。

图 3-1　CRT 纯屏显示器

图 3-2　液晶显示器

LCD 液晶显示器的工作原理：在显示器内部有很多液晶粒子，它们有规律地排列成一定的形状，并且它们每一面的颜色都不同，分为红色、绿色、蓝色。这三原色能还原成任意的颜色，当显示器收到电脑的显示数据的时候会控制每个液晶粒子转动到不同颜色的面，来组合成不同的颜色和图像。

### 3．LED 显示器

LED（Light Emitting Diode，发光二极管）显示器是一种通过控制半导体发光二极管的显示方式，用来显示文字、图形、图像、动画、行情、视频、录像信号等各种信息的显示屏幕，如图 3-3 所示。

LED 显示器集微电子技术、计算机技术、信息处理于一体，以其色彩鲜艳、动态范围广、亮度高、寿命长、工作稳定可靠等优点，成为最具优势的新一代显示媒体。目前，LED 显示器还广泛应用于大型广场、商业广告、体育场馆、信息传播、新闻发布、证券交易等，可以满足不同环境的需要。

### 4．投影机

随着计算机多媒体技术的飞速发展，为多媒体显示输出技术的广泛应用奠定了深厚的基础，如今在各种大大小小的会议及技术讲座时，人们渴望得到更大的画面，而传统的 CRT 显示器已不能满足人们的需要，投影机应运而生。

在目前的投影市场中，液晶投影机以其价格低廉、携带方便而受到广大用户的青睐。LCD 投影机是液晶显示技术与投影技术相结合的产物，它利用液晶的电光效应，用液晶板作为光的控制层来实现投影，如图 3-4 所示。

图 3-3　LED 显示器

图 3-4　LCD 投影机

### 3.1.2 LCD显示器的主要技术指标

随着显示技术的逐渐成熟，显示器的技术指标也越来越多，LCD 显示器的主要技术指标主要是从以下几个方面来衡量的。

1．分辨率

是指屏幕上可以容纳像素点的总和。LCD 是通过液晶像素实现显示的，但由于液晶像素的数目和位置都是固定不变的，所以液晶只有在标准分辨率下才能实现最佳显示效果，LCD 显示器的真实分辨率根据 LCD 的面板尺寸定，15 英寸的真实分辨率为 1024 像素×768 像素，17 英寸为 1280 像素×1024 像素。

2．LCD 的点距

是指屏幕上相邻两个同色点对角线的距离，点距越小，显示器显示图形越清晰，点距越小意味着单位显示区内可以显示更多的像点。分辨率为 1024 像素×768 像素的 15 英寸 LCD 显示器，其像素间距皆为 0.297mm，高端的液晶显示器点距可达 0.264mm。

3．响应时间

是指各像素点对输入信号反应的速度，即像素由暗转亮或由亮转暗的速度，其单位是毫秒（ms），响应时间是越小越好，如果响应时间过长，在显示动态影像时，就会产生较严重的“拖尾”现象。目前大多数 LCD 显示器的响应速度都在 8ms 左右，如明基、三星等一些高端产品反应速度以达到 2ms。

4．刷新频率

刷新频率是指每秒钟扫描屏幕的次数。由于液晶显示器采用背部连续光源，即使显示器的刷新频率低于 65MHz，人眼也不会感觉闪烁现象。对于 LCD 显示器来说，刷新率一般在 65MHz 以上，15 英寸液晶显示器一般在 1024 像素×768 像素的最佳分辨率下，其刷新频率可达到 75Hz。

5．亮度、对比度

亮度就是液晶板背后光源所能产生的最大亮度。LCD 的屏幕亮度是以 $cd/m^2$ 为单位。LCD 显示器的最低可接受亮度在 150～350$cd/m^2$。

对比度是指显示器上最亮的区域到最暗的区域之间可以划分的等级（又叫做灰度），对比度越高，图像的清晰度就越高。人眼可分辨的对比度约在 100:1 左右，对比度 120:1 时就可以显示生动、丰富的色彩，对比率高达 300:1 时便可以支持各阶度的颜色，大多数 LCD 显示器的对比度都在 250:1～400:1。

6．LCD 的坏点

LCD 显示器最怕的就是坏点。所谓的坏点，就是不管显示器所显示出来的图像为何，LCD 上的某一点永远是显示同一种颜色。检查坏点的方式相当的简单，只要将 LCD 显示器的亮度及对比度调到最大（让显示器成全白的画面），以及调成最小（让显示器成全黑的画面），就可以轻易找出无法显示颜色的坏点。

7．可视角度

由于 LCD 显示器必须在一定的观赏角度范围内，才能够获得最佳的视觉效果，如果从其他角度看，则画面的亮度会变暗（亮度减退）、颜色改变，甚至某些产品会由正像变为负像。由此而产生的上下（垂直可视角度）或左右（水平可视角度）所夹的角度，就是 LCD 的“可视角度”。现在的液晶显示器都可达到 170°。



### 3.1.3 显示器的选购

显示器作为最重要的外设，是人与计算机交流的界面。因此，用户都希望能够选购一台使用起来好用、适用、够用且合自己品位的产品。选购显示器时，我们主要是根据显示器的主要技术指标来进行选择，当然也要结合个人的应用领域、经济能力、居室环境和兴趣爱好等。在选购显示器时，我们主要是从以下几个方面来选择。

#### 1. 外观设计

通常情况下，在购买一件商品时，要根据商品的外观设计来判断是否符合自己的品位，在选购时，可以根据自己的爱好、居室环境以及从主机的颜色搭配来选择一台美观的显示器。

#### 2. 显示清晰度

显示清晰度是画质构成的重要因素。清晰度越高，画面就越清楚，画质也越高。专业用户对显示清晰度要求更高，如美工制作以及三维动画设计的用户等。决定显示清晰度的因素有多种，其中包括分辨率、对比度和亮度等。

（1）分辨率：像素越高，分辨率就越高，目前大多数显示器都支持 1 280 像素×768 像素，目前的 19 英寸宽屏液晶显示器的最佳分辨率是 1 440 像素×900 像素。

（2）对比度：对比度高，图像自然，层次丰富。灰度等级可以反映对比度的一个方面，优秀的显示器在全黑时黑得纯净，无发灰及发亮的颗粒、闪烁等。一般液晶显示器的对比度为 300:1，一些较好的可达到 400:1，而传统的 CRT 显示器可达到 500:1。如果对比度小于 250:1，我们在看屏幕时就会产生模糊感。

（3）亮度：亮度是反映显示器明亮程度的指标，普通液晶显示器的亮度为 $250cd/m^2$。

#### 3. 屏幕尺寸

显示器的屏幕大小可因个人情况而定，目前市场上主要有 17 英寸、19 英寸、21 英寸，甚至有 24 英寸的屏幕供用户选择。

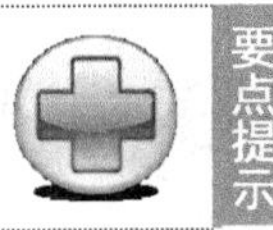

要点提示

分辨率、对比度和亮度直接关系着图形的质量和色彩逼真度，是衡量显示器清晰度的重要指标，但对比度必须与亮度配合才能产生更好的显示效果。

**【案例 3-1】 液晶显示器的选购**

由于液晶显示器近两年来发展迅猛，且价格一路下跌，更有较多的优点，如：体积小、厚度薄、重量轻、功耗小且无辐射等，已成为众多用户购机时的首选。现在的宽屏液晶显示器由于显示效果更好，更加受到用户的青睐。

#### 1. 检查产品包装

（1）检查包装箱是否完好，特别是上、下密封胶带，包装箱上应该印有商标、产品序列号等信息。

（2）包装箱内附带的驱动程序、电缆、合格证和质量保证书等是否齐全。泡沫塑料是否崭新雪白，大部分显示器都应该套在一个防静电塑料袋里。

（3）显示器外壳是否完好，有没有磕碰迹象或划痕，机身不应该有污渍、手印，屏幕的涂层不应该有脱落或划伤的痕迹，否则就很有可能是旧货。

（4）注意显示器的显像管，看看显示屏是否够黑，越黑说明对比度越高，如果底色偏灰，一般是低级品。

（5）透过显示器壳后的散热孔看显示器内是否有完整的防辐射金属罩，这是衡量显示器是否偷工减料的重要方法。

（6）新显示器通电一段时间后（约 20～30min），会发出一种新塑料的味道，旧显示器没有这种味道。

**2．实际效果测试**

（1）测试显示器的聚焦能力。打开一个文本文件，观察字体是否清晰，字体笔画是否细腻以及文字边缘是否锐利。如果长时间在聚焦不实的显示器前工作，很快就会造成双眼疲劳，甚至造成近视等不良后果。

（2）观察显示器是否有呼吸效应。显示器开机后四周突然多了一圈约 1cm 的黑边，使用约半小时之后桌面又重新充满整个屏幕，这就是所谓的呼吸效应。如果生产厂家设计的相关控制电路不够先进，就很容易出现呼吸效应，而一些知名大厂的产品在避免呼吸效应上做得要更出色一些。

（3）检查显示器的色彩是否均匀。检查显示色彩是否均匀最简单的方法就是将桌面背景设为纯白，观察屏幕各个位置白色的纯度是否一致，有没有明显的色斑，色彩均匀性对专业用户比较重要。

（4）检查显示器的失真现象。线形失真就是线条不直，而非线形失真就是表格不均匀（每个单元格大小不一样或形状不同），这两种失真无疑会影响显示效果。通过显示器自带的调节功能应该可以修正一下。大多数显示器都存在着不同程度的线形失真与非线形失真，且通过调节也无法完全消除。

（5）检查屏幕坏点。坏点是指在白屏情况下为纯黑色的点（暗点）或者在黑屏下为纯白色的点（亮点）。在切换至红、绿、蓝三色显示模式下此点始终在同一位置上，并且始终为纯黑色或纯白色的点，这种情况说明该像素的 R、G、B 三个子像素点均已损坏。对于用户来说，这些瑕疵自然越少越好。

首先将屏幕背景调到白色，查看是否有暗点；然后将屏幕背景调到黑色，就可以看到是否有亮点存在。

**3．售后服务（品牌）**

在购买时应尽可能选择品牌信誉好的产品，使得保证当出现问题时有高质量的售后服务。目前市场上的产品品牌繁多，其产品质量参差不齐，有的产品在购买时没有找到问题，但使用过程中故障频繁，寿命较短，所以建议选购时应尽可能选择世界名牌，如：明基、三星和飞利浦等。

### 3.1.4 显卡的技术指标及选购

准确地说，显卡属于计算机的内部设备，不属于本书要讲到的外部设备，它是计算机系统必备的装置，负责将 CPU 送来的影像数据处理成显示器可以识别的格式，再送到屏幕上形成影像，是我们从计算机获取信息最重要的通道。但是由于显卡总是与显示器搭配使用，而且显示器的有些问题也是因为显卡的设置不当引起的，所以下面对其选购做简要介绍。

目前的显卡市场主要都采用 AGP（Accelerated Graphic Port，图形加速端口）接口的设计。AGP 接口是一个能提高图形显示速度，尤其是 3D 立体图形的新总线规格。



**1．决定显卡性能的主要技术指标**

（1）显示芯片。

显示芯片在显卡中的地位就相当于电脑中 CPU 的地位，是整个显卡的核心，其性能好坏直接决定了显卡性能的好坏，它的主要任务就是处理系统输入的视频信息并将其进行构建、渲染等工作。不同的显示芯片，不论从内部结构还是其性能都存在着差异，而其价格差别也很大。

（2）接口类型。

接口类型是指显卡与主板连接所采用的接口种类。显卡的接口决定着显卡与系统之间数据传输的最大带宽，也就是瞬间所能传输的最大数据量。不同的接口能为显卡带来不同的性能，而且也决定着主板上是否能够使用此种显卡。显卡发展至今共出现 ISA、PCI 和 AGP 等几种接口，所能提供的数据带宽依次增加。

（3）显存类型。

显存也被叫做帧缓存，如同计算机的内存一样，显存是用来存储要处理的图形信息的部件，其作用是用来存储显卡芯片处理过或者即将提取的渲染数据。我们在显示屏上看到的画面是由一个个的像素点构成的，而每个像素点都以 4 至 32 甚至 64 位的数据来控制它的亮度和色彩，这些数据必须通过显存来保存，再交由显示芯片和 CPU 调配，最后把运算结果转化为图形输出到显示器上。

显存是显卡上的关键核心部件之一，其质量和容量大小会直接关系到显卡的最终性能表现。可以说显示芯片决定了显卡所能提供的功能和其基本性能，而显卡性能的发挥则很大程度上取决于显存。无论显示芯片的性能如何出众，最终其性能都要通过配套的显存来发挥。

作为显卡的重要组成部分，显存一直随着显示芯片的发展而逐步改善，从早期的 EDORAM、MDRAM、SDRAM、SGRAM、VRAM、WRAM 到今天广泛采用的 DDR、DDR2、DDR3。

（4）显存位宽。

显存位宽是显存在一个时钟周期内所能传送数据的位数，位数越大则瞬间所能传输的数据量越大，这是显存的重要参数之一。目前市场上的显存位宽有 64 位、128 位和 256 位 3 种，人们习惯上说的 64 位显卡、128 位显卡和 256 位显卡就是指其相应的显存位宽。显存位宽越高，性能越好，价格也就越高，因此 256 位宽的显存更多应用于高端显卡，而主流显卡基本都采用 128 位显存。

（5）核心频率。

显卡的核心频率是指显示核心的工作频率，其工作频率在一定程度上可以反映出显示核心的性能，但显卡的性能是由核心频率、显存、像素管线和像素填充率等多方面的因素决定的，其核心频率是以 MHz 表示。

（6）RAMDAC。

RAMDAC 是 Random Access Memory Digital/Analog Converter（随机存取内存数字/模拟转换器）的缩写。RAMDAC 作用是将显存中的数字信号转换为显示器能够显示出来的模拟信号，其转换速率也是以 MHz 表示。

（7）最大分辨率。

最大分辨率是指显卡在显示器上所能描绘的像素点的数量。目前的显示芯片都能提供 2 048 像素×1 536 像素的最大分辨率，但绝大多数的显示器还并不能提供如此高的显示分辨率，因此就不能充分发挥显卡的优越性。

要点提示 要充分发挥显卡的性能，还需要操作系统提供专业的 3D 程序接口 OpenGL 和多媒体接口 DirectX。

### 2．显卡的选购

在选购显卡时，主要根据显卡的各技术指标并结合个人的应用领域进行选择。如果是普通用户，只做一些简单的应用，则选择普通的显卡就够了。对于专业用户，如图形设计、3D 动画制作和游戏玩家等，则对显卡的性能要求较高。这时可以从以下方面入手进行选择。

（1）显卡性能。不同应用领域的用户对显卡的性能要求相差甚远，我们主要是通过显卡的主要技术参数，如显存类型、显存位宽、核心频率、RAMDAC 和最大分辨率来判断显卡性能的优劣。

（2）显卡品牌与做工。当前市场上的显卡芯片主要采用 NVIDIA 和 ATI 两大巨头生产的，各显卡生产商主要是通过采用这些显卡芯片加工生产出显卡，目前，国内比较知名的品牌主要有丽台、七彩虹、小影霸等十多个。

目前市场上也出现了很多仿冒产品。首先，在主芯片方面，有的杂牌生产商利用低档次芯片来冒充高档次芯片。这种方法比较隐蔽，较难分别，只有查看主芯片有无打磨痕迹才能区分；其次，产品采用旧显存、非正规显存，这样的显卡性能极不稳定，不能完成正常工作。

（3）显卡的做工。显卡做工好坏直接关系到显卡性能是否正常，寿命是否长久，所以显卡做工好坏也是我们选择显卡时应该非常注意的问题。显卡做工应该从 5 个方面来判断：电路板、电容、供电部分、低通滤波电路部分以及显存。另外，还要考虑显卡的散热性能是否良好，如果散热性能不好，同样会影响显卡的性能和使用寿命。

（4）显卡价格与售后服务。显卡从性能上决定了显卡的价格，一些高端的专业显卡售价高达几千元，一般普通的显卡售价则几百元不等。购买显卡时，也要考虑产品的售后服务质量，以避免今后出现问题时有不必要的麻烦。

## 3.1.5 显示设备常见故障及解决方案

通常，显示器和显卡的故障率并不高，而且现象都比较明显，易于判断。显示器出现故障后，应送到专业的检修机构进行维修，非专业人员最好不要私自拆开显示器维修。

**【案例 3-2】 显卡故障的诊断与处理**

显卡出现故障后，主要从以下几个方面着手进行处理。

### 1．观察显卡故障的表现

显卡出现故障后，主要会表现出以下几种症状。

（1）开机无显示。因显卡原因造成的"黑屏"，通常会发出一长两短的警报声（针对于AWARD BIOS主板而言）。出现此类故障主要是因显卡与主板插槽接触不良或者是主板插槽有问题造成的。对于集成在主板上的显卡出了故障，则需要更换主板或是在BIOS中将主板上的显卡禁用后重新安装显卡。

（2）显示颜色不正常。此类故障一般有以下原因。

- 显卡与显示器信号线接触不良。
- 显示器原因。
- 显卡损坏。
- 显示器被磁化。此类现象一般是由于显示器与有磁性的物体接触过近所致，磁化后还可能会引起显示画面偏转的现象。可以对显示器进行消磁处理，具体操作方法因显示器的品牌不同而有差异，可以参看其使用说明书。

（3）死机。出现此类故障一般多见于主板与显卡的不兼容或是主板与显卡接触不良。另外，显卡与其他扩展卡不兼容也会造成死机。

（4）Windows里面出现花屏，看不清字迹。此类故障一般是由于显示器或显卡不支持高分辨率造成的。如果不能将分辨率调回到它支持的分辨率上来，可将计算机启动到安全模式，在设备管理器中删除显卡驱动程序，然后再重新安装即可以解决。

（5）Windows显示颜色只有16色。出现这种情况，可能是驱动程序出错或是接触不良造成的。这时可将计算机启动到安全模式，删除显卡驱动程序后再重新安装来解决，如果仍不行，可拆下显卡后再安装重试。

（6）显卡驱动程序丢失。启动计算机时，显卡驱动程序正常载入，但在系统运行一段时间后驱动程序自动丢失，此类故障一般是由于显卡质量不佳或显卡与主板不兼容，使得显卡温度太高，从而导致系统运行不稳定或出现死机，此时可以尝试更换显卡。显卡驱动程序的丢失还可能是因为病毒的影响或者用户操作不当或者误操作。

（7）屏幕出现异常杂点或图案。此类故障一般是由于显卡的显存出现问题或显卡与主板接触不良造成的，需清洁显卡与插槽的接口部位或更换显卡。

（8）开机启动时屏幕上有乱码。此类故障一般是由于主板与显卡接触不良引起，可拆下显卡后重新安装再试。

### 2．显卡故障的解决方法

如果是因接触不良造成的故障，可在计算机断电后将显卡拆下，清洁之后重新安装再试。如果因质量问题造成的故障，可以更换显卡，建议将显卡拿到其他计算机上试用。若确认是显卡问题，再更换显卡。

如果屏幕分辨率较低、图像一直在闪烁，可以通过设置显示器分辨率和刷新频率，从而达到更加理想的工作状态。通常17英寸显示器的分辨率设置成800像素×600像素或1 024像素×768像素，刷新频率设置成75Hz以上就行了。操作步骤如下。

（1）在Windows桌面的空白处单击鼠标右键，然后在弹出的快捷菜单中单击【属性】命令，打开【显示属性】对话框，如图3-5所示。

（2）打开【设置】选项卡，然后在【屏幕区域】分组框中，用鼠标拖动滑块就可以调整屏幕分辨率了，比如调整为 1 024 像素×768 像素，如图 3-6 所示。

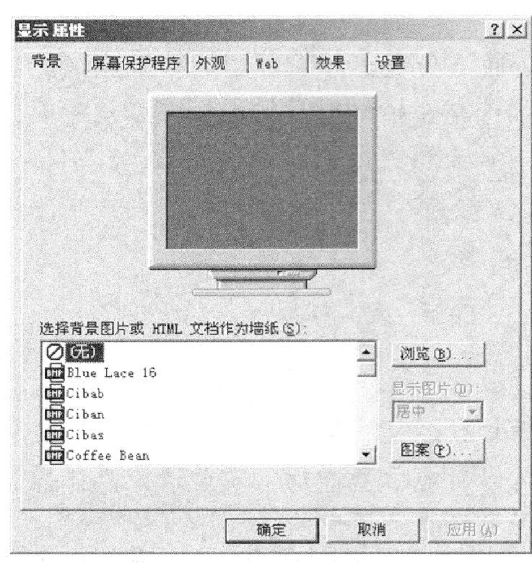


图 3-5 【显示属性】对话框

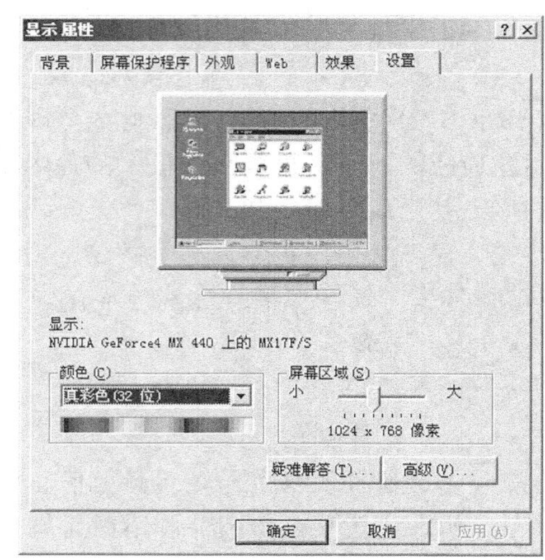


图 3-6 调整屏幕区域大小

（3）在【设置】选项卡中单击 高级(V)... 按钮，打开【监视器和显卡属性】对话框，在该对话框中打开【监视器】选项卡，然后单击【刷新频率】下拉列表，在其中选中需要的刷新频率即可，如图 3-7 所示。设置完成后单击 确定 按钮。

（4）此时系统弹出如图 3-8 所示的提示信息对话框，单击 确定 按钮，随后打开如图 3-9 所示的【监视器设置】对话框，提示桌面已经被重新配置了，如果觉得屏幕分辨率与刷新频率都配置合适，即可单击 是(Y) 按钮保留桌面设置。

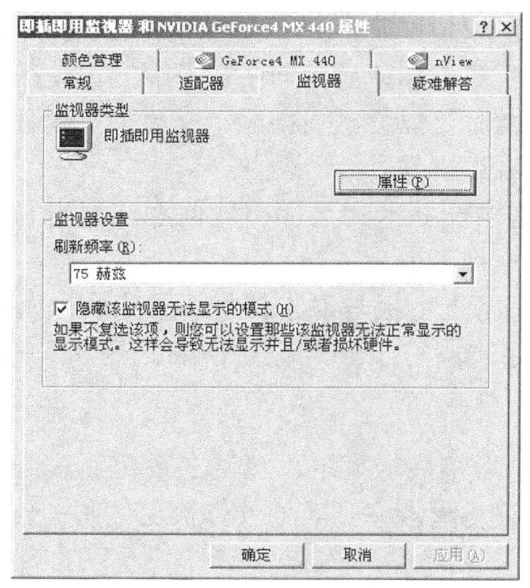


图 3-7 设置屏幕刷新频率

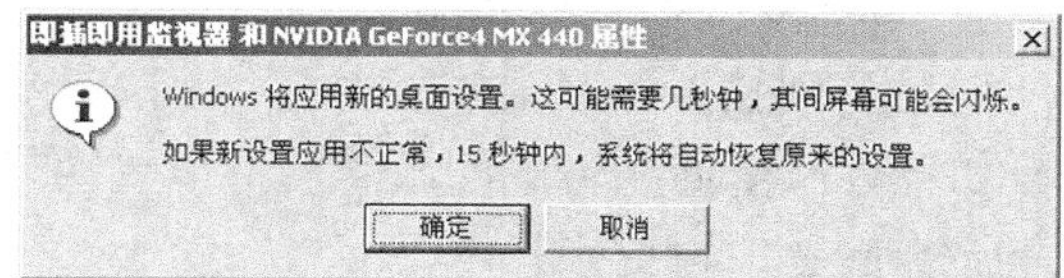


图 3-8 提示 Windows 将应用新的桌面设置

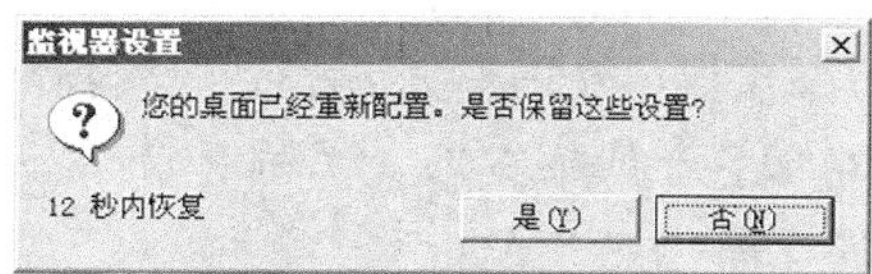


图 3-9 【监视器设置】对话框

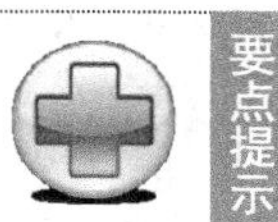

要点提示

设置合适的显示器分辨率和刷新频率，才能达到更理想的显示状态。通常情况下，若是设置了显示器不支持的分辨率和刷新频率，则可能会引起显示器工作不正常。



## 3.1.6 LCD 显示器的保养

液晶显示器是一种采用液晶为材料的显示器。液晶是介于固态和液态间的有机化合物。将其加热会变成透明液态，冷却后会变成结晶的混浊固态。使用时不要忘记保养这个极其重要的环节。LCD 只有保养得好，才能够长期无故障地为用户服务。

### 1. 避免屏幕内部烧坏

CRT 显示器能够因为长期工作而烧坏，对于 LCD 也如此，所以一定要注意，如果在不用的时候，一定要关闭显示器，或者降低显示器的显示亮度，否则时间长了，就会导致内部烧坏或者老化。这种损坏一旦发生就是永久性的，无法挽回。另外，如果长时间地连续显示一种固定的内容，就有可能导致某些 LCD 像素过热，进而造成内部烧坏。

### 2. 注意控制湿度

一般湿度保持在 30%～80%显示器都能正常工作，但一旦室内湿度高于 80%后，显示器内部就会产生结露现象。其内部的电源变压器和其他线圈受潮后也易产生漏电，甚至有可能造成连线短路；而显示器的高压部位则极易产生放电现象；机内元器件容易生锈、腐蚀，严重时会使电路板发生短路。因此，LCD 显示器必须注意防潮，长时间不用的显示器，可以定期通电工作一段时间，让显示器工作时产生的热量将机内的潮气驱赶出去。

此外，不要让任何具有湿气性质的东西进入 LCD。发现有雾气，要用软布将其轻轻地擦去，然后才能打开电源。如果水汽已经进入 LCD，就必须将 LCD 放置到较温暖的地方，以便让其中的水分和有机化物蒸发掉。对含有湿度的 LCD 加电，能够导致液晶电极腐蚀，进而造成永久性损坏。

### 3. 正确地清洁显示屏表面

如果发现显示屏表面有污迹，可用沾有少许水的软布轻轻地将其擦去，不要将水直接洒到显示屏表面上，防止水进入 LCD 将导致屏幕短路。

清洁前确保液晶显示器已关闭，切勿将任何液体直接喷洒在屏幕或机箱上。

（1）清洁屏幕。

- 用干净、柔软、不起毛的布擦拭屏幕，以便除去灰尘和其他微粒。
- 如果还不干净，请将少量不含氨、不含酒精的玻璃清洁剂倒在干净、柔软、不起毛的布上，然后擦拭屏幕。

（2）清洁机箱。

- 用柔软的干布擦拭机箱。
- 如果还不干净，请将少量不含氨、不含酒精的柔和非磨损性清洁剂倒在干净、柔软、不起毛的布上，然后擦拭表面。

### 4. 避免冲击

LCD 屏幕十分脆弱，所以要避免强烈的冲击和振动，LCD 中含有很多玻璃的和灵敏的电气元件，掉落到地板上或者其他类似的强列打击会导致 LCD 屏幕以及其他一些单元的损坏。还要注意不要对 LCD 显示表面施加压力。



#### 5. 请勿私自动手拆机

有一个规则就是：不要随意拆卸 LCD。即使在关闭了很长时间以后，背景照明组件中的 CFL 换流器依旧可能带有大约 1000V 的高压，这种高压能够导致严重的人身伤害。所以不要企图拆卸或者更改 LCD 显示屏，以免遭遇高压。未经许可的维修和变更会导致显示屏暂时甚至永久不能工作。

## 3.2 打印机

打印机作为计算机系统的重要输出设备，已成为众多办公用户和家庭用户必不可少的工具，本章节将着重为大家介绍打印机的各种类型、使用方法和维护技巧，让读者对打印机有更深刻的了解和认识。

### 3.2.1 打印机概述

#### 1. 打印机的分类

打印机是计算机系统中重要的文字和图形输出设备，使用打印机可以将需要的文字或图形从计算机中输出，显示在各种纸样上。它是电子计算机系统最基本的硬输出形式，是独立于系统本身而存在的一种主要外围输出设备。

打印机技术从 20 世纪五六十年代开始蓬勃发展，如今打印机的各种新产品、新技术令人目不暇接。从打印技术角度讲，可以分为针式打印机、喷墨打印机、激光打印机和热转换打印机 4 类。

（1）针式打印机。

针式打印机也称撞击式打印机，其基本工作原理类似于我们用复写纸复写资料一样。针式打印机中的打印头由多支金属撞针组成，撞针排列成一直行。当指定的撞针到达某个位置时，便会弹射出来，在色带上打击一下，让色素印在纸上做成其中一个色点，配合多个撞针的排列样式，便能在纸上打印出文字或图形。针式打印机在打印机发展历史上占据着重要的地位，尤其是在打印机技术发展的前期更是统领着整个打印机市场，如图 3-10 所示。

针式打印机的打印成本相对较低，但是由于它的打印分辨率很低、打印速度也相对较慢，噪声大，所以也渐渐淡出办公领域，目前常用于打印票据。

（2）喷墨打印机。

喷墨打印机使用大量的喷嘴，将墨点喷射到纸张上。由于喷嘴的数量较多，且墨点细小，能够做出比针式打印机更细致、混合更多种色彩的彩色打印效果。喷墨打印机的价格居中，能够打印品质较好的彩色图像，所以易于被广大用户所接受，如图 3-11 所示。

（3）激光打印机。

激光打印机是利用碳粉附着在纸上而成像的一种打印机，其工作原理主要是利用激光打印机内的一个控制激光束的磁鼓，借着控制激光束的开启和关闭，当纸张在磁鼓间卷动时，上下起伏的激光束会在磁鼓上产生带电核的图像区，此时打印机内部的碳粉会受到电荷的吸引而附着在纸上，形成文字或图形。

图 3-10 针式打印机

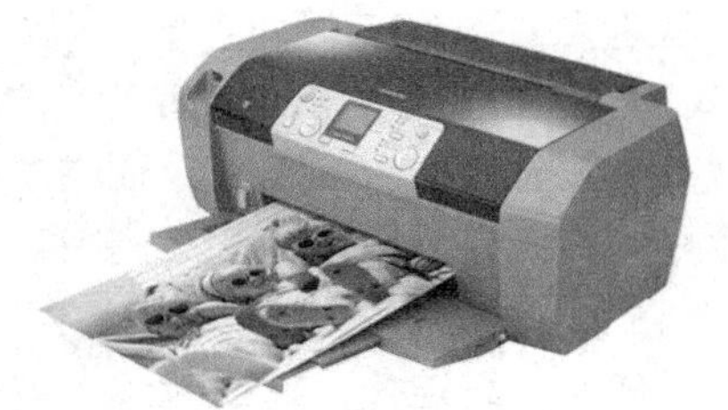
图 3-11 喷墨打印机

由于碳粉属于固体，而激光束有不受环境影响的特性，所以激光打印机可以长年保持打印效果清晰细致，可以在打印纸张上得到很好的打印效果，并且打印速度较快。如今市场上不但有黑白激光打印机，也有了彩色激光打印机，但价格相对喷墨打印机而言更贵，如图 3-12 所示。

（4）热转换打印机。

热转换打印机主要是用于打印高质量彩色图像的彩色输出设备，热转换彩色打印机的分类没有统一标准，大致可分为热蜡打印机、固体喷蜡打印机、热（染料）升华打印机和 MDP 干式打印机几类，在输出质量上也有一些区别，但性能指标主要还是由分辨率、输出速度、色彩饱和度和输出幅面大小等来决定的。

由于彩色热转换打印机采用了逼真彩色还原、CMY 三色合成彩色输出、透明上光覆膜等先进的打印技术和独特的蜡状颜料或干性油墨，因而具有照片一样的精美彩色输出和独一无二的金属颜色等其他打印机无可相比的特点，但其昂贵的价格和使用费用也使得家庭用户或一般小型办公室望而却步，而且运行速度相对较慢，因此集中用于对图像质量要求很高的高档专业彩色输出领域，一般用户了解较少，如图 3-13 所示。

图 3-12 激光打印机

图 3-13 热转换打印机

### 2．打印机的接口类型

目前，世界上比较有名的打印机生产商主要有惠普、爱普生、佳能和三星，用户可根据不同的需要选择不同的型号。为了方便用户使用，打印机提供了多种不同类型的接口，主要有 LPT、USB、SCSI 和无线接口这 4 种接口。

（1）LPT 并口。LPT 接口也称为并行接口，简称并口。每块电脑主板上都有一个 LPT 接口，采用 LPT 接口的打印机通用性高。在 USB 接口的打印机出现之前，几乎所有打印机都是采用 LPT 接口。但是 LPT 接口速度慢，随着 USB 接口的出现，LPT 接口的打印机逐渐减少。

（2）USB 接口。USB 接口的打印机因为支持热插拔和即插即用，使用非常方便，在目前得到广泛应用。USB 的接口传输速度比 LPT 接口速度快，并且安装简单，通用性也好，所以迅速代替了 LPT 接口，成为现在的主流接口形式。

（3）SCSI 接口。SCSI 接口传输速度快，一般用在高档专业的打印机上，但是需要在电脑上再安装一块 SCSI 卡，导致成本上升，并且安装复杂，所以现在应用较少，只有少数的专业打印机还在采用这种 SCSI 接口。

（4）无线接口。随着无线技术的发展，打印机也用上了无线接口。无线接口的好处就是无需任何电缆连接，通过无线电波就可以实现打印机与电脑（或其他设备）之间数据的传输，简化了数据线的连接。无线接口通常有红外线和蓝牙这两种接口形式。

- 红外线接口

红外线接口的外部传输速度最高是 115.2kbit/s，通信距离最长约为 1m，两个设备红外接口只能在 30°角范围内活动，如果两个红外接口距离过长、偏差太大或中间被物体隔断，就会出现数据传输中断的故障。尽管红外接口有这么多缺点，但是因为红外传输技术成熟，很多设备都支持并随机都带有红外线接口，且成本低。这种打印机非常适合与移动或手持设备连接使用。

- 蓝牙

蓝牙用微波作为传输载体，是爱立信公司率先开发的一种短距离无线连接技术，提供两台以上带有蓝牙芯片或适配器的设备进行无线连接，通信距离最长大约 10m（增加功率可以达到 100m），无方向性（不受角度或固体遮蔽物影响），可实时进行数据传输，传输速度理论值是 1Mbit/s（蓝牙 2.0 规格的传输速度将达到 12Mbit/s），蓝牙比起红外线来说有许多优势，但是成本高，支持的设备少，目前应用还不是很广泛。

### 3．打印机的主要性能指标

点阵针式打印机性能的优劣是由一系列指标决定的，如打印速度、印字质量、点距、换行时间、噪声和 MTBF 等，其中印字速度、印字质量和 MTBF 是评价各种打印机的主要指标，是用户选择打印机的重要依据。

（1）打印速度。打印机的打印速度由打印平均速度标识，即在有回车、换行的连续打印情况下，单位时间内所能打印的字符数。打印速度与打印机输出方式有关，对于串式打印方式，速度单位为字/秒（CPS）；对于行式打印方式，速度单位为行/分钟（LPM）；对于页式打印方式，速度单位为页/分钟（PPM）。

（2）打印质量。打印质量是打印机关于印制字符、打印图形和图像质量高低的综合性性能指标，其中包含打印出的文档的清晰和美观程度，如打印分辨率、印字浓度、成行度和成列度等指标标识。

一般说来，不同打印方式的打印机对印字质量的要求是不同的，如点阵针式打印机的平均打印分辨率为 180dpi；目前的喷墨打印机则高达 1 000dpi 以上；页式黑白激光打印机的输出质量通常为 600dpi。

（3）可靠性（MTBF）。可靠性是指打印机不发生故障的能力，一般由平均无故障时间来衡量，在串式、行式、页式 3 种打印机中，各自主要的故障部件和频度也都不相同。

- 串式针式打印机的故障多出在打印头，尤其是打印断针。一般的打印针的寿命都在 2 亿次以上，但部分功率较大的打印机，如 AR3240 之类，故障发生比较频

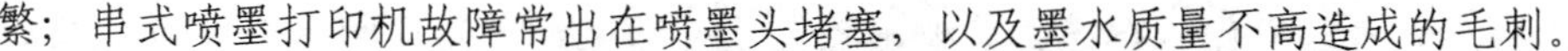

繁；串式喷墨打印机故障常出在喷墨头堵塞，以及墨水质量不高造成的毛刺。

- 行式打印机采用固定字模、机械传动，由于字模损害、打印速率高常会引起字迹模糊、卡纸等故障。
- 页式激光打印机性能比较稳定，但要定期更换墨粉。

需要特别指出的是，这几种打印机的生产厂家都在不断推出新产品，提高工作性能，降低故障发生率，寻求更高的可靠性。



**【案例 3-3】 打印机与计算机的连接**

在前面我们已经介绍了打印机的多种接口类型，下面介绍 LPT 并口打印机与主机的连接方式。

### 1. 认识连接接口

并口打印机是采用 25 针的电缆线连接主机和打印机，该电缆线两头分别不同。连接电脑主机的一端是具有 25 针的接口，如图 3-14 所示；连接打印机的一端是插口，如图 3-15 所示。

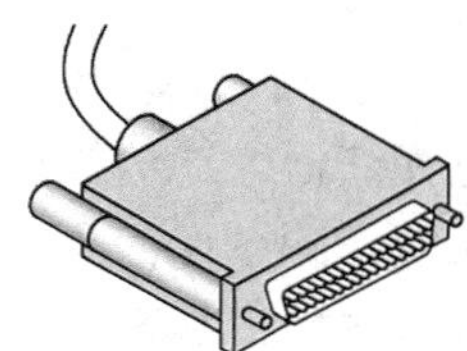

图 3-14 25 针打印机电缆线接口

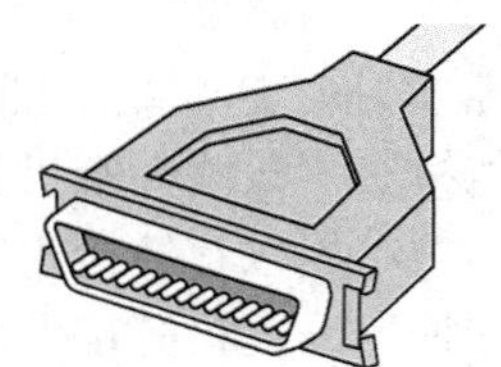

图 3-15 25 针打印机电缆线插口

### 2. 连接接口

（1）关闭计算机电源。

（2）将电缆线的接口端连接到主机的 LPT 打印口，如图 3-16 所示。

（3）将电缆线的另一端连接到打印机的接口上，如图 3-17 所示。连接过程中，应拧紧螺丝，否则可能会因为松动而接触不良。

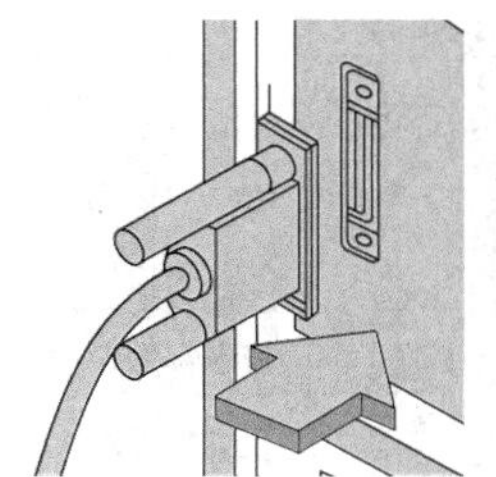

图 3-16 插入主机 LPT 并口

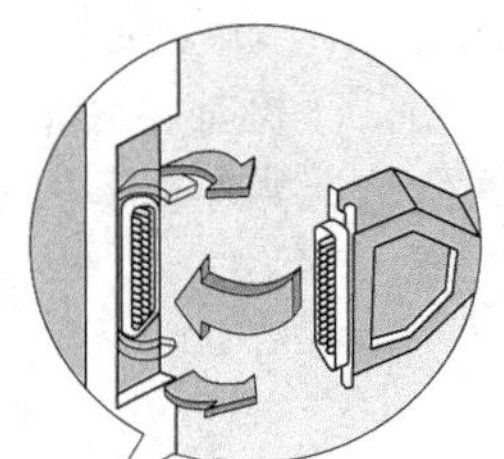

图 3-17 插入打印机接口

（4）插入打印机电源线，就完成了打印机与主机的连接。

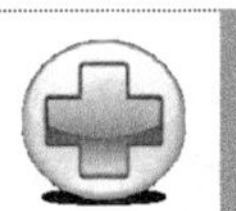

**要点提示** 电缆连接线的两个接头分别是接口和插口，在分别连接主机和打印机时，连接主机 LPT 接头的应是接口，连接打印机的是插口。

## 3.2.2 激光打印机

随着黑白和彩色激光打印机在商务办公和个人桌面办公领域应用的普及，越来越多的用户开始将激光打印机作为自己办公输出的首选打印机。激光打印机以打印质量好、速度快和无噪声等众多优点得到了广泛应用。

### 1．激光打印机的工作原理

激光打印机由激光器、声光调制器、高频驱动、扫描器、同步器及光偏转器等部分组成，其作用是把接口电路送来的二进制点阵信息调制在激光束上，之后扫描到感光体上，感光体与照相机构组成电子照相转印系统，把射到感光鼓上的图文映像转印到打印纸上。

（1）激光打印机的逻辑结构。通常，激光打印机在逻辑结构上可分成六大系统，分别是供电系统（Power System）、直流控制系统（DC Controller System）、接口系统（Formatter System）、激光扫描系统（Laser/Scanner System）、成像系统（Image Formation System）以及搓纸系统（Pick-up/Feed System），其中最重要的就是成像系统。

（2）激光打印机的功能结构。激光打印机从功能结构上分为打印引擎和打印控制器两大部分。

打印控制器实际上是一台功能完整的计算机，包括通信接口、处理器、内存和控制接口四大基本功能模块，一些高端机型还配置了硬盘等大容量存储器。通信接口负责与计算机进行数据通信；内存用以存储接收到的打印信息和解释生成的位图图像信息；控制接口负责引擎中的激光扫描器、电机等部件的控制和打印机面板的输入输出信息控制；而处理器是控制器的核心，所有的数据通信、图像解释和引擎控制工作都由处理器完成。

打印引擎的结构如图 3-18 所示，它由激光扫描器、反射棱镜、感光鼓、碳粉盒、热转印单元和走纸机构等几大部分组成。

彩色激光打印机与黑白激光打印机最大的区别是在引擎结构上。彩色激光打印机采用了 C（Cyan，蓝色）M（Magenta，品红）Y（Yellow，黄色）K（Black，黑色）4 色碳粉来实现全彩色打印，因此对于一页彩色内容中的彩色要经过 CMYK 调和实现，一页内容的打印要经过 CMYK 的 4 色碳粉各 1 次打印过程。从理论上讲，彩色激光打印机要有 4 套与黑白激光打印机完全相同的机构来实现彩色打印过程。彩色激光打印机的基本结构如图 3-19 所示，与黑白激光打印机基本相同，在打印控制器、接口、控制方式和控制语言方面完全相同，因此在数据传输、数据解释和打印控制流程方面也基本一样。

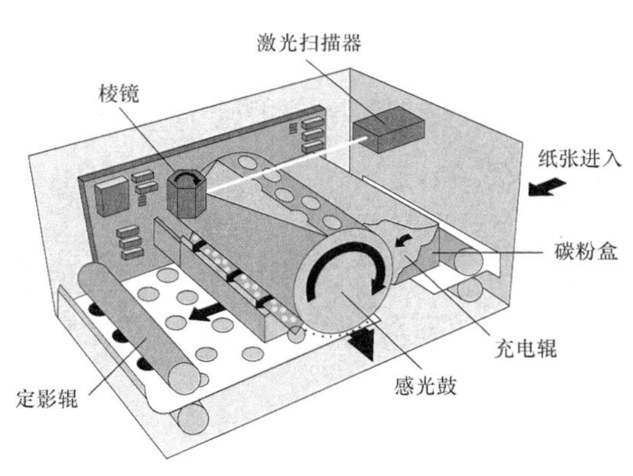


图 3-18 打印引擎的结构

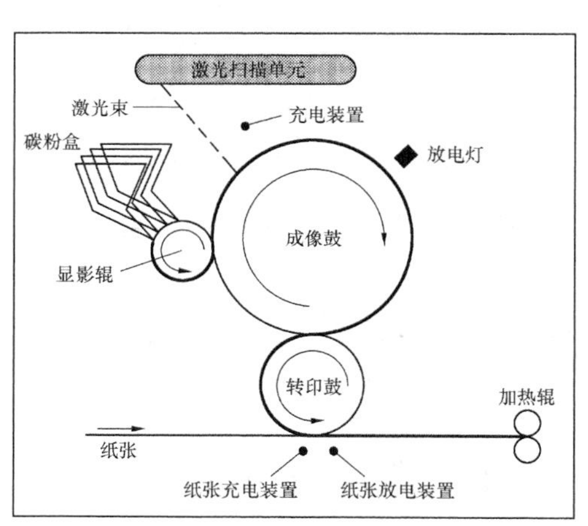


图 3-19 彩色激光打印机的基本结构

### 2．彩色打印机上的主要耗材

从彩色激光打印机的结构上看，彩色激光打印机的耗材（需定期更换的部件）有：4 个颜色的碳粉盒、1 个感光鼓或感光带、1 个充电单元、1 个定影器、1 个调和油盒和 1 个废墨瓶，其中碳粉盒是更换频率最高的耗材，感光鼓或感光带也是更换频率较高的耗材，同时也是价格最高的耗材。

但相对于彩色喷墨打印机，彩色激光打印机耗材的寿命非常长，从而使它的单页打印成本大大降低。

**【案例 3-4】 HP LaserJet 1010 的硬件安装**

现在市场上的激光打印机种类繁多，但是基本结构和各种接口都是大同小异，下面介绍 HP LaserJet 1010 打印机的硬件安装过程。

（1）从包装盒中取出打印机，并根据配件说明书检查盒中所有配件是否完整，如图 3-20 所示。

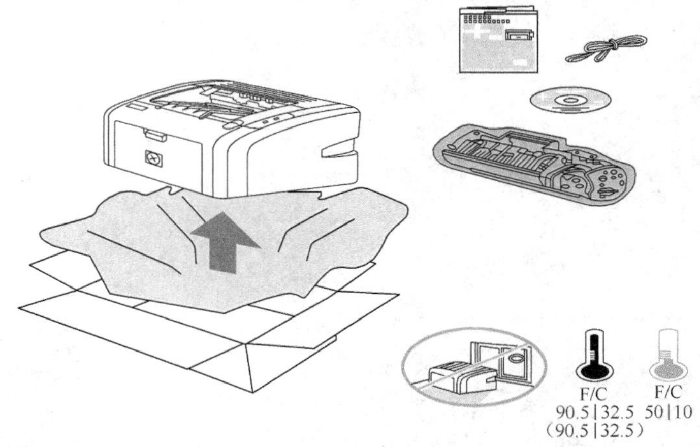


图 3-20 打印机组件

（2）打开进纸盘，如图 3-21 所示。

（3）撕下打印机上所有橙色包装胶带，如图 3-22 所示。

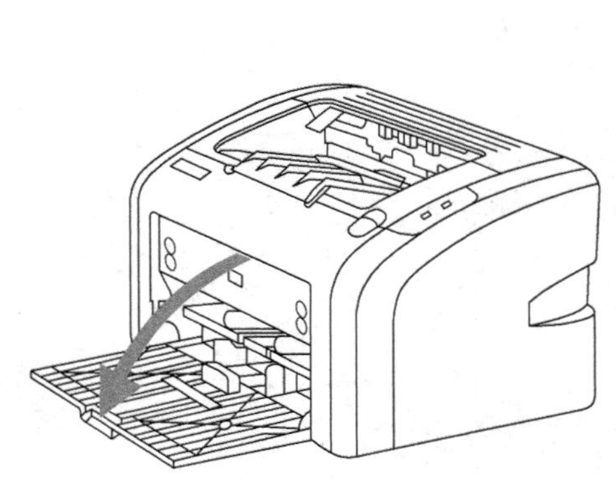

图 3-21 打开进纸盘

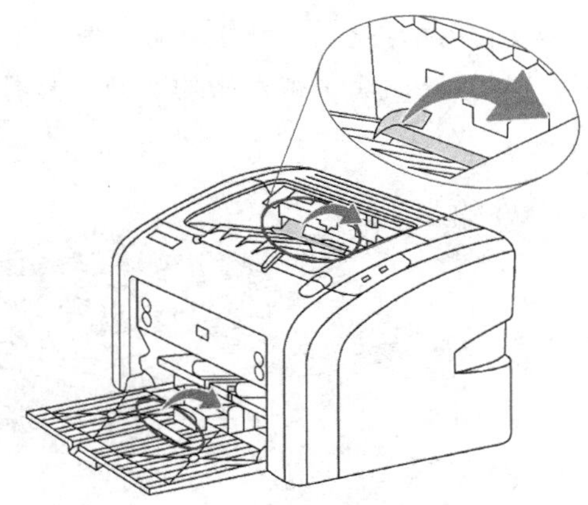

图 3-22 撕下包装胶带

（4）安装出纸导板，如图 3-23 所示。

（5）打开硒鼓舱门，如图 3-24 所示。

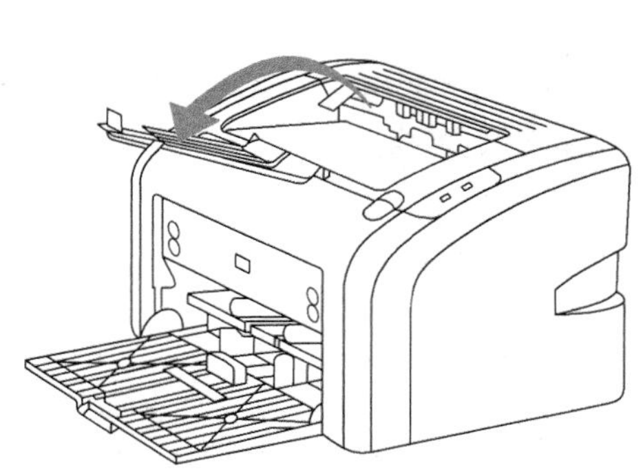

图 3-23　安装出纸导板

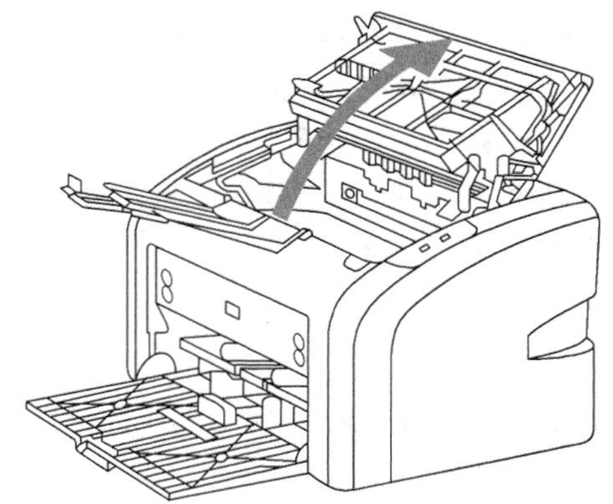

图 3-24　打开硒鼓舱门

（6）从包装材料中取出打印硒鼓，上下晃动硒鼓约 5 次以混合碳粉，如图 3-25 所示。

（7）撕下打印硒鼓上的封带，如图 3-26 所示。

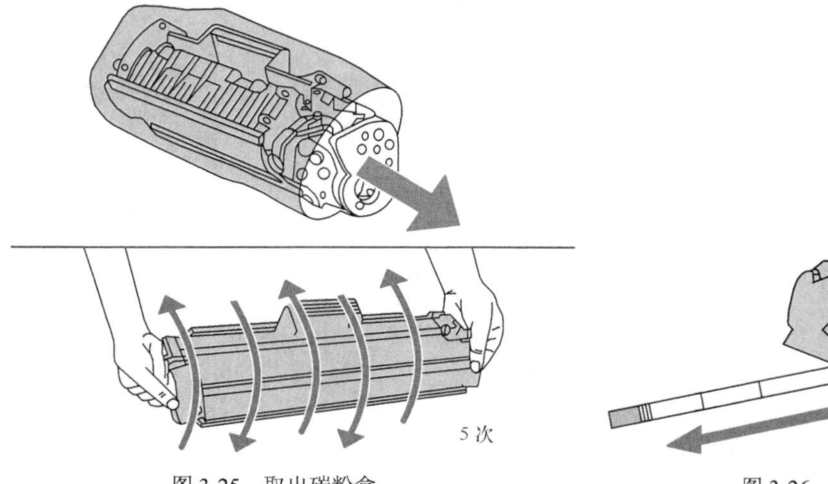


图 3-25　取出碳粉盒

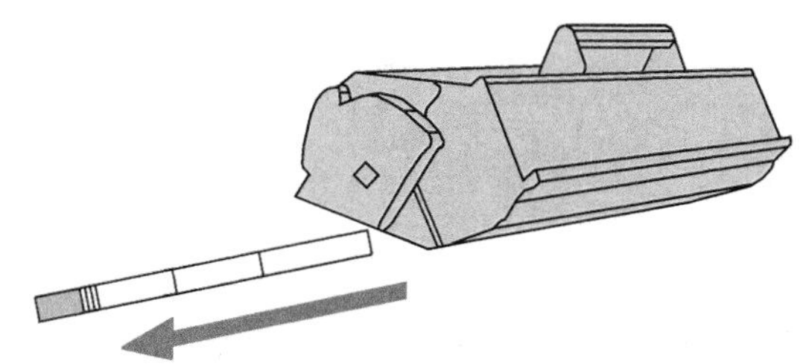

图 3-26　撕下硒鼓的封带

（8）将打印硒鼓放在导轨上，顺着导轨滑到底部，然后关闭硒鼓舱门，如图 3-27 所示。

（9）将纸张导板向进纸盘两侧滑动，如图 3-28 所示。

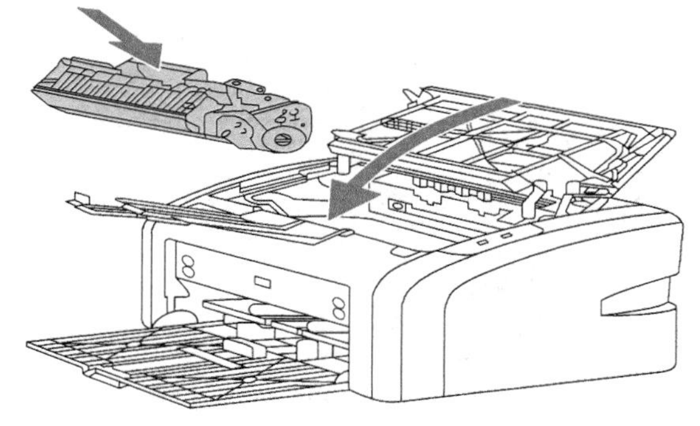

图 3-27　装入硒鼓

图 3-28　滑动纸张导板

（10）向进纸盘中装入纸张，如图 3-29 所示。

（11）将电源线插入打印机，并插入墙面插座，如图 3-30 所示。

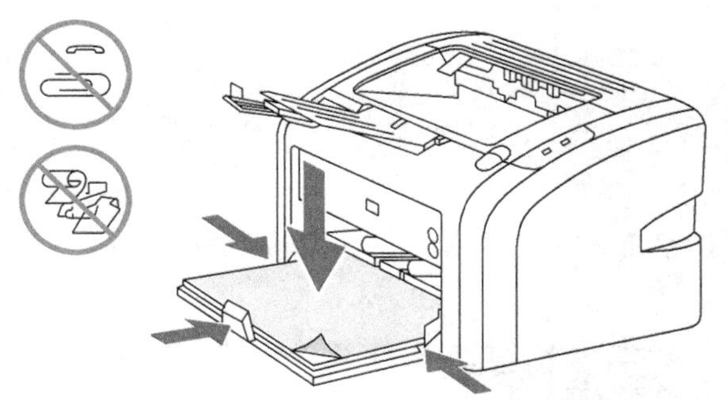

图 3-29　装入纸张

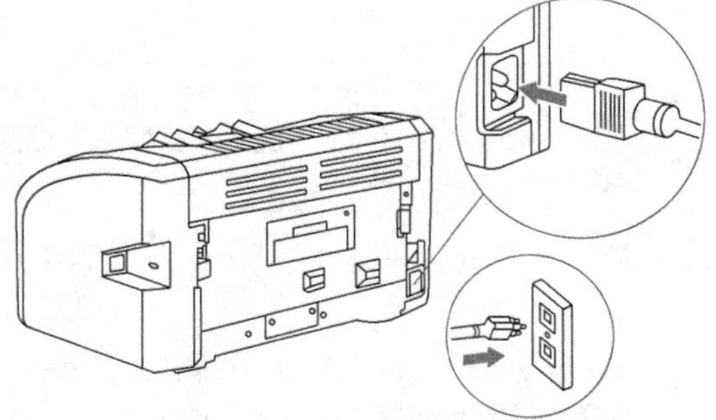

图 3-30　将电源线插入打印机

（12）打开电源按钮，如图 3-31 所示。

（13）将 USB 连接线分别插入打印机和计算机，如图 3-32 所示，这样打印机的硬件安装过程就结束了。

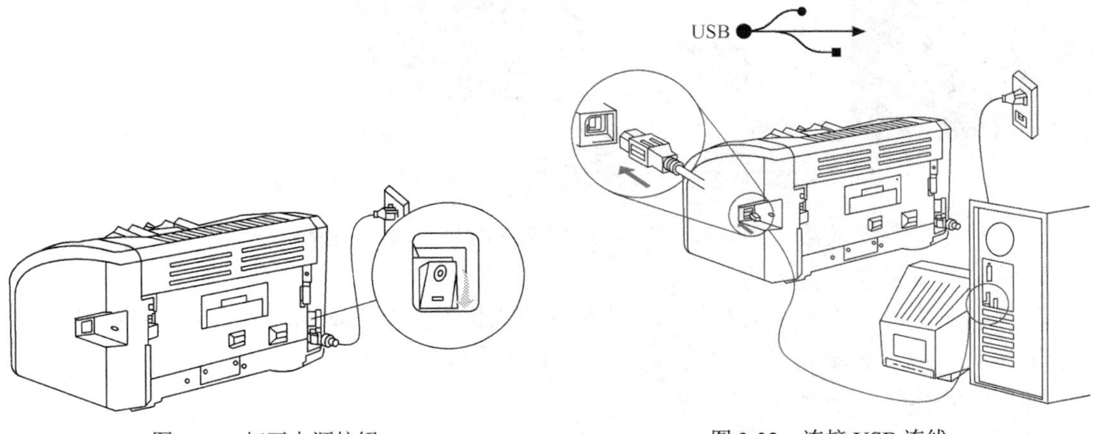


图 3-31　打开电源按钮

图 3-32　连接 USB 连线

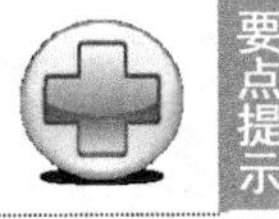

**要点提示**　当用 USB 连接线连接到打印机时，应先观察连接线的插头与打印机的插孔是否吻合。

**【案例 3-5】　HP LaserJet 1010 驱动程序的安装**

各种打印机驱动程序安装方式大体相同，在这里，我们仍然选取 HP LaserJet 1010 打印机作为安装案例。

（1）安装打印机驱动程序，将打印机驱动程序盘放入光盘驱动器，如图 3-33 所示。

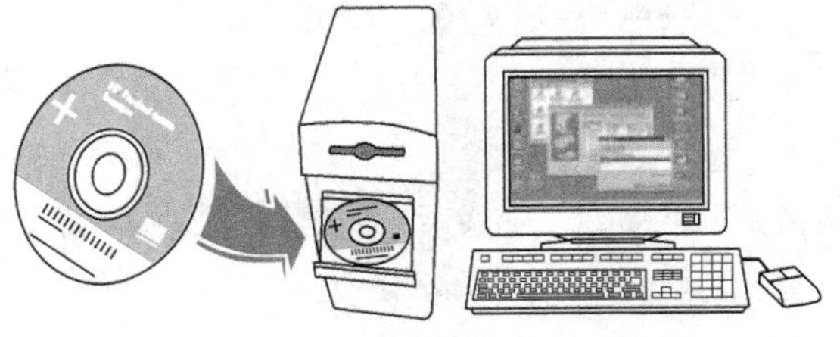

图 3-33　放入驱动程序安装光盘

（2）打开【我的电脑】中的光盘驱动器，然后执行安装光盘中的安装程序 autorun.exe，弹出如图 3-34 所示的对话框。

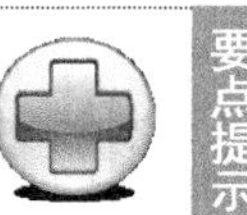

要点提示 通常情况下，安装光盘放入光盘驱动器后会自动运行并弹出安装程序对话框。

（3）接下来单击【安装打印机】标签，安装程序开始准备安装打印机驱动程序，如图 3-35 所示。

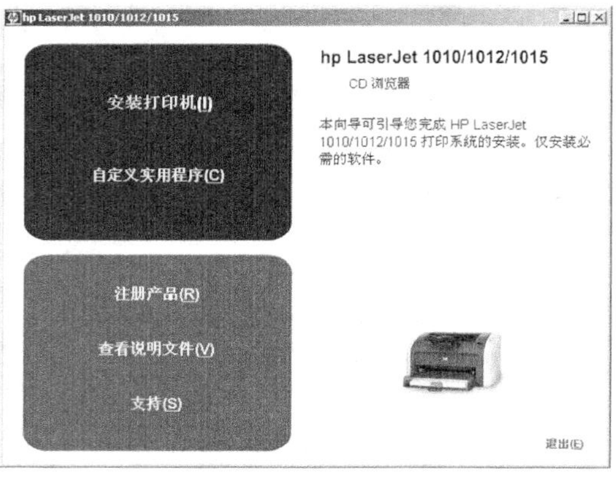


图 3-34　打印机安装程序对话框

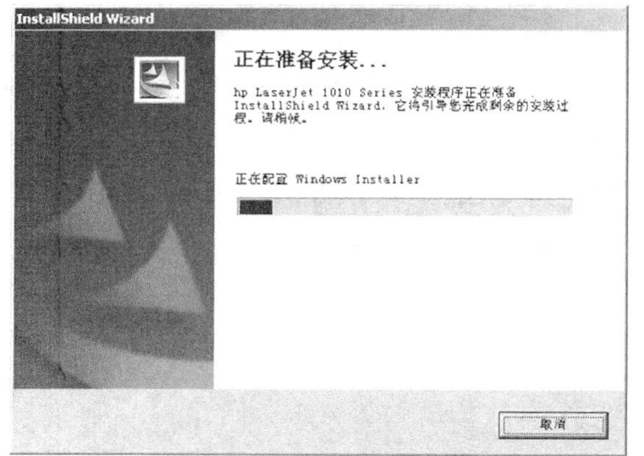


图 3-35　正在准备安装打印机驱动程序

（4）安装程序准备完成后，弹出如图 3-36 所示的打印机安装向导，此时单击下一步(N) >按钮继续下面的操作。

（5）此时，安装向导要求选择打印机与计算机的连接方式，在这里，我们的打印机是直接连接在本地计算机中，所以选中【直接连接计算机】单选项，然后单击下一步(N) >按钮继续下面的操作，如图 3-37 所示。

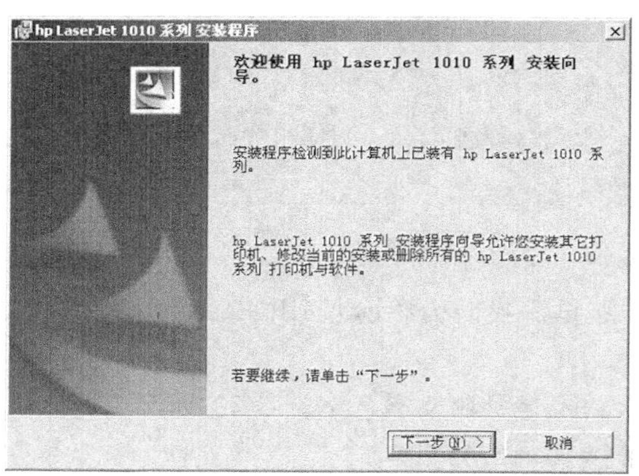


图 3-36　打印机安装向导

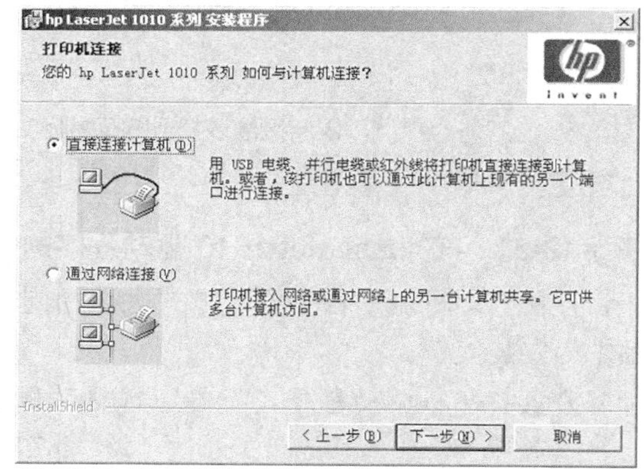


图 3-37　选择打印机与计算机的连接方式

要点提示 如果安装的打印机是网络上共享的打印机，则选中【通过网络连接】单选项。

（6）随后安装向导弹出【安装类型】对话框，在这里我们选择以【典型安装】的方式安装打印机，如图 3-38 所示。

（7）在驱动程序的安装过程中，安装向导会要求输入一个打印机的名称，我们可以使用默认的打印机名称，并在对话框中选中【对基于 Windows 的程序，请将此打印机用作默认打印机】复选框，如图 3-39 所示。

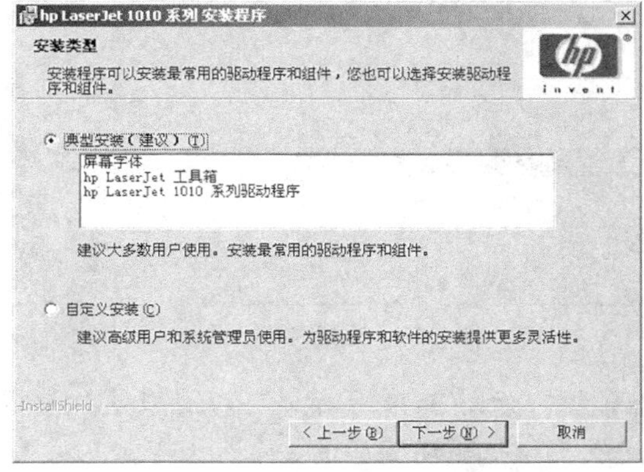


图 3-38　打印机驱动程序安装类型

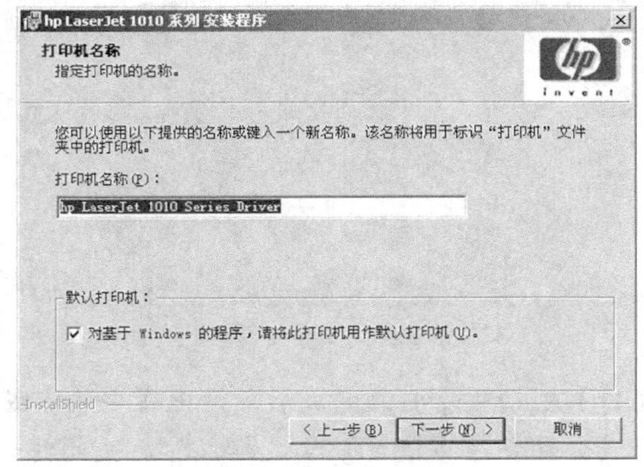


图 3-39　打印机名称设置

（8）接下来弹出如图 3-40 所示的对话框，安装向导提示用户是否将打印机设置为网络共享，如果允许其他用户使用该打印机，可以将其设置为共享打印机，并输入共享打印机名，然后单击 下一步(N) > 按钮继续下面的操作。

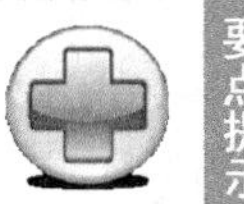

要点提示　打印机安装完成后，也可以在打印机管理器中选择在网络上共享该打印机。

（9）安装向导提示输入打印机位置信息，如图 3-41 所示，输入完成后再单击 下一步(N) > 按钮，弹出【准备开始安装】对话框，如图 3-42 所示。

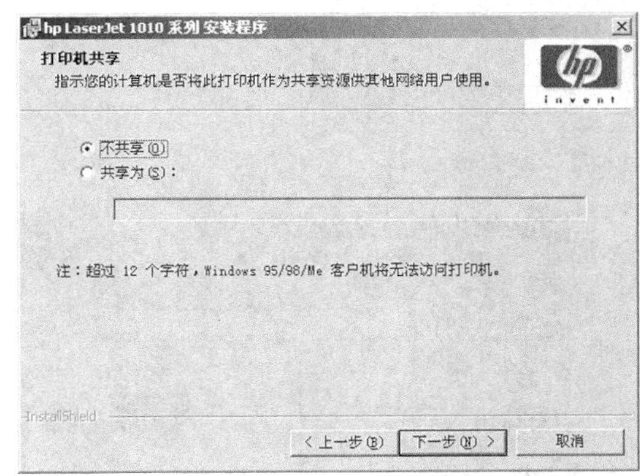


图 3-40　设置打印机是否共享使用

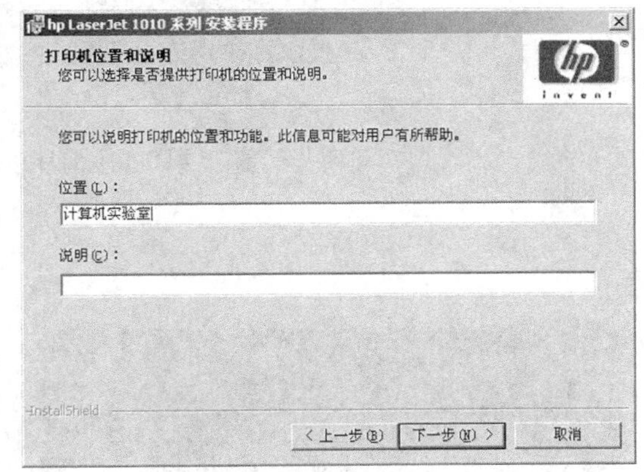


图 3-41　输入打印机位置信息

要点提示　如果需要更改已做的安装设置，可单击“上一步”按钮返回，就可以重新对打印机进行设置了。

（10）单击 安装(I) 按钮，安装程序开始复制安装文件并检测打印机，如图 3-43 所示。

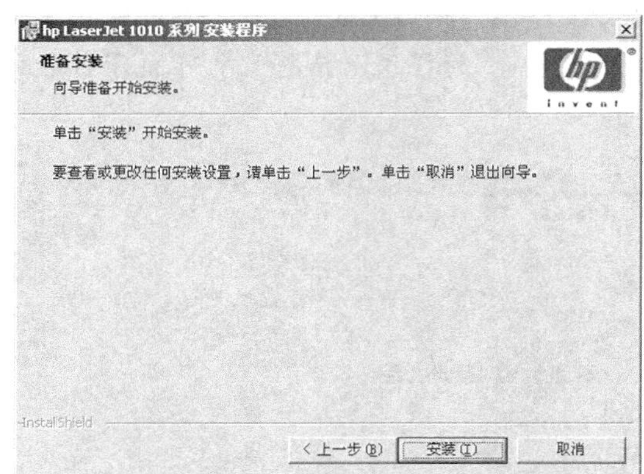

图 3-42　准备开始安装打印机驱动程序

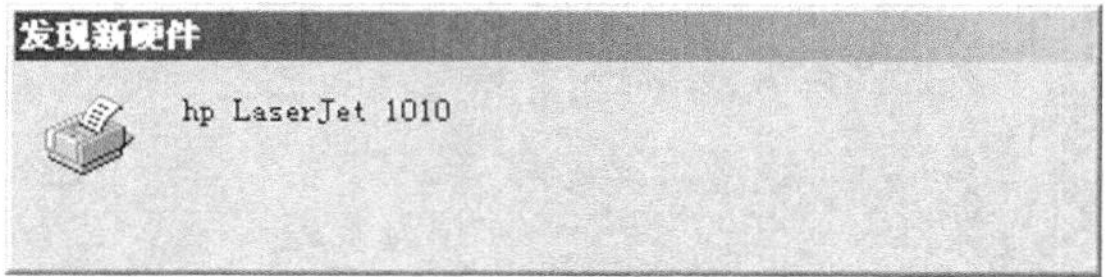

图 3-43　检测到打印机

（11）驱动程序安装完成后，弹出【安装完成】对话框，如图 3-44 所示。可以选中【打印驱动程序测试页】复选框，然后关闭对话框完成打印机驱动程序的安装，如果此时打印机成功打印出测试页，则说明打印机安装成功，如图 3-45 所示。此时，在计算机【控制面板】中的【打印机】管理器中将出现打印机图标，如图 3-46 所示。

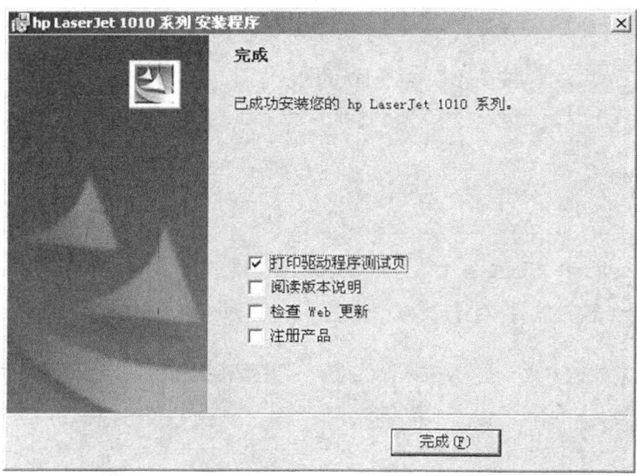

图 3-44　打印机驱动程序安装完成

图 3-45　打印机正常打印出测试页

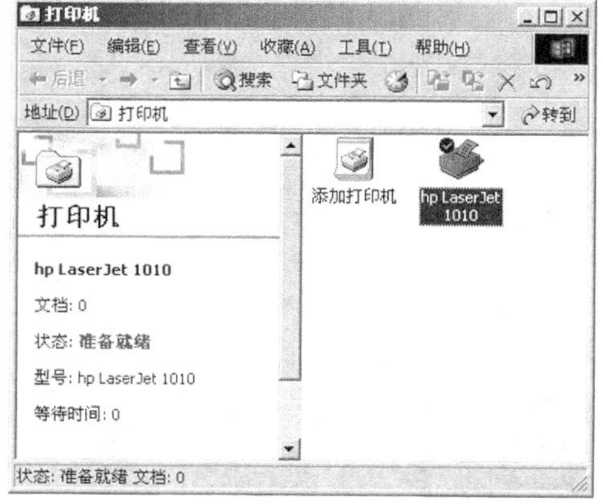

图 3-46　打印机管理

要点提示

打印机正常打印出测试页，说明打印机安装成功，如果没有打印出测试页，则说明打印机没有正常完成安装。在“控制面板”中的“打印机”管理器中，选中已安装的打印机时，会提示打印机的当前状态，如果状态提示为“准备就绪”，说明打印机可以正常工作。



【案例 3-6】 激光打印机的使用与维护

在打印机的使用过程中，需要对打印机做一些管理和设置，比如共享打印机、打印选项设置和取消打印作业等，另外还要对打印机的维护、正确的使用及常见故障的解决有所了解，这样才会更好地利用激光打印机为日常办公工作服务。

1．激光打印机的使用设置

（1）打印纸张与打印效果设置。在【控制面板】中双击【打印机】图标，如图 3-47 所示，打开打印机管理器，可以看到已经安装的打印机。

（2）双击以打印机名称命名的图标，即可打开该打印机的窗口，如图 3-48 所示。

图 3-47 控制面板

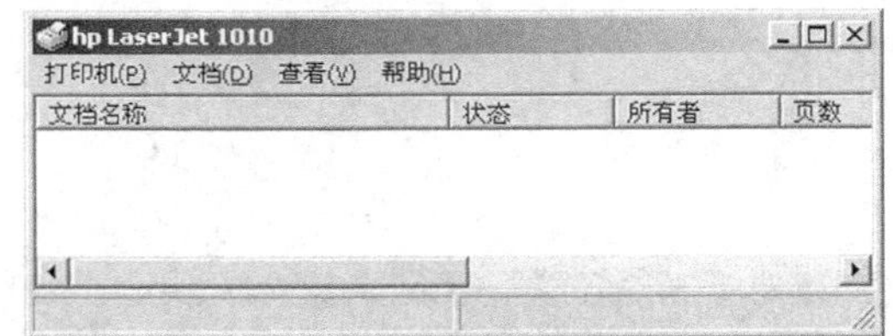


图 3-48 【打印机】窗口

（3）设置打印效果。在【打印机】菜单中选取【打印首选项】选项，弹出如图 3-49 所示的对话框，在这里用户可以设置打印机的打印效果、打印质量以及打印纸张等。

（4）设置为默认打印机。当计算机中安装有多个打印机时，需要将其中一个打印机设置为默认打印机，则选中该打印机图标后，单击鼠标右键，在弹出的快捷菜单中选择【设为默认打印机】命令即可，此时该打印机图标上将出现“√”符号，即，则说明该打印机已经为默认打印机了（见图 3-50）。

要点提示

将当前打印机设置为默认打印机后，在打印文档时，如果没有选择使用其他的打印机进行打印输出，则默认使用该打印机进行打印。

（5）取消或暂停打印任务。在打印过程中，如果要取消已经添加了的打印任务，且该打印文档尚未完成打印时，可以在【打印机】窗口中选中打印队列中的文档名称，然后单击鼠标右键，在弹出的快捷菜单中选择【取消】命令，该打印任务就被取消打印了。如果选择【暂停】命令，则可以暂时停止打印已经添加的打印文档，当需要打印时，可以在快捷菜单中选择【继续】命令恢复被暂停打印的任务（见图 3-51）。

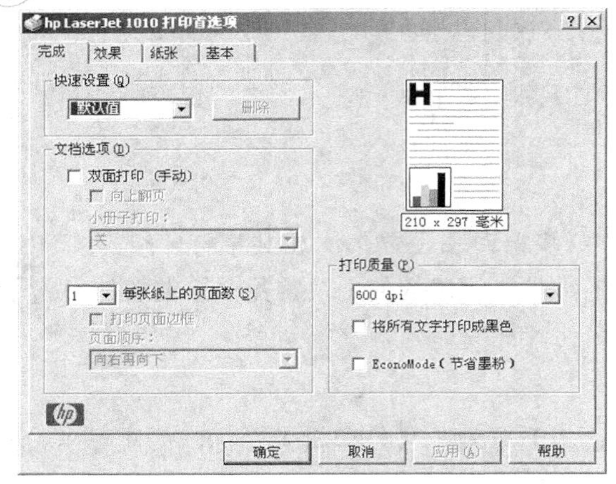

图 3-49　打印首选项设置

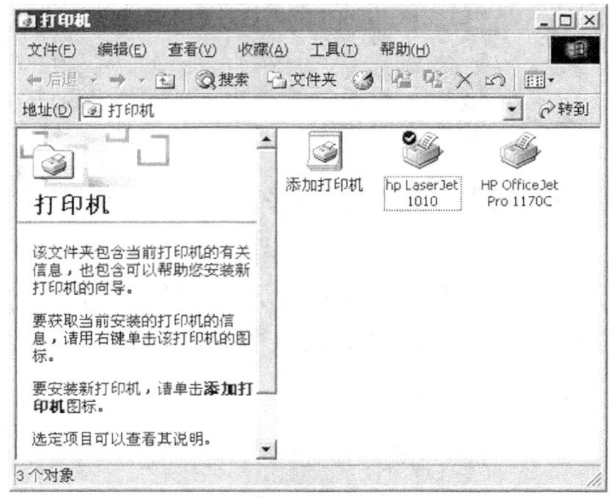


图 3-50　设置默认打印机

（6）共享打印机。当打印机需要在网络中共享时，可以选择【打印机】菜单中【共享】选项，打开【共享】对话框，打开【共享】选项卡，选中【共享为】单选钮，并输入打印机的共享名称，就可以在网络中共享该打印机了，如图 3-52 所示。

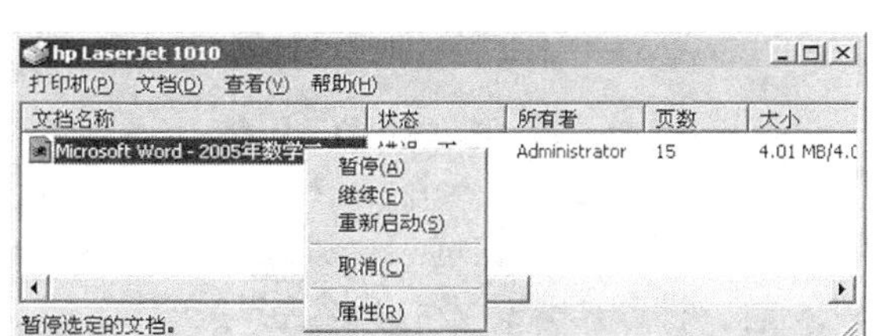


图 3-51　取消或暂停打印任务

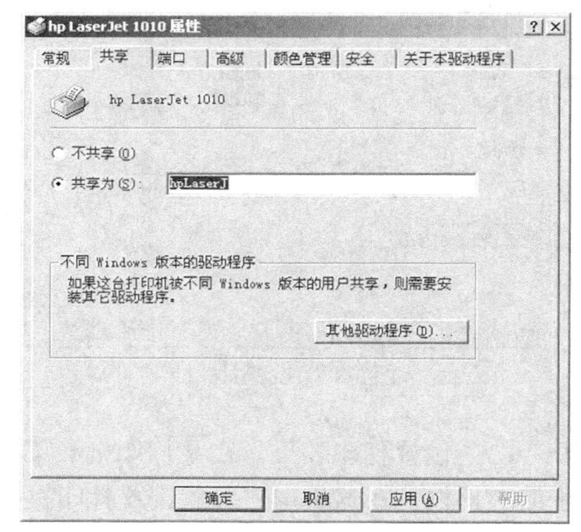


图 3-52　共享打印机

### 2．激光打印机的正确使用

掌握正确的使用和维护方法，加强日常维护管理，对提高打印机的使用效率，延长使用寿命，具有十分重要的意义。

（1）正确选用复印纸。选择好激光打印机用的纸张很重要。为了确保进纸顺畅，纸张必须干净而且精确地裁切，最好选用静电复印纸，太薄或太厚的纸张都容易造成卡纸，潮湿的纸张无法正确进纸，纸张在使用前，不要直接放入纸盒，应将纸张打散，纸盒不要装得太满，且纸张必须保持干净，不能有纸屑、灰尘或其他硬物，以免带入机内，刮伤感光鼓等部件。

（2）正确选用打印硒鼓。打印硒鼓是激光打印机中最常用的耗材，不同型号的激光打印机所使用的硒鼓是不同的。所以，要选择同打印机相匹配的硒鼓，不要选用其他型号打印机的耗材，以免损坏机器。

（3）正确安装与存放硒鼓。安装硒鼓时，首先要将硒鼓从包装袋中取出，摆动 6～8 次，以使碳粉疏松并分布均匀，然后完全抽出密封条，再以硒鼓的轴心为轴转动，使墨粉在硒鼓中分布均匀，这样可以使打印质量提高。新购置的硒鼓要保存在原配的包装袋中，在常温下保存即可。切记不要让坚硬的物体磕碰到硒鼓，也不要让阳光直接曝晒硒鼓，否则会直接影响硒鼓的使用寿命。

（4）其他正确使用事项。激光打印机的放置环境要注意通风。不能把打印机放在阳光直射、过热、潮湿或有灰尘的地方。激光打印机要在电脑启动之后打开电源，否则先开打印机的话，电脑开机会再启动一次打印机，造成额外损耗。



**【案例 3-7】 激光打印机常见故障及排除**

下面结合打印机在使用过程中的故障现象分析对这些故障的解决办法。

#### 1．打印机在通电后根本就无法工作

（1）故障现象。打印机打开电源之后无法工作。

（2）故障分析。此类问题多可归为电源或电路问题。

（3）故障处理。首先要确认打印机的电源开关是否已置于“ON”上了，如果已置于“ON”，那么就要检查电源线和电源插头以及电源插座是否良好，如果均无异常但仍不通电的话就要检查一下所插的电源插座是否有电且电压是否正常（用测电笔即可）。以上这些方面如果全没有问题的话，再查看一下打印机的保险丝是否已经熔断了（要先断电才能查看），如果未熔断或已熔断但换新后再次熔断的话，那么就是打印机的电路部分有短路性故障了，这时如果不能发现有明显损坏的元件的话，那么就要找专业维修部门进行维修了。

#### 2．打印机无法打印电脑中的联机内容

（1）故障现象。打印机接通电源之后，无法打印联机内容。

（2）故障分析。此类问题多可归网络连接或打印驱动问题。

（3）故障处理。首先要检查打印机是否已处于联机状态，然后再检查该激光打印机是否为系统默认的打印机——有些软件会虚拟一个默认打印机出来（比如某些传真软件），这时只要在“打印机”文件夹内更改一下默认设置就行了，如果还不行的话可检查一下打印机的驱动程序是否安装错误或已经损坏或已丢失，如果重装后无效就再检查一下打印机的电缆接口和计算机的连接是否有误或连接数据电缆是否有故障——可进行一次自检打印，如果不能打印出来就证明可能是打印机内部电路有损坏的部分了，这时最好是找专业维修部门进行维修，如果能打印出来就证明是数据电缆或接口出了问题，这时可换一条新连接数据电缆试试看。当然，有时中了某些针对打印机设计的病毒也会导致该故障，所以也可尝试用杀毒软件进行一下查毒。

#### 3．打印联机数据时不能完全地进行打印

（1）故障现象。打印机接通电源之后，不能完全地打印联机内容。

（2）故障分析。此类问题多可归网络连接或打印驱动问题。

（3）故障处理。先看一下面板上的“Form Feed（出纸）”指示灯是否已亮，如果亮了的话，那么将打印机离线，然后再按“Form Feed”键打印剩余在打印机缓冲区中的文件；如果打印机没有显示任何信息而数据仍未打印完的话，那么就应该检查一下用户软件是否存在错误。

### 4. 打印机无法进行自检打印

（1）故障现象。打印机接通电源之后，无法进行自检打印。

（2）故障分析。碰到类似问题可以查看是否缺纸，或打印驱动程序是否正确安装。

（3）故障处理。首先要检查打印机在选择自检菜单项时其是否处于脱机状态，如图 3-53 所示。如果正常的话就检查一下纸盒是否已经安装好且纸盒内有没有装好纸张。如果以上均无问题的话就再检查一下打印机顶盖是否关紧并检查机内有无夹纸现象，当然，如果打印机的控制面板上显示有信息的话，可针对信息字样先解决相应问题。如果实在找不到原因，就可能是打印机出现物理故障了，需专业的维修人员维修。

图 3-53 打印机处于脱机状态

### 5. 打印机出现卡纸现象

（1）故障现象。打印机在打印过程中，突然发生无法过纸现象，也就是卡纸。

（2）故障分析。卡纸现象是激光打印机最为常见的故障之一，而且产生打印机夹纸的原因也比较多，例如纸张厚度太薄、进纸传感器出现故障等。

（3）故障处理。先打开打印机顶盖并取出硒鼓，顺着走纸的方向，缓慢地将卡纸从打印机中取出来。在取出的过程中，应尽量先关闭打印机电源。

### 6. 打印出来的作业过淡或带有碳粉污点

（1）故障现象。打印过淡的作业呈块状或是一片垂直的白色条纹，带有碳粉污点的打印作业通常是出现一些圆形的小黑点，有时甚至会连成一片而出现宽大且不规则的污点，污点可能出现在纸张正面，也可能会出现在反面。

（2）故障分析。此类问题多可能是因为碳粉用完，或者是硒鼓已经损坏造成。

（3）故障处理。先检查硒鼓的碳粉是否快用完了，如果是的话可取出硒鼓并轻轻摇动使剩余的碳粉均匀分布即可，如果碳粉实在太少了或硒鼓有破损的话，就必须更换新的碳粉盒。另外如果打印机内部太脏的话也会出现该故障，所以可清洁一下打印机试试，通常都能够“尘无病消”。

## 3.2.3 喷墨打印机

喷墨打印机是继针式打印机之后发展起来的打印机。随着数码相机的普及和广泛应用，照片打印机将在未来家用打印机中扮演着重要的角色，数码照片打印需要借助具有高质量输出的照片打印机才能够实现。

### 1. 喷墨打印机的工作过程

按照不同的打印原理，我们可将现有的照片打印机分为热转印打印机和喷墨打印机两大类。它们分别来源于不同的打印技术领域，在产品价格、打印效果等方面都存在一定的差别。

喷墨打印机属于非击打式输出外部设备，墨水从喷嘴中喷射到各种打印介质上，从而产生图像。通过电机带动，打印头从左向右再返回，沿水平方向来回扫描，另一个电机沿垂直方向一步步地进纸。横向打印完一行后，纸张移动一步，再打印下一行。

### 2．喷墨技术

为提高打印速度，每行打印出一排点阵，而不仅仅打印一条单线。目前市场上的喷墨打印机按打印头的工作方式分为压电喷墨技术和热泡喷墨技术，它们的原理都是液体喷墨原理。

压电喷墨技术就是将许多小的压电陶瓷放置到喷墨打印机的打印头附近，利用压电陶瓷在电压作用下会发生变形的原理来实现喷墨打印，如图 3-54 所示。热泡喷墨技术又叫做气泡技术，它是通过加热喷嘴，使墨水产生气泡，然后再喷到打印介质的表面完成喷墨打印，如图 3-55 所示。

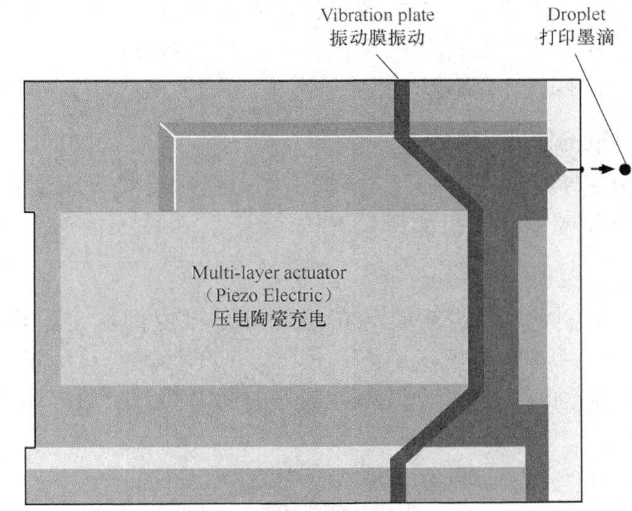


图 3-54　微压电打印技术

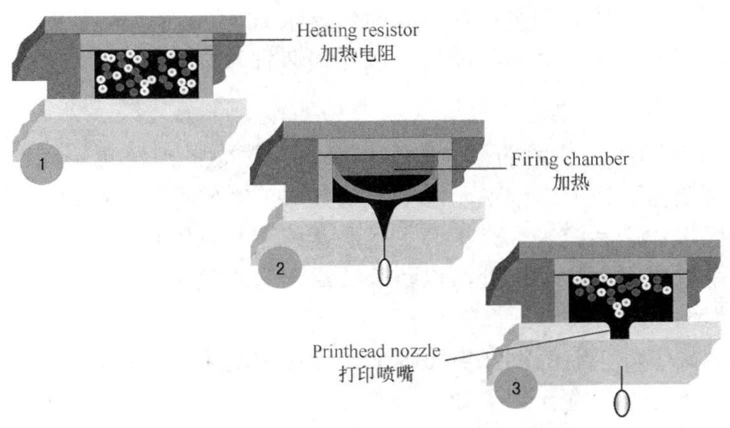


图 3-55　热泡喷墨打印技术

### 3．墨盒

对于喷墨型照片打印机来说，入门级产品通常采用四色打印，而高端产品会采用六色、甚至七色打印。其中，采用四色打印方式的喷墨打印机其墨水的颜色是基元色的负色组成，颜色有青、洋红和黄（CMY）以及我们所熟悉的黑色，这就是专业人士常提到的 CMYK 色彩体系，而六色打印则是在四色基础上加入淡青和淡洋红，所谓的七色打印还会加入一个淡灰墨盒，如图 3-56 所示。

图 3-56　六色墨盒

### 4．喷墨打印机的结构

喷墨打印机主要由墨盒、打印喷头、字车、导轨、清洁机构、输纸机构、主板、电源板和机架等组成。喷墨打印机在打印过程中，墨盒中的墨水经过压电式技术或者热喷式技术后，将不同的颜色喷射到一个尽可能小的点上，而大量这样的点便形成了不同的图案和图像，这一过程是一系列的繁杂程序。实际上，打印机喷头快速扫过打印纸时，它上面的无数喷嘴就会喷出无数的小墨滴，从而组成图像中的像素。

## 【案例 3-8】 喷墨打印机的使用与维护

正确、合理地使用打印机并做好日常维护工作，是保证打印机保持良好的工作状态的先决条件。下面简要介绍喷墨打印机的日常维护。

### 1．内部除尘

打开喷墨打印机的盖板，用柔软的湿布清除打印机内部灰尘、污迹、墨水渍和碎纸屑。如果灰尘太多会导致字车导轨润滑不好，使打印头的运动在打印过程中受阻，可用干脱脂棉签擦导轨上的灰尘和油污，并补充流动性较好的润滑油。喷墨打印机内部除尘时应注意以下几点。

（1）不要擦齿轮，不要擦打印头和墨盒附近的区域。

（2）一般情况下不要移动打印头，特别是有些打印机的打印头处于机械锁定状态，用手无法移动打印头，如果强行用力移动打印头，将造成打印机机械部分损坏。

（3）不能用纸制品清洁打印机内部，以免残留纸屑。

（4）不能使用挥发性液体清洁打印机，以免损坏打印机表面。

### 2．更换墨盒

喷墨打印机型号不同，使用的墨盒型号以及更换墨盒的方法也不相同，在喷墨打印机使用说明中通常有墨盒更换的详细说明。更换墨盒时，需要打开打印机电源，因为更换墨盒后，打印机将对墨水输送系统进行充墨。更换墨盒请注意以下几点。

（1）不能用手触摸墨水盒出口处，以防杂质混入墨水盒。

（2）要防止泄漏墨水。

（3）墨水具有导电性，若漏洒在电路板上，应该使用无水酒精擦净、晾干后再通电。

（4）墨水盒应该避光保存在无尘处。

### 3．清洗打印头

大多数喷墨打印机开机会自动清洗打印头，并设有按钮对打印头进行清洗，具体清洗操作可参照喷墨打印机操作手册中的步骤进行。如果打印机的自动清洗功能无效，可以对打印头进行手工清洗。手工清洗应该按照操作手册中的步骤拆卸打印头。清洗打印头应该注意以下几点。

（1）不要用尖利物品清扫喷头，不能撞击喷头，不要用手接触喷头。

（2）不能在带电状态下拆卸、安装喷头，不要用手或其他物品接触打印机的电器触点。

（3）不能将喷头从打印机上卸下单独放置，不能将喷头放在多尘的场所。



### 4．喷墨打印机的保养

使用喷墨打印机时应该注意以下几点。

（1）使用时必须将打印机放在一个平稳的水平面上，而且要避免震动和摇摆。

（2）在开启喷墨打印机电源开关后，电源指示灯或联机指示灯会闪烁，在此期间不要进行任何操作。

（3）在打印前，要根据纸张的类型、厚度以及手动、自动送纸方式等情况，调整好打印机的纸介质调整杆和纸张厚度调整杆的位置。

（4）要对所打印的纸张的幅面进行适当设置。

（5）使用单页打印纸时，要将纸排放整齐后装入，以免打印机将数张纸一起送出。

（6）要注意打印机周围环境的清洁。如果使用环境灰尘过多，很容易导致纸车导轨润滑不良，使得打印头在打印过程中运动不畅，引起打印位置不准确，或者造成死机。

（7）必须注意正确地使用和维护打印头。打印机在初始位置时，通常处于机械锁定。这时不能用手去强行用力移动打印头，否则不但不能使打印头离开初始的位置，而且还会造成打印机机械部分的损坏，更不要人为地去移动打印头来更换墨盒，以免发生故障，从而损坏打印机。

（8）禁止带电插拔打印电缆，否则会损害打印机的打印口以及电脑的并行口，严重时，甚至有可能会击穿电脑的主板。

（9）在安装或更换打印头时，要注意取下打印头的保护胶带，并一定要将打印头和墨水盒安装到位。

（10）打印机使用了一段时间之后，如果打印质量下降，比如输出不清晰，出现了纹状或其他缺陷，可利用自动清洗功能清洗打印头。如果连续清洗了几次之后，打印效果仍然不满意，就要考虑更换墨水。

**【案例 3-9】 喷墨打印机常见故障排除**

下面结合案例介绍喷墨打印机常见故障及其排除方法

### 1．Canon BJ-330 打印机打印空白

（1）故障现象。一台 Canon BJ-300 喷墨打印机，打印时纸上一片空白，一点墨迹都没有，但是打印头仍正常来回运动。

（2）故障分析。这种情况可以先检查墨盒中是否还有墨水，更换一个新的墨盒后若故障依旧，则可以按照使用手册上的自检方法进行自检打印。若纸张上仍然一片空白，就说明打印机的硬件没有问题，电路信号正常。自检或开机时，墨水若能够正常地被吸收到打印头的小方盒处，说明墨水输送管畅通。如若按照手册说明对打印头进行清理，仍然未排除故障，则可以初步判断打印喷头被墨水的杂质堵塞了。

（3）故障处理。可以采用人工清洗打印头喷头的方法，步骤如下。

- 断开打印机电源，卸下打印机上面的外壳盖，小心取下打印喷头。

- 用一个干净玻璃或陶瓷器皿盛上无水酒精，把喷头垂直浸泡在酒精中约半个小时，注意不要浸着电路部分。然后水平拿起喷头，用一个尖嘴吸球吸入大约 2ml 的干净酒精对着喷头上的墨水进口往里用力射入，重复几次直到喷头流出的酒精由黑色变成无色为止。然后把吸球里的空气压出，再套住喷头进墨口，松手让吸球吸出喷头内残留的墨水杂质和酒精，重复几次，喷头就清洗干净了。
- 用干净的脱脂棉球吸干喷头上的酒精，注意不要让喷头上残留有纤维丝，以防吸入到喷头里。把喷头放置在干净的地方，让剩余的酒精挥发干净，然后把喷头按原样装入打印头中，注意喷头进墨口不要插入墨水管太深，以免难于吸上墨水。把电路信号线装好，卡好打印头盖，盖上打印机外壳，接好打印机电源和打印电缆，装好打印纸，按住 LF/FF 键，打开电源进行自检，若打印正常则故障排除。

### 2. 打印时出现卡纸现象

（1）故障现象。一台喷墨打印机，使用一年后在打印过程中总是打印到纸的 1/3 处时，打印头就不动了，回复指示灯和电源指示灯交替闪烁。

（2）故障分析。造成类似故障很可能是打印机软件出了问题，或者是打印头导轨不再顺滑所致。

（3）故障处理。重新安装了打印机的驱动软件，故障依旧没有解决，这时候就可以推断是由于打印头的导轨不够顺滑所致。打开打印机顶盖取出打印纸，若发现打印机里用来固定打印头、使打印头来回移动的轴已失去了以往的光亮，或已经发黑，或用手触摸感觉摩擦力很大，即可断定是由于灰尘使得润滑油变稠，使得轴的摩擦力加大，使打印机的打印头移动困难，故打印机报告卡纸。可以使用脱脂棉和润滑油清润导轨，即可排出故障。

**要点提示**

关于导轨摩擦力变大使得打印头非正常工作，最主要的原因是打印机维护工作未做好，因此，若期望减少工作时不必要的麻烦，一定要按照维护的要求定期保养打印机。

### 3. 加墨后打印出现断线现象

（1）故障现象。EPSON 喷墨打印机的墨盒加墨水后出现断线现象。

（2）故障分析。出现断线现象很多人都误认为是喷嘴堵塞了，如果急着处理，很可能会真的造成喷嘴堵塞。区分断线和堵塞很简单。做喷嘴检查时线条不连续（有断线），这时一般都应该做打印头清洗。清洗几次后观察，如果断线始终都是在相同的部位而无变化，一般是堵塞，堵塞的喷嘴就是断线处的喷嘴；如果在几次清洗后断线的位置不固定，则可判断不是堵塞，而是孔道中有空气，墨水供应不连续，造成断线。

（3）故障处理。首先判断，在每次清洗后，断线的数量是否越来越多。若是，那么第一种结论就是该种颜色的墨水用完了，取下墨盒证实后加墨水即可解决问题。如果是刚刚加完墨水之后又出现断线，结论应该是加得过急，出墨口内存有空气，随墨水进入孔道，打印时出现断线。这时可取下墨盒，弹弹，将出墨口向下静置一段时间后放回打印机，做喷嘴清理。

**要点提示**

每次喷嘴清洗之间的间隔时间要略为长一些（半个小时左右），让墨水有一个自然沉降的过程，连续做喷头清洗效果并不好。

#### 4. 屏幕显示的颜色与打印出的不一致

（1）故障现象。一台彩色喷墨打印机打印出的颜色和屏幕所看到的颜色不一致。

（2）故障分析。屏幕偏色的原因有很多，有扫描仪输入过程中的设置因素，也有图像处理软件本身设置的因素，还有显示器驱动程序的设置因素，通过修改设置就可以改变显示图像的偏色。打印输出的偏色现象在使用原厂墨盒时也会出现，与使用墨盒的厂家不同、使用的纸张类型不同或纸张的厂家不同都有关系，目前绝大多数彩色喷墨打印机的驱动程序都有颜色调整设置，可随时视偏色程度进行调整。若某种颜色严重缺色时，可能是该种颜色的墨水将用尽，及时补充墨水即可解决。

（3）故障处理。更改软件的颜色设置，或者更改打印机所使用的墨盒（墨水），或者更换打印纸。

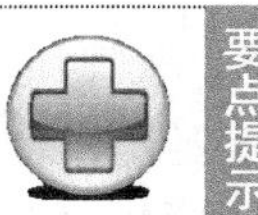

要点提示

彩色打印机一般使用几个颜色来调制出各种颜色。只要一种颜色使用完了，打印的颜色就不正常了。

### 3.2.4 打印机及其耗材的选购

在购买打印机时，首先要确定打印机的用途，然后根据自己的需求选购一台经济实用的打印机。如果只是想用它来打印一些文章，只是想有一些简单的黑色图形的话，可以买一台激光打印机，因为它能提供一流的文本打印质量和速度。如果是想打印一些文本文件和一些彩色图形或相片，那么可以选择一台喷墨打印机，它能为我们提供不错的彩色图形打印质量，而且成本也不高。

**【案例 3-10】 打印机的选购**

在打印机分类的章节中，我们对打印机已经有了初步的了解，在这里我们将根据它的特点来制定选购策略。

#### 1. 打印速度的选择

激光打印机通常情况下只需要大约 10s 预热后就能打印出第一页，每分钟至少可以连续打印输出 10 页至 20 页。喷墨打印机的打印速度也在不断提高，打印黑白图像每分钟也可以打印 10 页以上，打印彩色图像对于中档喷墨打印机来说每分钟也可以打印近 10 页。

目前的打印机中普遍内置了一定容量的内存或硬盘，内存容量与硬盘容量的大小在一定程度上决定了其打印速率，在打印过程中，打印作业存储在内存或硬盘中，打印时只需直接从打印机中调用数据，而不需要再从主机调用被打印的数据，极大地改善了打印速度。

#### 2. 打印纸张处理能力

在打印任务较大时，输入纸匣的多少和存储纸张总容量的大小不仅可以直接反映设备的打印能力或日处理能力，还能间接说明打印设备的自动化程度。另外，用户能够使用多种尺寸和不同厚度的纸张进行打印，也是打印机必不可少的功能之一，所以用户在选择纸张处理能力时，要多多关心这些功能。

#### 3. 打印质量的选择

打印并非只是一味追求打印速度和打印量，随着人们处理数据的类型越来越多，图像、图形、视频、动画、CAD、CAM 和 GIS 等高精度信息内容的打印也会越来越多，打印质量的要求越来越高。

好的技术可以使文本、图像的打印质量高达 1 200dpi 的分辨率，不需要增加额外内存，也不会降低打印机的打印速度，并允许打印机在该分辨率下全速打印。另外，墨盒和墨粉配方在提高网络激光打印机输出质量方面也起到积极作用。

### 4．网络激光打印机各项功能的选择

为了使打印机在网络打印速度和打印品质等方面充分利用网络优势的同时，能更好为网络用户服务，网络激光打印机普遍增加了各种打印特殊功能，且不同的产品、不同的品牌和不同的型号所具有的特殊打印功能也各不相同。因此，用户在选择时务必请考虑自己所注重的特殊打印功能，比如保存打印副本功能、加密打印功能、校对打印功能、作业存储功能、快速复制功能、红外优先打印及作业中断功能和扩展控制面板帮助菜单功能等。

### 5．激光打印机硒鼓的选购

（1）首选原装硒鼓。原装硒鼓是打印机生产商自己生产的打印耗材，其制作上与打印机配合紧密，因此一般来讲只有原装硒鼓才能够打印出最佳的打印效果。

（2）适用打印机的耗材型号。在选择适用打印机的耗材时首先应确定打印机的型号，同一个型号的硒鼓也可能会适用于好几款不同型号的打印机，在选购时应避免购买到无法与打印机相搭配的打印硒鼓。

### 6．喷墨打印机的墨水选购

大家千万别小看墨水的重要性，因为一旦选错或者购买到冒牌货，对打印机的损害可大可小。严重的会使你的打印机墨头堵塞，使打印出来的相片偏色，甚至打印不出某种颜色。因此，购买墨水最好还是根据打印机厂商的提示选择原厂墨水，虽然价格比一些杂牌墨水贵一点，但多一点保障好，不会因小失大。此外，在购买时还要看清楚墨水的型号。大部分厂商包括 EPSON、HP、Canon 和 Lexmark 都会在他们的墨水上印明打印机可以使用的型号，所以选购时不妨仔细一点。由于现今大部分新推出的打印机都有多种墨水可供选择，购买时最好考虑清楚自己通常要打印什么文件，如果是相片，当然应该选择相片墨水。

### 7．打印纸的选购

目前，各大打印机厂商都推出不同的纸张以配合其生产的各种打印机使用。市面上普遍能够买到的打印纸主要分为光面相片纸、相片纸、光面纸、厚相片纸、打印机纸、普通纸和其他纸七大类。而且，除一般的 A4 幅面外，还有 A3 和其他尺寸，甚至有长条形和信封纸。

## 3.3 绘图仪

绘图仪也称大幅面打印机，是能按照人们的要求自动绘制图形的设备，可将计算机的输出信息以图形的形式输出。主要可绘制各种管理图表和统计图、大地测量图、建筑设计图、电路布线图、各种机械图与计算机辅助设计图等。绘图仪也可用于服装、皮革等行业的 CAD 绘图。

## 3.3.1 绘图仪的分类

绘图仪是一种输出图形的硬拷贝设备。现代的绘图仪已具有智能化的功能，它自身带有微处理器，可以使用绘图命令，具有直线和字符演算处理以及自检测等功能。这种绘图仪一般还可选配多种与计算机连接的标准接口。

### 1. 滚筒式绘图仪

滚筒式绘图仪由步进电机、滚筒传动部分、笔架、送纸机构和控制电路组成。这种绘图仪是一台步进电机驱动滚筒旋转，用另一台步进电机直接驱动笔架机构，使绘图仪运动，如图 3-57 所示。绘图纸则紧贴在滚筒的表面，滚筒两端有链轮齿与绘图纸两端的孔齿啮合。

当 X 向步进电机通过传动机构驱动滚筒转动时，链轮就带动图纸移动，从而实现 X 方向运动。Y 方向的运动是由 Y 向步进电机驱动笔架来实现的。这种绘图仪结构紧凑，绘图幅面大，由于使用的是卷筒纸，所以在连续绘图时不需要经常换纸，但这类绘图仪的速度慢、精度不高。

### 2. 平台式绘图仪

平台式绘图仪主要由绘图平台、导轨、驱动电机、传动机构、笔架和绘图笔组成。绘图平台台面一般由硬质橡皮构成，由真空吸附装置将图纸固定在台面上。导轨分为 X 方向和 Y 方向两组。横梁可沿 X 导轨滑动，从而产生了笔架的 X 方向运动，笔架可沿着 Y 方向导轨滑动，把这两个方向的运动组合起来，就能使绘图笔实现绘图所需要的运动。

传动机构的作用是将电机的转动转变为笔架的直线运动，如图 3-58 所示。绘图平台上装有横梁，笔架装在横梁上，绘图纸固定在平台上。X 向步进电机驱动横梁连同笔架，作 X 方向运动；Y 向步进电机驱动笔架沿着横梁导轨，作 Y 方向运动。图纸在平台上的固定方法有 3 种，即真空吸附、静电吸附和磁条压紧。平台式绘图仪绘图精度高，对绘图纸无特殊要求，应用比较广泛。

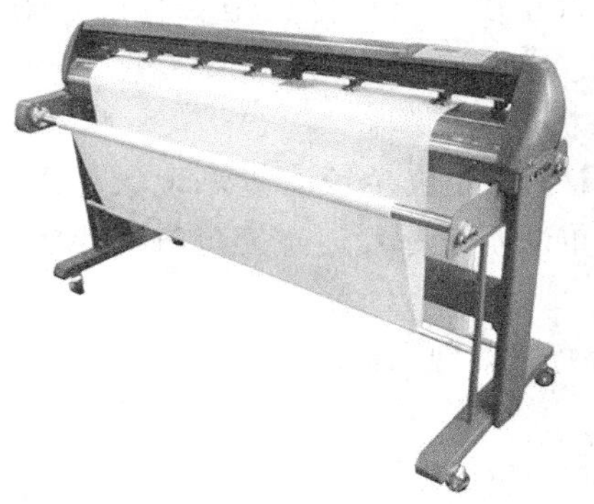

图 3-57 滚筒式绘图仪

图 3-58 平台式绘图仪

## 3.3.2 绘图仪的主要性能指标

绘图仪在绘图软件的支持下可绘制出复杂、精确的图形，是各种计算机辅助设计不可缺少的工具。绘图仪一般是由驱动电机、插补器、控制电路、绘图台、笔架、机械传动等部分组成。绘图仪除了必要的硬设备之外，还必须配备丰富的绘图软件。只有软件与硬件结合起来，才能实现自动绘图。

**1. 速度和加速时间**

速度是指绘图笔作直线运动时所能达到的最高速度。它取决于运动部件的质量和驱动电机的功率。加速时间表示绘图笔达到最大速度所需的时间长短，它主要取决于驱动电机最大转矩和系统的惯量。

**2. 精度**

绘图仪的精度包括定位误差、重复误差和动态误差等几个指标。误差越小，绘图仪的精度越高，越容易绘制出精细、清晰的图形。

**3. 脉冲当量**

当控制系统按计算机发生的指令每给出一个脉冲时，绘图笔相应移动的距离称为脉冲当量或步距。步距越小，则所绘图形的曲线越光滑。一般绘图仪的步距为0.1～0.01mm。

### 3.3.3 绘图仪常见的故障及解决方案

下面简要介绍绘图仪使用过程中常见的故障及其解决方法与技巧。

**【案例 3-11】 显卡故障的诊断与处理**

1. 绘图机安装好之后，打开电源开关，机器没电源。

（1）检查电源线是否插牢或接触不良。

（2）检查电源插线座开关是否打开或插线座是否良好。

（3）检查主机电源开关是否失灵。

（4）检查电源线是否损坏。

2. 软件输出命令已给，绘图机已联计算机，但绘图机不绘图？

（1）数据线是否正确连接或两头是否接触不良。

（2）在软件绘图设置里面，检查端口的选择是否正确，语言格式是否有误（HPGL、DMPL 语言）。

（3）绘图机操作界面上是否按“重定位”或“联机”功能键。

（4）若在“联机”的界面下，从左至右第一个指示灯是红色或有闪烁现象，则关掉主机电源再打开，（此时软件输出文件也要结束任务）重新定位原点，重定位时不要将小车紧靠侧板，以免超出感应距离。

（5）打开左罩壳检查绘图机主机串口内部线是否有脱落现象。

（6）考虑数据线是否损坏。

3. 绘图机在绘制的过程中，机器突然停止。

（1）检查软件的输出文件（plot）是否结束任务或重新启动了计算机，因为排图文件较大绘图机内存较小，数据传输较慢，这属于数据中断现象。

（2）当前计算机端口可能有问题，换一个端口。

（3）若中间的指示灯为红色显示，则为急停，属于主机电容保护，再按 1～3 下即可，接着以前的图形绘制，不影响绘图质量。

（4）考虑数据线是否损坏或更换数据线。

4．后纸卷不送纸或送纸停不下来。

（1）传感器控制盒上的电源开关是否打开。

（2）后横梁上的传感器感应距离过长，则不送纸；传感器感应距离过短，则不停。方法：微调节传感器后面的小螺丝，逆时针旋转调节：感应距离变短，反之则变长。

（3）控制盒失灵，需更换。

5．前纸卷不收纸或收纸停不下来。

（1）传感器控制盒上的电源开关是否打开。

（2）前横梁上的传感器感应距离过短，则不收纸；传感器感应距离过长，则不停，与后卷相反。方法：微调节传感器后面的小螺丝，逆时针旋转调节：感应距离变短，反之则变长。

（3）控制盒失灵，需更换。

6．绘出的图形衣片线接不上。

绘出的衣片线接不上，只有一个问题，就是没有对好纸张。

方法：首先要保证纸卷平整边齐，再抬起压纸杆，将纸张穿过主机并卷绕到前收纸杆上，将整面纸平均拉直，直至水平，用胶带从中间向两边粘住，若粘好之后发现纸张有皱或扭曲现象，则纸张没有对好，需重新对纸。

7．绘图机笔车不能上下抬落。

（1）检查小车线与头缆连接点是否有脱焊现象。

（2）检查笔车线卷点阻值是否正常（约 14Ω）。

（3）手动抬落笔架是否能自如上下，否则小车线圈上固定螺丝松动或塑料件老化变形。

8．打开电源开关，绘图机纵向（送纸轴方向）即有异音或绘出的衣片变形。

（1）打开左边机罩检查同步带是否变软、有断裂现象。

（2）如以上正常；则可能电机有丢步须更换主板。

### 3.1.4 绘图仪的日常维护

为了确保绘图仪的正常工作并延长其使用寿命，在使用时应该注意其日常维护。

#### 1．注意事项

（1）清洁之前关闭绘图机电源。

（2）不要随意给机器各部件添加任何润滑剂。

（3）清洁机器表面时可使用少量的酒精或无腐蚀性的亮光去污剂清洁，不要使用例如苯或其他带有腐蚀性的溶液，以免造成机器表面损伤。

#### 2．整机维护

使用酒精或无腐蚀性的亮光去污剂，擦试机器表面。使用干净柔软的布轻轻擦拭操作面板和显示屏。

#### 3．送纸轴维护

因为绘图机长时间在车间停放，纸屑、粉尘和布绒会落在送纸轴上，需经常清洗。首先将压纸杆抬起，压轮升高，然后用牙刷或工业用的毛刷子，将灰尘和碎屑清除，当旋转钢刺轴时使用刷子水平清理（扫）。如果灰尘积累太多就可能妨碍正常走纸和降低绘图精度。

**4．压轮维护**

抬起压纸轮，压轮座升高，用软布轻沾酒精擦拭。

**5．笔座、裁刀座维护**

如果材料碎屑粘在笔座和刀座帽的内部，拧开笔帽或刀帽将碎屑清理干净即可。

**6．卷纸筒维护**

因为经常粘纸胶带会使布绒、灰尘与其粘合形成黑痕迹，需使用酒精擦拭。

**7．边罩维护**

擦试时使用无腐蚀性的去污剂，这样能使机盖板光亮、平滑。

## 3.4 小结

以上对各种最常见的输出设备逐一做了介绍，并对它们的产品类型、工作原理做了简要的讲解。在本章节中，主要是详细介绍这些设备的使用方法以及选购技巧，使得同学们在学习了本章节后，能够熟练操作这些设备；当遇到一些常见的故障时，能够结合本章节中介绍的故障处理方法进行处理。

在掌握各种计算机输出设备时，应对各种输出设备的类型、工作方式以及今后的发展方向有一个清晰的认识。随着计算机硬件技术的高速发展，产品的更新、淘汰是不可阻挡的发展规律，也许在今年还是高端产品，到了明年就成了过时产品，因此在选购硬件设备时，应考虑到购买的硬件产品的兼容性与可扩展性，以避免被过早地被淘汰。通过以上对电脑硬件产品选购的介绍，可以归纳出如下几点。

- 根据个人的经济能力来选购适合自己的产品。
- 在选购硬件产品时，应通过了解产品的各项性能指标来决定选择何种产品。
- 购买品牌产品，有助于保证产品的质量与售后服务。

另外，通过掌握其中一种设备的使用方法，当使用其他同类型的设备时，也能参考相应的使用方法来完成设置。比如，掌握了激光打印机的使用设置方法后，当使用喷墨打印机时，也可以使用同样的方法来完成设置，比如打印机共享、取消打印任务等。

## 3.5 习题

（1）我们常见的输出设备主要包括哪些？

（2）显示器的发展方向是什么？

（3）显示器与显卡的选购方法是什么？两者是否需要综合搭配？

（4）如何选购一台激光打印机？

（5）打印机分为哪几种类型？其各自的发展方向是什么？

（6）在选购打印机时，应根据哪些因素来选择一台适合自己使用的打印机？

# 第4章 外部存储设备

随着计算机技术的迅猛发展，存储技术也发生着日新月异的变化，各种计算机辅助存储设备越来越多，其存储容量也越来越大。早期存储容量小的磁带存储器、软盘都已经逐渐被 U 盘、移动硬盘等大容量的存储设备所淘汰。在本章中，主要介绍几种目前最常用的存储设备。

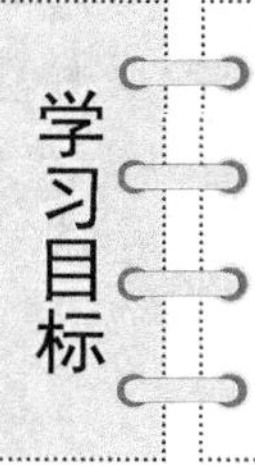


- 了解光存诸设备的种类和用途。
- 了解各种光存诸设备的主要性能指标。
- 掌握光存储设备的选购要点。
- 掌握常见的移动存储设备的使用方法。
- 掌握移动存储设备的维护技巧与常见故障排除。

## 4.1 光存诸设备

光盘存储技术是 20 世纪 90 年代应用最为广泛的高新技术之一。作为计算机大容量存储设备的 CD-ROM 驱动器，现已广泛应用于各种计算机系统中，并已成为个人计算机系统的标准配置，现已成为了多媒体计算机的基本配置设备。

### 4.1.1 光存储设备概述

光存储设备常被简称为光驱，光存储设备所使用的数据存放介质被称为光盘，由于其存储容量大、价格便宜、保存时间长，是许多软件和数据采用的存储介质。从 CD、DVD 再到 HD-DVD 和 BD，光盘的存储量越来越大，技术也越来越先进。

#### 1. 光存储设备分类

光存储设备种类丰富，目前主要从以下两个方面进行分类。

（1）按照安装位置分类。光存储设备分为台式计算机内置光驱、笔记本电脑内置光驱和外置通用光驱三种。

① 台式计算机内置光驱安装在主机箱内部，是 DIY 市场中最为普遍的光存储产品类型。

② 笔记本电脑内置光驱薄、轻、省电、价格高，其牢固度要远低于台式机内置光驱。

③ 外置通用光驱则是通过外部接口连接在主机上，主要是针对需要移动工作的用户，更多的是强调移动性，在性能、数据传输率、体积、重量等方面都受到制约，要逊色于内置式光驱，而且价格要远远高于内置式。

（2）按照读写类型分类。按读写光盘的类型可以将光存储设备分为 CD-ROM、CD-R、

CD-RW、DVD-RAM 驱动器、DVD 刻录机（DVD-RAM、DVD-R/RW、DVD+R/RW）、蓝光刻录机、HD DVD 光驱等。

① CD-ROM、CD-R、CD-RW。光盘存储器是利用激光的单色性和相干性，通过调制激光把数据聚焦到记录介质上，使介质的光照区发生物理和化学变化以写入数据，由光盘驱动器和光盘片组成的。早期的光存储设备主要有 3 种。

- 只读型光盘存储器（CD-ROM）。
- 只写一次型光盘存储器（CD-R）。
- 可重写型光盘存储器（CD-RW）。

进行读/写操作时，遵循以下基本原理：写入信息时，将激光聚焦成直径不超过 1 μm 的激光束照射到记录介质上，使其局部加热到能把介质熔化，形成一个小凹坑，改变光学特性。读出信息时，光电检查电路根据被激光照过的介质和没有被照过的介质对光的反射率不同，便可读出所存储的信息。

光盘存储器的优点如下。

- 存储容量较大（与当时其他存储设备相比）。
- 可靠性高。
- 存取速度高。

不过，随着光存储技术的飞速发展，这些光存储设备已经逐渐淡出市场。

② DVD-ROM 驱动器。DVD-ROM 驱动器是一种可以读取 DVD 盘片的光驱，兼容早期的 CD-ROM 等常见的格式。DVD-ROM 驱动器分台式计算机内置型、笔记本电脑内置型和外置型 3 种。

DVD 的单倍速是 1358KB/s，而 CD 的单倍速是 150KB/s，DVD 大约为 CD 的 9 倍。目前 DVD-ROM 驱动器所能达到的最大 DVD 读取速度是 18 倍速；最大数据传输率为 27MB/s，缓存容量从 198KB 至 256KB 不等。接口类型有 IDE 和 SATA 两种。

③ DVD 刻录机。DVD 刻录规格并没有建立起统一的规格，目前有三种不同的刻录规格（DVD-RAM、DVD-R/W、DVD+R/W），而且三种规格互相基本不兼容，三种规格都有各自支持的厂商。在市场上 DVD+R/W 和 DVD-R/W 占据主流，DVD-RAM 的市场份额较小。

目前多数刻录机都支持 DVD-ROM、DVD+R DL、DVD+R、DVD+RW、DVD-R DL、DVD-R、DVD-RW、DVD-RAM、DVD Video、CD-ROM、CD-R 和 CD-RW 等多种类型。

DVD 刻录机技术参数包括：适用类型、最大 DVD 刻录速度、最大 DVD 读取速度、最大 CD 刻录速度、最大 CD 读取速度、最大双层盘片刻录速度、安装方式、接口类型、缓存区容量，以及是否带有防烧死技术、防止光盘破裂功能等。

④ 蓝光刻录机。蓝光刻录机是指基于蓝光 DVD 技术标准的刻录机。DVD 使用 MPEG2 压缩标准，可以存储广播级效果的电影。但随着 HDTV 的升温，按照现行的 DVD 标准，一张 DVD 光盘可容纳的 HDTV 节目时间不到 1h，无法完整记录一部电影。而且，HDTV 节目的分辨率也远远高于现有的 DVD 规格，前者有 720p（1280×720）、1080i/p（1920×1080）等格式，而后者仅支持 480p（640×480）。

另一方面，目前盗版 DVD 已呈洪水泛滥之势，各大影片商都期待下一代 DVD 规格能在知识产权上给予有力的保护。基于上述情况，国际 DVD 论坛组织陆续通过了两种新

DVD 标准：蓝光和 HD DVD。HD DVD 标准由东芝领衔，使用 8/15 编码信号处理，单面单层容量可达 17～27GB，其主要卖点是制造成本比蓝光低。而蓝光 DVD 标准由索尼领衔，以松下、日立、三星、飞利浦等为代表。蓝光 DVD 单面单层容量为 23.3/25/27GB，单面双层容量为 50GB。不过，市售的蓝光和 HD DVD 光盘片及驱动器都比较贵。

### 2. 光存储设备的工作原理

光存储设备的数据存放介质是光盘，光存储设备在工作时分为读取数据和刻录数据两个过程。

（1）CD-ROM 简介。CD-ROM 是计算机早期所使用的光盘规格，其读取光盘片的设备称为光驱（CD-ROM），储存在光盘片上的数据是以激光读取的，而非磁性方式读取，所以光盘的保存可长达数十年。它又被称为致密盘只读存储器，是一种只读的光存储介质。

CD-ROM 是利用原本用于音频 CD 的 CD-DA（Digital Audio）格式发展起来的。其他的格式，如 CD-R（CD-Recordable）和 CD-RW（CD-Rewritable）则是使光盘增加了可写入的能力。计算机所使用的光盘片格式与普通唱盘所播放的音乐光盘（CD）格式相同，一片光盘片的数据容量高达 650MB（74min），约为 450 片的 1.44MB 软盘片之多。一般软盘片是可擦写的，但光盘片只能读取数据，而不能写入数据（如果有 CD-R 可烧录式光驱及 CD-R 空白片加上烧写软件，则可以在光盘片上写入数据）。目前大多数的计算机都将 CD-ROM 列为标准配备，而 CD-ROM 的转速从 1 倍、2 倍、…、24 倍、32 倍，到现今最快的 52 倍，速度的世代交替非常快，另外计算机系统所使用的光盘片也称为 CD-Title。长久以来，CD-ROM 驱动器一直都被认为是大多 PC 的标准设备。

CD-ROM 是一种只读光存储介质，它的直径为 120mm（4.72 英寸），厚度为 1.2mm（0.047 英寸）。CD-ROM 与普通常见的 CD 光盘外形相同，但 CD-ROM 存储的是数据而不是音频。

PC 里的 CD-ROM 驱动器读取数据和 CD 播放器方式相似，主要区别在于 CD-ROM 驱动器电路中引进了检查纠错机制，保障读取数据时不发生错误，其外形如图 4-1 所示。

图 4-1 明基 CD-ROM

（2）光驱的工作原理。读取光盘数据的光束是由光驱中的激光头（激光二极管）发射出的。它由内至外，在 Table-of-Contents 区域中定位，发出光波，经过透镜聚焦在这些连肉眼都看不见的小坑上。当光束在这些凹凸的区域上移动时，反射的光也会随之有强弱变化。当照在凹进时，反射光散射；当照在凸起时，反射光就会强度无改变的发射回来；当光波照射由凹进到凸起的过程时，反射光也随之发生变化。这些反射光经过折射镜反射到电极二极管，前两种反射光会持续一定的时间，就表示二进制数据中的 0；后一种反射光的变化就表示二进制数据中的 1。然后把这些资料传送到缓存，再一次性传输到系统中。

### 3. 光存储设备的主要性能指标

衡量光驱性能指标的最重要参数是数据传输率，其他还有平均寻址时间、数据传输模式、CPU 占用时间、缓存容量以及纠错能力等。

（1）平均寻址时间（average seek time）。该指标是指光储产品的激光头移动定位到指定将要读取的数据区后，开始读取数据到将数据传输至缓存所需的时间，同样也是衡量光存储产品的重要指标，单位是毫秒。CD-ROM 平均读取时间为 80～110ms，时间越短越好，一般不超过 95ms。

（2）倍速。CD-ROM 的速率是指数据传输率，最初的单倍速传输率相当于音频 CD 的标准：150KB/s（千字节/秒）。CD-ROM 的倍速均是单速的倍数，即 4×（4 倍速）、8×（8 倍速）及 16×（16 倍）等。倍速的大小直接与数据的读取、传输速度相关联。

DVD 基准速率为 1.35MB/s（1×），如 20×光驱最大数据传输速度为 27MB/s。BD-ROM 基准速率为 4.5MB/s（1×）。最大数据传输速度指激光头在光盘最外圈读写数据所达到的最大值，光盘内圈数据传输速度大约为外圈的一半左右。

（3）突发数据传输率（burst data transfer rate）。该指标表明驱动器瞬时的最大数据吞吐量，这对于连续平滑快速地播放图像十分重要。这个指标越高，读取同样数量的数据所占用的 CPU 时间越少，CPU 就能够留出更多的时间去进行其他工作。

（4）缓存区容量（buffer size）。光存储驱动器都带有内部缓冲器或高速缓存存储器。通常用 Cache 或者 Buffer Memory Size 表示。这些缓冲器是实际的存储芯片，安装在驱动器的电路板上。它的作用是提供一个数据缓冲区域，将读取的数据暂时保存，然后一次性进行传输和转换，目的是解决光驱与计算机其他部分速度不匹配的问题。

CD/DVD 典型的缓冲器大小为 128KB，不过具体的驱动器可大可小（通常越多越好）。CD-ROM 一般有 128KB、256KB 及 512KB 几种。当增大缓存容量后，光驱连续读取数据的性能会有明显提高，因此缓存容量对光驱的性能影响相当大。目前普通光驱大多采用 198～256KB 缓存容量，而刻录机一般采用 2～8MB 缓存容量。

（5）多格式支持。指 DVD-ROM 光盘驱动器能支持和兼容读取多种盘片。一般来说，一款合格的 DVD-ROM 光盘驱动器应支持目前市面上主要的各类盘片，而且兼容性应良好。

（6）接口类型。目前市面上的光驱接口主要有 IDE、USB、SCSI 和 SATA 接口等。后两种接口的传输速度较快，但是 SCSI 接口的 CD-ROM 价格较贵、安装较复杂，且需要专门的转接卡，因此对一般用户来说应尽量选择 SATA 或 IDE 接口的光存储设备。

现在的 IDE 接口的传输速率最高可达 133MB/s，SATA150 接口的传输速率最高可达 150MB/s，而 18 倍速的 DVD-ROM 的实际需要的速度只有 18×1358KB/s =24.444MB/s，选用哪种接口基本都能满足传输速度要求。

（7）纠错能力。纠错能力是指光驱对一些数据区域不连续的光盘进行读取时的适应能力。纠错能力强的光驱，能很容易跳过一些坏的数据区，而纠错能力差的光驱在读取坏数据区域时会感觉非常吃力，容易导致系统停止响应或死机等。

（8）震动、噪声和发热。由于光驱高速旋转的主轴电机带来的震动、噪声、发热等对光盘有一定的影响，因此选择有防震机构、静音性能好的产品对光驱和光盘都有好处。此外具有高速音轨捕捉的光驱产品，借助软件可以直接在 CD 上抓取高效压缩、音质纯正的 MP3 数字音乐文件。

### 4.1.2 DVD -ROM

随着社会的进步和信息时代的到来，所要存储的信息量也越来越大，从而要求计算机存储设备的容量和性价比越来越高，DVD 也相应地产生了。DVD 是继 CD 之后的新一代数码音频格式，目前已成为光存储设备中的主流产品。

1．DVD 简介

DVD（Digital Video Disk，数字视频光盘或数字影盘）利用 MPEG2 压缩技术来存储影像，是一种能存储高质量视频、音频信号和超大容量数据的新一代光盘媒体产品。它集计算机技术、光学记录技术和影视技术等为一体，其目的是满足人们对大存储容量、高性能的存储媒体的需求。

2．DVD-ROM 的外观结构

DVD-ROM 的外观如图 4-2 所示，前面板的各控制键的功能如图 4-3 所示。其后面板的各控制键的功能如图 4-4 所示。按照如图 4-5 所示设置跳线可以将 DVD-ROM 设置为主从驱动器。

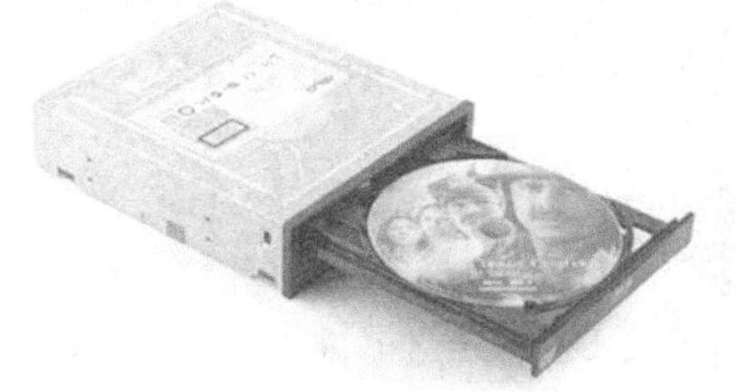

图 4-2　DVD-ROM

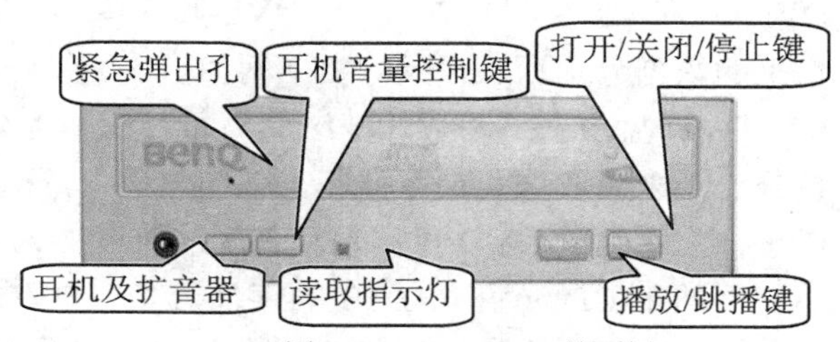


图 4-3　DVD-ROM 前面板

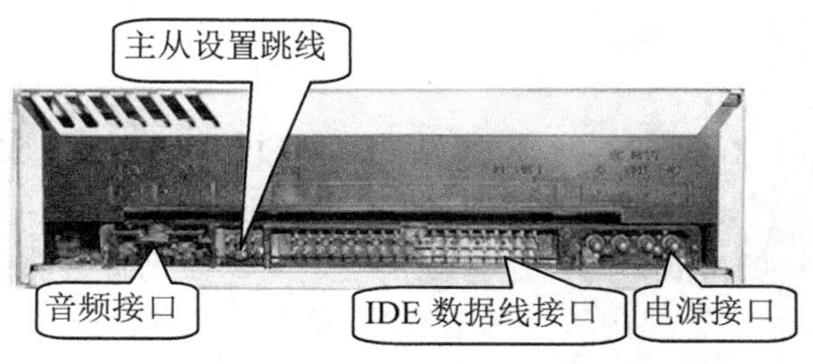


图 4-4　DVD-ROM 后面板

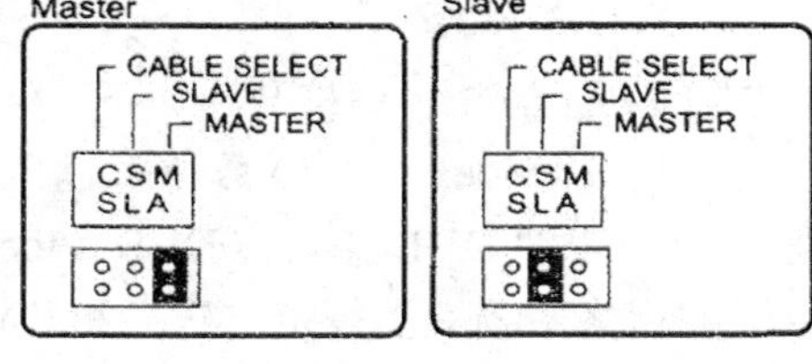


图 4-5　设置为主从驱动器

3．　DVD 光盘的物理结构

光驱是一个结合光学、机械学和电子学的产品，激光二极管发出一定波长的激光束，照射光盘后，通过反射信号来检测数据。在光盘上有两种状态：凹坑和空白，激光照射到这两种状态时反射信号不同，从而识别不同的数据，如图 4-6 所示。

DVD 是一种能存储高质量视频、音频信号和超大容量数据的光盘媒体产品。从外观上看，DVD 光盘与 CD/VCD 盘相似，但实质上两者之间有本质的差别。

CD 的最小凹坑长度为 0.83μm，道间距为 1.6μm，采用波长为 780～790nm 的红外激光器读取数据，而 DVD 的最小凹坑长度仅为 0.4μm，道间距为 0.74μm，采用波长为 635～650nm 的红外激光器读取数据。正因为 DVD 数据存放密集度远高于普通 CD，虽然与 CD 光盘同样大小，但 DVD 光盘数据容量要大很多。二者对比如图 4-7 所示。并且，为了保证高密度数据的读取，DVD 采用 RS-PC（Reed Solomon Product Code，纠错编码方式）和 8/16 信号调制方式，确保数据读取可靠。

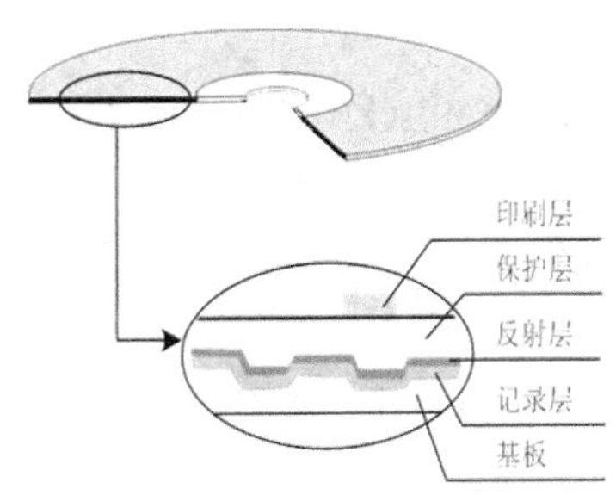


图 4-6 光盘的结构

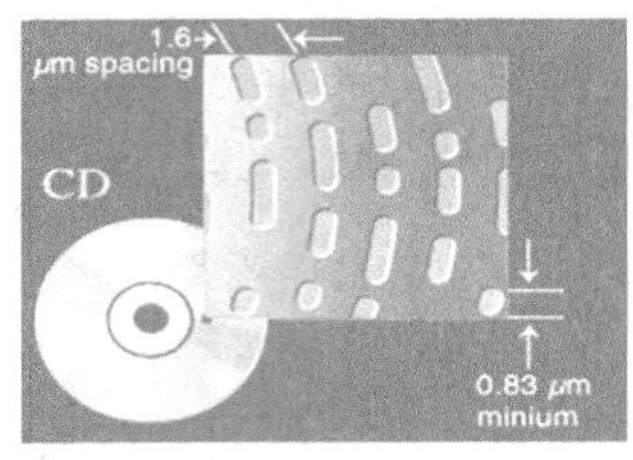


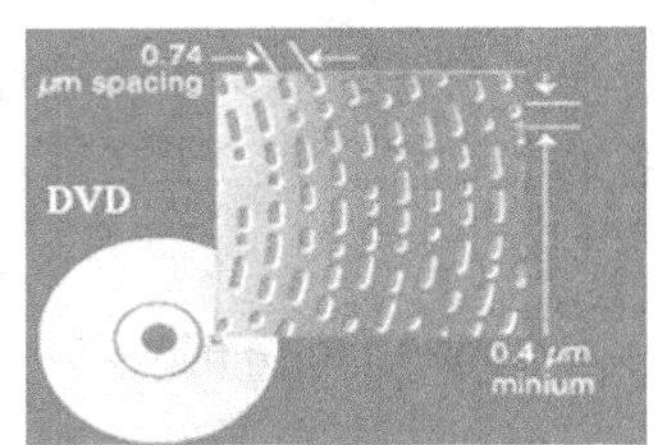


图 4-7 CD 和 DVD 盘片对比

此外，按单/双面与单/双层结构的各种组合，DVD 可以分为单面单层、单面双层、双面单层和双面双层四种物理结构，因此根据容量的不同可将 DVD 分成四种规格，分别是 DVD-5、DVD-9、DVD-10 与 DVD-18。单面 DVD 盘可能有一个或两个记录层，双面 DVD 盘上的数据分别存放在盘的上下两面。

DVD 盘由上下两片片基组成，每片片基上最多可以容纳两层数据，DVD 光头能够通过调整焦距来读取这两层数据。在制作过程中，把数据读取面向外，两片片基粘合在一起，就成了一张完整的 DVD 盘。每片基底的厚度均为 0.6mm，DVD 光盘的厚度为 1.2mm。

不同于 CD 光盘 650MB 的存储容量，DVD-ROM 光盘的存储容量已达到了 18GB。单面单层 DVD 的容量为 4.7GB（约为 CD 容量的 7 倍），扩展到单面双层就可达 8.5GB，而最高容量的当属双面双层 DVD，高达 17GB（约为 CD 容量的 26 倍）。

### 4．DVD 的规格

DVD 产品的 5 种规格分述如下。

（1）DVD-Video：DVD 数位影音光盘（家用的影音光盘）。用途类似 LD 或 Video CD。市面上所销售的 DVD 影片（DVD-Video），在其包装上均会有“DVD-Video”字样。DVD-Video 的规格主要就是规范与定义影片资料的格式，透过这个规范与定义，让所有目前的家用播放设备能够正常地进行播放 DVD 影片，让使用者能够轻易地播放，并且在家中通过 DVD 播放机、扩大机和音响喇叭来享受原本在电影院中可享受到的画质与音响效果。

（2）DVD-ROM：计算机软件只读光盘，用途类似 CD-ROM。

（3）DVD-R：限写一次的 DVD，用途类似 CD-R。

（4）DVD-Audio：音乐盘片，用途类似音乐 CD。

（5）DVD-RAM：可重写光盘。DVD-RAM 是一种由先锋、日立以及东芝公司联合推出的可写 DVD 标准，它使用类似于 CD-RW 的技术。但由于在介质反射率和数据格式上的差异，多数标准的 DVD-ROM 光驱都不能读取 DVD-RAM 盘。

在计算机上使用的是 DVD-ROM 和 DVD-RAM。

### 5．DVD-ROM 的主要性能指标

目前 DVD 光驱的装入结构主要分托盘式和吸盘式两种。托盘式光驱设计简单，安全性能高，使用起来比较简单；吸盘式光驱的安装方式自由度大，但同时也有卡盘的隐患。

（1）DVD-ROM 读取速度。DVD-ROM 读取速度是指光驱在读取 DVD-ROM 光盘时，所能达到的最大光驱倍速。该速度是以 DVD-ROM 倍速来定义的。目前 DVD-ROM 驱动器所能达到的最大 DVD 读取速度是 16 倍速，DVD 刻录机所能达到的最大速度的也

是 16 倍速。

（2）随机平均读取时间。与 CD-ROM 平均读取时间相比较，DVD-ROM 的读取时间要稍长些。目前大部分的 DVD 光驱的 CD-ROM 平均读取时间在 75～95ms 之间，而 DVD-ROM 的平均读取时间则在 90～110ms 之间。

（3）缓存区容量。DVD-ROM 一般有 128KB、256KB 及 512KB 几种标准的缓冲或高速缓存，只有个别的外置式 DVD 光驱采用了较大容量的缓存。

（4）区域代码。区域代码是日本和美国竞争妥协的结果，因为 DVD 的硬件技术主要掌握在日本人手里，而其软件及计算机技术美国人又占了主导地位。它们生产的 DVD 产品上都标注了使用的区域代码。购买在中国使用的 DVD 产品，注意在产品上应标有中国区域代码。

（5）多格式支持。多格式支持是检验 DVD 驱动器的一个重要特征，除了 DVD-ROM、DVD-Video、DVD-R 和 CD-ROM 等常见格式外，对于 CD-R/RW、CD-I 以及其他的格式都应给予充分的支持，这实际也是产品兼容性的体现。

#### 6．典型产品

作为一款合格的 DVD 光驱，它必须兼容多种数据格式，包括 DVD-ROM、DVD-Video、DVD-R、CD-ROM 及 CD-R/RW 等，当然兼容的格式越多越好。

以下介绍两款目前的主流 DVD-ROM 产品。

（1）三星 TS-H353C。光驱倍速 16×（DVD-ROM）/48×（CD-ROM）；最大数据传输率 21 600KB/s；平均访问时间 130ms；缓存 198KB；接口类型 SATA；产品如图 4-8 所示。

（2）华硕 SDR-08B1-U。接口类型：USB 2.0；DVD-ROM 读取速度：8×；CD-ROM 读取速度：24×；缓存区容量：2MB；产品如图 4-9 所示。

图 4-8　三星 DVD 光驱

图 4-9 华硕 DVD 光驱

### 4.1.3　光盘刻录机

当拥有的数据资料越来越多，需要保留的音频、视频文件越来越大，容量有限的硬盘可就不够用了。这个时候就需要光盘刻录机大显身手。将重要的资料迅速做成一张张光盘，不但利于保存，还便于携带、使用。现在就来介绍这个保存的利器——光盘刻录机。

#### 1．光盘刻录机的工作原理

除了只能读不能写的只读型 ROM（Read-Only Memory，只读存储器）光盘外，还有可写一次 R（Recordable，可记录）与反复擦写 RW（ReWritable，可重写）的光盘。它们除了可以被读取之外，还都能够写入数据。

CD-R/DVD±R 与 CD-RW//DVD±RW 之间的差别是：±R 只能写一次，不能擦掉后重写；而± RW 则可以反复擦写。

这几种光盘的记录原理与普通光盘是不一样的。它们借助激光的精确定位与局部加热，利用某些特殊材料在激光加热前后的反射率不同来记忆“1”和“0”，若这种材料的相变是不可逆的则为±R，可逆的就是± RW；而普通的只读光盘则是利用在盘上压制凹坑的机械办法，利用凹坑（pit）和岸台（land）及它们的交界处（凹坑边缘）对激光的反射率不同来记录和读取“1”和“0”。

#### 2. DVD 盘片格式分类

DVD-SuperMulti 实现了三大 DVD 刻录机规格的统一，不过目前 DVD 盘片规格却主要有 DVD-R、DVD-RW、DVD-RAM、DVD+R、DVD+RW 五种，还有尚未普及的“蓝光技术”。在购买刻录光盘之前，先要了解你的刻录机所支持的格式，以及哪种格式的盘片最适合你，然后再去购买就简单又轻松了。

（1）DVD-RAM。DVD-RAM 是由先锋、日立、东芝公司联合推出的 DVD 标准，单面容量为 4.7GB，双面容量为 9.4GB。DVD-RAM 的优点就是格式化时间很短，不足 1min 就可以使用，而且不需要特殊软件就能进行写入和擦写。不过早期的 DVD 光存储都不支持这个规格，兼容较差是该产品的最大缺点，因此大家在购买之前要看清产品是否支持该格式。

（2）DVD-RW。DVD-RW 是由著名的先锋公司提出来的，该规格能以 DVD 视频格式来保存数据，也就是说刻录的光盘能直接在影碟机上播放。不过它每次刻录都需要花费一个半小时左右来格式化，并且诸如防刻死技术、纠错管理功能等特性都不支持，因此使用起来比较麻烦。

（3）DVD+RW。DVD+RW 是目前最易用、与现有格式兼容性最好的刻录标准，由理光、飞利浦等公司联合推出，DVD+RW 也是目前唯一与 DVD 光驱、DVD 播放器完全兼容的格式，也就是在电脑应用领域的实时视频刻录和娱乐应用领域的随即数据存储方面完全兼容的可重写格式。同时随着成本下降，DVD +RW 越来越受到关注，并且成为微软公司唯一支持的 DVD 刻录标准，非常适合目前消费者应用需求。不过缺点就是只能用 DVD+RW、DVD+R 盘片，并且需要专门的刻录软件支持。

（4）DVD-R 与 DVD+R。DVD-R 是由 Pioneer 公司所主导发展的 DVD 规格，兼容性非常不错，具有对于一般 DVD 播放机 100%的互换性。而后以 SONY、PHILIPS、理光以及 HP 等主要会社为首的 DVD Alliance 对 DVD-R 做了改进，推出另外一种新的方式——DVD＋R 架构，可以让使用者在记录一次资料之后，还有可以继续使用剩余的光盘片资料记录空间，也就是允许使用者用多次的方式来分批记录资料。

（5）DVD-Multi 与 DVD-Dual。DVD-Multi 技术以 DVD-RAM 为主要架构，兼容 DVD-RAM、DVD-R、DVD-RW、CD-R/CD-RW 等规格在专业和视频等领域有更强的实力，不过并不能支持 CD-R/CD-RW 格式，所以不适合普通用户。DVD-Dual 是索尼公司推行的标准，支持 DVD+R/RW 和 DVD-R/RW 刻录标准，因此更适合大众用户选购。这两种规格主要是整合前面 5 种格式，并不能算作一种新规格，这里只是提出来供大家参考。

**【知识拓展】**

在选购刻录光盘的时候会发现，有 DVD+R 和 DVD-R 两种产品，容量、结构也都相

同，它们的区别在哪里呢？

DVD-R 的光头定位精确度低，且寻址方式的信号辨识度较差，当刻录倍速较高时，会出现寻址不易的情况，所以 DVD-R 的高倍速刻录难度相对要大。

而 DVD+R 则正好相反，光头定位精度高，寻址方式比前者好，容易实现高倍速刻录，因此大多数的 16×DVD 刻录盘都是 DVD+R。另外 DVD+R 采用恒定角速度刻录，比 DVD-R 的恒定线速度刻录更快，读写性能要优于 DVD-R 格式。因此 DVD+R 有着更好的可编辑性，更适合消费者选购。



### 3. 光盘刻录机的主要技术性能指标

光盘刻录机的主要技术性能指标包括以下内容。

（1）光盘刻录机的速度。就是读取速度和写入速度，而后者才是刻录机的重要技术指标。市场上常见的有 8×、10×、12×、16×、24×[Max]的读取速度和 2×、4×、5×、6×、8×的写入速度。在实际的读取和写入时，由于光盘的质量或刻录的稳定度，读取的速度会降为 6 速、4 速甚至倍速，刻录的速度也会降至倍速或单速。当然，高速就意味着更少的刻录时间。

（2）接口方式。光盘刻录机按 SCSI 接口方式分，内置的有 SCSI 接口和 IDE 接口，外置的有 SCSI、并口以及目前最新的 USB 接口等。SCSI 接口（无论外置内置）在资源占用和数据传输的稳定性方面要好于其他接口，系统和软件对刻录过程的影响也低很多，因而它的稳定性和刻录质量最好。但 SCSI 接口的刻录机价格较高，还必须另外购置 SCSI 卡。IDE 接口的刻录机价格较低，兼容性较好，可以方便地使用主板的 IDE 设备接口，数据传输速度也不错，不过对系统和软件的依赖性较强，刻录质量要稍逊于 SCSI 接口的产品。而其他接口的刻录机并不常见。

（3）资料缓冲区的大小。缓存的大小是衡量光盘刻录机性能的重要技术指标之一，刻录时数据必须先写入缓存，刻录软件再从缓存区调用要刻录的数据，在刻录的同时后续的数据再写入缓存中，以保持要写入数据良好的组织和连续传输。如果后续数据没有及时写入缓冲区，传输的中断则将导致刻录失败。因而缓冲的容量越大，刻录的成功率就越高。市场上的光盘刻录机的缓存容量一般在 512KB 至 2MB 之间，最大的有 8MB 缓存的产品，建议选择缓存容量较大的产品，尤其对于 IDE 接口的刻录机，缓存容量很重要。

（4）兼容性。兼容性分为硬件兼容性和软件兼容性，前者是指支持的 CD-R 的种类，CD-R 分金盘、绿盘和蓝盘；后者是指刻录软件，光盘刻录机是要有相应的驱动程序才工作的，要尽量选择型号较普遍的、产量大的机器，这样支持的刻录软件才多。

（5）使用寿命和刻录方式。刻录机的寿命用平均无故障运行时间来衡量，一般的刻录机寿命为 12 万～15 万小时，这是指光盘刻录机使用寿命，如果不间断地刻录，大概寿命 3 万小时。

（6）刻录机的支持格式。一般的刻录机都支持 Audio CD、Photo CD、CD-I/MPEG、CD-ROM/XA、CD-EXTRA、I-TRAX CD 与 CD-RW CD 等格式。而最新的 CD-RW 刻录机将支持 CD-UDF 格式，在支持 CD-UDF 格式的软件环境下，CD-RW 刻录机具有和软驱一样的独立盘符，用户无需使用专门的刻录软件，就可像使用软驱、硬盘一样直接对 CD-RW 刻录机进行读写操作了，这样就大大简化了光盘刻录机的操作，给用户带来了极大的方便。

（7）刻录方式。除整盘刻写、轨道刻写和多段刻写三种刻录方式外，刻录机还应支持增量包刻写（Incremental Packet Writing）刻录方式。增量包刻录方式是为了减少追加刻录过程中盘片空间的浪费而由 Philips 公司开发出的。其最大优点是允许用户在一条轨道中多次追加刻写数据，增量包刻录方式与软硬盘的数据记录方式类似，适用于经常仅需备份少量数据的应用。而且它有一种机制，当数据传输速度低于刻录速度时，不会出现“缓冲存储器欠载运行错误”而报废光盘，即它可以等待任意长时间，让缓冲存储器灌足数据。



**4．典型产品**

作为普通消费者来说，在选购刻录机时不要盲目追求刻录速度，新机型上市后需要一段时间发现问题，解决问题的适应时间，当它确实已经成熟、完善后，其售价也接近我们的承受范围，为其配套的光盘片也大量出现，这时就是最佳的购买时机了。下面介绍一些常见的刻录机。

（1）先锋 DVR-219CHV。接口类型：SATA；刻录机规格：DVD-R/+R/-RW/+RW/-ROM/R DL；最大 CD 刻录速度：24×；最大 CD 复写速度：40×；最大 DVD 刻录速度：8×；缓存区容量：2MB；产品如图 4-10 所示。

（2）华硕 DRW-24D1ST。接口类型：SATA；刻录机规格：DVD-R/+R/-RW/+RW/-ROM/R DL；最大 CD 刻录速度：48×；最大 CD 复写速度：32×；最大 DVD 刻录速度：16×；缓存区容量：2MB；产品如图 4-11 所示。

图 4-10　先锋刻录机

图 4-11　华硕刻录机

## 4.1.4　光存储设备的选购

由于市场上光存储设备的品牌众多，生产厂商不断推出新产品，使得竞争非常激烈，下面根据不同需求的用户来介绍怎样选购光存储设备。

**1．光盘的选购**

大家购买光盘时想必经常会遇到购买的光盘出现无法读盘的现象，或者里面的数据资料与封面不一致等问题。而且更严重的是，质量差的光盘可能会造成光驱的读盘能力下降、容错能力下降和噪声变大等问题。下面为选购光盘的基本要点。

（1）光盘材料。劣质光盘在盘片的材料质量上不过关。有些光盘只要稍微用力掰，就会出现断裂或弯曲现象。而质量好的光盘，它的柔韧度就比较好，一般是不会出现断裂或弯曲现象的。

（2）制作工艺。在制作工艺上，若在刻录坑时，高低相近或密度不均，铝层又薄，导致反射在光敏电阻上的光线比较弱，从而使输出的数字信号弱，满足不了光敏电阻的感应范围，就造成光驱读不了盘。这就得加大激光头的激光功率，降低光驱的使用寿命。大家可以将光盘的数据面反过来，通过光的折射，应首选表面光亮、色泽均匀的光盘。切不可选择数据面有划痕、变形，或有其他污垢的光盘，否则会造成在光驱读取时产生激光头定位偏差，造成反复读取数据。

（3）光盘厚度。光驱在读光盘时，它的读写头并没有直接与盘面接触，而是悬在盘的表面检测从光盘表面反射的激光差异，进而转换为数据。如果盘片太薄或太厚，都可能会导致读取光盘时，出现数据读出错误或盘片读不出等现象。现在高倍速光驱的转速较快，特别是盘片太薄时，不仅会带来更多的噪声，而且使发热量增加。特别是薄的光盘片耐热能力较差，长期使用可能会使光盘变形，自然会造成读盘不顺利。笔者并不是要大家在购买光盘时，拿直尺去量光盘的厚度，只要用手来感觉一下就可以了。

（4）光盘的数据量。我们知道，并不是每张光盘都刻满了数据。如果光盘的数据面的银白色区域比较饱满，也可以换句话来说，如果银白色区域的最外沿与光盘的最外沿的距离越小，就说明此盘存放的数据比较多。其实最好的办法，是直接在电脑上查看实际数据。

（5）品牌。常见的光盘品牌有 Sony、华硕、Acer、NEC、源兴、美达、Philips 和三星等。品牌产品的价格虽然比较高，但质量好，保修的时间也长，不少光驱还提出了一年包换的服务。所以购买时应加以考虑。

#### 2．DVD-ROM 的选购

随着价格逐步地贴近消费者，DVD-ROM 无疑已经成为目前消费者装机时的首选之一。虽然以 DVD 为存储介质的数据盘还很少见，但是 DVD 影碟那低廉的价格已足以成为我们选择 DVD 的理由。

选购一款好的 DVD-ROM 可以从以下 6 个方面考虑。

（1）品牌。选择一个值得信赖的品牌，好的品牌能提供可靠的质量保证和优质的售后服务。品牌大厂一般都掌握了光存储设备的核心技术，这样更容易控制成本，相对来说也容易买到物美价廉的产品。有实力的厂家的产品无论是产品用料、做工，还是售后服务都要更胜一筹。

如今市场上常见的厂家品牌主要有 SONY、先锋、爱国者、源兴、华硕、LG、建兴、美上美、三星、台电、明基和大白鲨等。其中日本和我国台湾地区的厂商生产的 DVD 光驱占了很大的市场份额。

（2）读盘能力。目前的 DVD 光驱有单激光头和双激光头两种。单激光头和双激光头的 DVD 光驱的读盘能力没有大的区别，只是双激光头的光驱在读取 CD 和 DVD 类型的盘片时激光头会有一个切换过程，这样会使读盘开始阶段的速度较慢。

（3）倍速。DVD 的读取倍数代表数据的传输率。厂商标称的 12×、16×是单指读取 DVD 盘片时的数据传输率，但当读取普通 CD 盘片时，其倍速可迅速达到 40 倍速，由于 CD-ROM 的传输速率是 150KB/s，而 DVD-ROM 的 1×则是 1358KB/s。这么说来 DVD-ROM 的 1×就等于 CD-ROM 9.053×。一般来说，12 倍速以上的 DVD 光驱对于普通的用户来讲已经完全够用了。

（4）接口和缓存。DVD-ROM 主要有 IDE 和 SATA 两种接口。采用 SATA 接口比采用 IDE 接口的 DVD-ROM 具有更好的稳定性和数据传输率，CPU 的占用率也低得多。现在的 DVD-ROM 一般都支持 IDE、EIDE 及 ATAPI 接口类型，但是如果是 SCSI 接口的那就比较麻烦了，还要安装 SCSI 转接卡，一般不推荐购买，不过目前主流的 DVD 光驱都是可插 IDE 的。

DVD 光驱的缓存容量，同 CD-ROM、刻录机一样，缓存的大小将直接影响到其整体性能，缓存容量越大，它的缓存的命中率就越高。目前主流 16 倍速的 DVD 光驱普遍采用的是 512KB 的缓存容量。

（5）区码限制。使用 DVD-ROM 播放 DVD 影碟时必须注意区码的问题，因为 CSS 规定，软件和硬件都必须同时经过授权认证才可以成功地解码播放 DVD 影片，也就是说 DVD-ROM 和 DVD 播放软件都必须同时通过区码的授权。因此选购 DVD-ROM 时要注意所支持的区位码。

### 3. 刻录机的选购

在选购刻录机时，最需要考虑的就是兼容性和稳定性了。现在市场上的 DVD 刻录机的价格大部分已经在 200 元以下，完全值得购买。

（1）兼容性。刻录盘片是刻录数据的载体，优秀的刻录机应对各类碟片以及各种刻录方式都有好的兼容性和适应性，以及是否支持增量包刻写的刻录方式。

（2）稳定性。稳定性是指刻录机是否能持续稳定的工作，特别是需要连续刻录多张光盘时对刻录机就是一个考验。好的刻录机采用全钢机芯，虽然噪声高一点，但是能长期持续稳定的工作，而普通的刻录机采用塑料机芯很容易在连续刻录多张光盘时造成刻录光盘的报废。

在选购 DVD 刻录机时，除了需要考虑上面的因素外，还需要再次注意 DVD 光盘的格式，因为 DVD+RW 和 DVD-RW 是两种互不兼容的 DVD 格式标准。选购 DVD 刻录机时，最好选购兼容全系列格式的产品。

（3）光头系统。分为单光头（采用一个光头读取 CD-ROM 与 DVD-ROM，其中又可分为切换双镜头——东芝和变焦单镜头——先锋）、双光头（DVD 和 CD 激光头分离，如 SONY）。相对而言，双光头的读盘能力更强，更适合中国国情。

（4）读写倍速。从速度、性价比及技术的成熟等方面考虑，建议选购高倍速（16 倍速以上）的 DVD 刻录机。

（5）区码的问题。是在盘片上用于播放机检测的只有一个字节的信息。根据区域码的不同，各区的 DVD 影碟理论上是不能在同一块解压卡上播放的，一般的刻录机给用户 5 次安装机会,每次安装就可以选择一次区码，但次数有限，无法满足要求。

（6）售后服务。与普通的 DVD-ROM 光驱相比，刻录机更需要妥善的售后服务。

## 4.1.5 光存储设备的常见故障及排除

光驱工作时，光盘上的灰尘在激光高温熔化下，容易在激光头形成顽固的污垢。这影响了光驱读盘性能，也加速了光驱的老化。

光存储设备的典型故障如表 4-1 所示。

表 4-1 光存储设备主要故障

| 故 障 现 象 | 主要故障原因分析 |
| --- | --- |
| 不能读盘 | 激光头表面污垢、激光头老化、激光头定位不准、光驱机械振动太大、光盘凹痕太小、光盘变形、光盘有划痕、光盘数据格式不兼容等 |
| 光驱挑盘、读盘中途出错 | 光盘质量太差、激光头功率不够、光盘夹紧机构压力不够、光驱电磁干扰太大、病毒影响等 |
| 读盘不稳定 | 光盘质量差、光盘厚薄不均、光盘夹紧机构松动等 |

续表

| 故 障 现 象 | 主要故障原因分析 |
| --- | --- |
| 舱门无法弹出 | 光驱传动松动、润滑不良、弹出开关损坏、光驱信号线接反等 |
| 光驱读盘速度慢 | 激光头老化、光盘质量太差、光驱信号线质量不佳等 |
| 光驱图标丢失 | 主板驱动程序冲突、注册表被修改、病毒造成、光驱连线不正常、安装了某些虚拟光驱软件等 |



**【案例 4-1】 CD-ROM、DVD-ROM 常见故障的诊断**

光驱的故障可以归结为系统设置故障、机械故障和光学故障。机械故障和光学故障都得将光驱拆开后才能够进行维修，而光驱本身又属于精密设备，拆卸时稍有不慎就会导致它的损坏。因此在进行维修时应参考一下光驱拆卸方面的文章，对光驱的结构有一个必要的了解，做到有的放矢修好光驱。

（1）一台兼容机在安装完光驱之后，发现在光驱读盘时硬盘运行速度变慢，而光驱内即使不放光盘，硬盘运行程序时也会出现停顿现象。安装光驱后影响硬盘速度。

**【故障分析】**

初步断定硬盘与光驱用同一根数据线连接在一起，并且共用 IDE1 接口造成的故障。由于现在的硬盘多采用了 ATA66、ATA100 的接口技术，而光驱却一直使用 ATA33 接口，数据传输速度与硬盘相差太远。当将两者连接在同一根数据线上时，由于硬盘的性能过高，迫使系统预读光驱以提高整体运行速度，从而导致硬盘速度变慢。

**【故障处理】**

将硬盘与光驱分别用不同的数据线连接，各占一个 IDE 接口，两者都可设为 Master。

（2）光驱在使用一段时间后跳盘或不读盘。

**【故障分析】**

跳盘或不读盘是光驱经常遇到的故障，造成此故障的原因很多，但主要是因为激光头老化或灰尘太多导致。光驱跳盘问题主要出在光驱的压盘机构，部分光盘的盘片很薄，而光驱的设计是以标准盘片为基准的，光驱压盘机构夹不紧光盘，盘片在光驱里打滑，这样就造成光驱跳盘。

光驱不读盘首先得将光驱拆开后观察主导电机的工作情况，如果主导电机无动作，就要先检查主导电机的电源供给是否正常、电机的传动皮带是否打滑、断裂；其次看看状态开关是否开关自如，因为如果开关不到位，主导电机得不到启动信号也不能启动；再次可检查光头组件及滑动杆是否清洁。

**【故障处理】**

如果是跳盘问题，解决的方法就是把光驱的压盘机构调得紧些，或加厚光盘（就是在光盘孔周围贴上不干胶，以增加压盘机构同盘片的接触），但根本的解决之道是用正版。

若是滑动杆油污过重导致光头组件传动受阻或激光头上存在灰尘同样会引起不读盘故障，可通过清洁滑动杆和清洁激光头来解决。要注意的是，在清洁激光头时千万不能拿清洗盘清洗，那样只会损坏激光头。若前面所说都没有问题，则可断定主要是激光头老化带来的问题。激光头老化后很多人都尝试着去调节激光头的功率，但这种做法只能起到一时之效。

（3）一台微星 50 速光驱在使用一年多之后光驱仓门不能顺利打开。光驱仓门不能正常弹出或收回。

【故障分析】

光驱不能正常打开或关闭仓门，如果不是碰撞等意外导致仓门变形就应检查光驱内部是否有异物堵塞或机械部分出现问题。而机械部分最有可能出毛病的就是传动齿轮和橡皮胶带，一般电机和电路出毛病的可能很小。

【故障处理】

将光驱从机箱上拆下后，将细铜丝从应急孔中伸进去把托盘拉出，然后将光驱拆开。打开盖板，取下光盘托架，经仔细检查发现控制进出仓的传动橡皮轮已变形老化且还有裂纹，加之橡皮轮和电机齿轮上有很多灰尘，更换橡皮轮并清洁灰尘后故障消失。

（4）光驱在使用过程中发现读盘能力明显下降，具体表现为在插入一张以前可以读出的光盘时，寻址时间明显增长，读取数据时有中断。光驱读盘速度下降。

【故障分析】

光驱读盘速度变慢多为激光头老化或激光头上灰尘过多所致。小心地拆开光驱，直到露出激光头组件，发现激光头上并无灰尘。因此断定激光头老化。

【故障处理】

可通过调小功率调节电位器阻值（激光头组件侧面一个米粒大小的可调电阻）以增大激光头功率。但调节过后并未起到太大的效果。后经通电检查发现光驱运转的声音很大。用手轻轻转动和晃动主轴马达的转子部分，发现手感很涩，并有少许松动。小心地拨开旁边的塑料卡锁，用力提出马达转子，发现转轴已轻微磨损，并沾有许多金属碎渣。用干净的棉布清除碎渣，在转轴上滴上一点轻质机油，小心地装回原位。上机测试，故障消失。

（5）使用光驱读盘时，硬盘的灯始终闪烁不止。光驱工作时硬盘灯始终闪烁。

【故障分析】

这是一种假象，实际上并非如此。硬盘灯闪烁是因为光驱与硬盘同接在一个 IDE 接口上，光盘工作时也控制了硬盘灯的结果。

【故障处理】

将光驱单独接在一个 IDE 接口上。

（6）光驱无法正常读盘，屏幕上显示："驱动器 X 上没有磁盘，插入磁盘再试"，或"CDR101:NOT READY READING DRIVE X ABORT .RETRY.FALL?"偶尔进出盒几次也都读盘，但不久又不读盘。光驱无法正常读盘。

【故障分析】

读盘故障多为病毒原因，或者是光驱驱动程序受到破坏。

【故障处理】

先检测病毒，用杀毒软件进行对整机进行杀毒，如果没有发现病毒可用文件编辑软件打开 C 盘根目录下的 CONFIG.SYS 文件，查看其中是否又挂上光驱动程序及驱动程序是否被破坏，并进行处理，还可用文本编辑软件查看 AUIOEXEC.BAT 文件中是否有"MSCDEX.EXE/D: MSCDOOO /M:20/V"。若以上两步未发现问题，可拆卸光驱维修。

**【案例 4-2】 刻录机常见故障的诊断**

下面介绍刻录机最常见的故障及其诊断维修方法。

（1）安装了一台刻录机之后计算机无法启动。

**【故障分析】**

此问题多半是因为光盘刻录机与另一个 IDE 设备使用了同一条数据线，且对用来控制两者主从关系的跳线没有设置好引起的。

**【故障处理】**

请参阅相关资料（在光盘刻录机的说明书上有安装说明），将其中一个 IDE 设备设为主盘（Master），另一个设为从盘（Slave）即可。

（2）使用刻录机时，计算机提示未发现刻录机，刻录软件找不到刻录机。

**【故障分析】**

此问题可以从以下 3 个方面来考虑。

① 刻录软件版本太旧。因为目前光盘刻录机硬件的发展速度非常快，往往导致刻录软件不能跟上硬件的更新速度。所以请及时将刻录软件更新到最新版本。

② 安装过程中的意外错误。因为系统等方面的原因，导致刻录软件在检测硬件时没有检测到相应的刻录机信息。解决的办法是：将刻录软件卸载并重新安装一次即可。

③ 系统 ASPI（Advanced SCSI Programming Interface，高级 SCSI 编程接口）驱动程序不全。这是大多数刻录软件会应用到的数据传输接口，如果驱动程序不全，往往会导致找不到刻录机、刻录不稳定和报错等问题。解决的方法是根据使用的操作系统下载相应版本的 ASPI 驱动程序进行安装即可。

（3）模拟刻录已经成功， 但真正刻录时还是失败。

**【故障分析】**

刻录机接收刻录程序“模拟刻录”与“刻录”命令的差别在于有无打出激光，其他动作基本相同。所以“模拟刻录”可测试待刻资料是否正常，硬盘速度是否够快，所剩光盘空间是否足够等。但无法得知待刻录的光盘是否有问题，刻录机的激光读写头功率与光盘是否答匹配。 进行“模拟刻录”成功，但实际刻录失败。说明刻录机与 CD-R（W）光盘存在兼容性问题，或是光盘自身存在质量问题。可换一个品牌的 CD-R（W）光盘试试。除此之外，刻录机激光读写头功率衰减也会出现这种问题。此类问题请找专业人员进行维修。

（4）刻录成功率低。

**【故障分析】**

此问题涉及的内容比较多，建议从以下几个环节来考虑。

① 保证系统内没有病毒干扰。

② 尽量将待刻的数据放在本地硬盘上，然后进行刻录。

③ 刻录前，关闭屏幕保护、病毒防火墙和暂时不用的其他应用程序。

④ 先进行“模拟刻录”。

⑤ 不要长时间连续刻录。

⑥ 以略低于刻录机和光盘所支持的最高刻录速度进行刻录。

做到了以上 6 点，可以达到较高的刻录成功率。

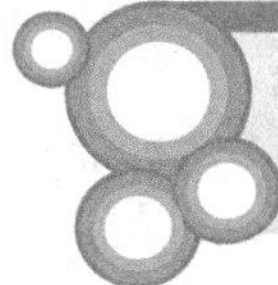

## 4.2 移动存储器

计算机存储设备是计算机系统结构中不可缺失的一部分，计算机中数据的备份和传输都需要依靠存储器来完成。在这互联网信息爆炸的时代，媒体信息已不仅仅只是文字、图片，各种影音、视频内容也是异常的丰富，互联网给我们带来了丰富多彩的生活。U 盘、移动硬盘等存储设备，不需打开机箱，通过外部接口或相应的设备，可方便地对其进行读写操作，这类设备统称为移动存储设备或移动存储器。

### 4.2.1 常见移动存储器

移动存储器从字面上讲就是可以移动的磁盘，具有便于携带的特点。移动磁盘主要分为两大类：一类是基于芯片存储的 U 盘；另一类是基于硬盘的可移动硬盘。通常，移动磁盘都是通过 USB 接口与电脑连接的。

#### 1. U 盘

U 盘又称“优盘”或“闪盘”，使用 USB 接口进行连接。优盘通过 USB 接口连到电脑的主机后，就可以使用其上存储的资料了，其外形如图 4-12 所示。

图 4-12 U 盘

优盘于 2000 年首次面市，第一代的优盘在各种操作系统下都必须要安装驱动程序才可使用，这并没有实现闪存盘真正的“移动存储”的特点，而且当时这些厂家推出的价格非常高，存储容量也只有几十 MB。

随着存储技术的发展和 USB 技术的逐渐成熟，第二代优盘已经不需要再安装驱动程序，存储容量从 32MB 逐步发展到以 GB 为单位，且价格也能够让大多数用户所承受。USB 接口从 USB1.1 规范到实现 USB 2.0 的高速传输，大大提高了优盘的数据传输速度。

U 盘的主要特点如下。

（1）使用方便。优盘采用 Flash 芯片为存储介质，目前的多数采用 USB 2.0 串行总线接口，由 USB 接口直接供电，不用驱动器，不需外接电源，可热插拔，即插即用，使用非常方便。

（2）工作可靠。优盘读写速度快，保存时间长（达 10 年之久），可重复擦写 100 万次以上，耐高、低温，不怕潮，优盘没有机械读写装置，避免了移动硬盘容易碰伤、跌落等原因造成的损坏。

（3）便于携带。优盘体积只有大拇指大小，重量约 20g，便于携带，特别适用于微机间较大容量文件的转移存储，是一种理想的移动存储器。

（4）容量提升空间大。目前优盘容量进一步提升，常用的有 8GB、16GB 和 32GB 以上等，价格从几十元到几百元不等，是目前应用最广泛的移动存储设备，我们可以把它挂在胸前或吊在钥匙串上，甚至放进钱包里，如图 4-13 所示。

（5）功能多样化。优盘生产商推出了具有“无驱、启动、硬加密、写保护”等多项功能的优盘，使得优盘无需安装驱动程序就可以使用，同时还具有将优盘做成系统启动盘来引导启动系统的功能，“硬加密”功能使得优盘具有私密性，用户必须输入正确的密码后方可使用优盘，这样可以防止用户私密性的资料被其他人窃取。另外，优盘的写保护还可以保证用户的数据不被病毒感染或是误删除。

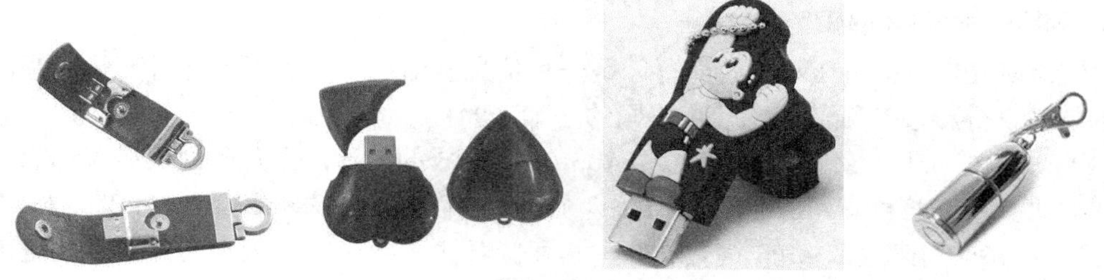

图 4-13　各种各样的优盘

### 2．移动硬盘

移动硬盘以硬盘为存储介质，其数据的读写模式与标准 IDE 硬盘是相同的，移动硬盘多采用 USB、IEEE1394 等传输速度较快的接口，能以较高的速度与系统进行数据传输，是计算机之间交换大容量数据，强调便携性的存储产品，其产品外观如图 4-14 所示。

图 4-14　移动硬盘

与 U 盘相比，移动硬盘具有以下特点。

（1）存储容量大，便于携带。移动硬盘可以提供相当大的存储容量，且便于携带，是一种性价比较高的可移动存储产品。目前市场上的移动硬盘能提供几百 GB 到几个 TB 的容量，可以在很大程度上满足用户的需求，随着技术的发展，更大容量的移动硬盘还将不断推出。

（2）传输速度快。移动硬盘大多是采用 USB 接口和 IEEE1394 总线，能够提供较快的数据传输速度。不过移动硬盘的数据传输速度一定程度上还受到接口速度的限制，尤其是在 USB 1.1 接口规范的产品上，当数据量传输较大时，速度较之 USB 2.0 就要慢得多。

USB 1.1 接口规范的传输速率是 12Mbit/s，而 USB2.0 的传输速率 480Mbit/s，IEEE1394 总线是一种目前为止最快的高速串行总线，最高的传输速率为 400Mbit/s。

（3）使用方便。使用可移动硬盘时，只需将数据线与主机上的 USB 接口相连接，操作系统即可安装并启用该设备。现在的 PC 基本上都配备了 USB 功能，主板上通常可以提供 2～8 个 USB 口，一些机箱上还有前置 USB 接口，使用起来方便灵活。

（4）数据存储安全可靠。数据安全一直是移动存储用户最为关心的问题，也是人们衡量该类产品性能好坏的一个重要标准。移动硬盘以高速、大容量及轻巧便捷等优点赢得许多用户的青睐，而更大的优点还在于其存储数据的安全可靠性。这类硬盘与笔记本电脑硬盘的结构类似，多采用硅氧盘片，这是一种比铝、磁更为坚固耐用的盘片材质，并且具有更大的存储量和更好的可靠性，同时也提高了数据的完整性。



### 3．MP3、MP4 和 MP5 播放器

MP 是 MPEG Audio Layer 的简写，是一种信息压缩技术，利用人耳对高频声音信号不敏感的特性，分频段音频等信息使用不同的压缩率的技术。

（1）MP3 播放器。MP3 是 MPEG-1 Audio Layer-3 的缩写，是互联网上最流行的一种音乐格式，主要用来将声音用 1∶10 甚至 1∶12 的压缩率，变成容量较小的文件。MP3 播放器（见图 4-15）用来播放 MP3 格式文件，其存储器件采用 Flash 闪存芯片，也就是优盘的芯片，因此，MP3 播放器也具有优盘的存储功能，当它与计算机进行数据交换时，操作方法与优盘相同。MP3 播放器和优盘的不同之处就在于它还内置了一个微处理器，用于处理和播放音乐文件。

（2）MP4 播放器。MP4 是一种高质量音频编码，较之 MP3，它的输出音质更完美。MP4 播放器（见图 4-16）与 MP3 播放器的区别在于它具有播放 MP4 影音文件的播放软件，同时也支持 MP3 格式文件的播放。MP4 播放器的存储器件也是采用 Flash 闪存芯片，同样也能够方便地与计算机进行数据交换。

（3）MP5 播放器。MP5 是由国内科技厂商自行开发出的演算法，可以把 MP5 通俗地理解成为能收看电视的 MP4，随着媒体播放器产品的不断发展，MP3、MP4 等下载视听类产品早已无法满足个性化以及在线消费的需要，因此在线直播及下载存储等多功能播放器随之异军突起。MP5 的核心功能就是利用地面及卫星数字电视通道实现在线数字视频直播收看和下载观看等功能，同时，MP5 内置 4～10GB 硬盘，使用者可以将 MP3、网络电影甚至 DVD 大片、电视连续剧、自己喜欢的照片统统纳入其中。其外形如图 4-17 所示。

图 4-15　MP3 播放器

图 4-16　MP4 播放器

图 4-17　MP5 播放器

### 4．存储卡和读卡器

随着数码设备的普及，越来越多的用户开始接触存储卡这种特殊的存储介质。区别于以往的数据记录产品，存储卡具有很多新特性，小巧的结构使其拥有极好的便携性。

（1）存储卡。市场上存储卡的种类繁多，从存储介质上分为闪存和微型硬盘这两大类。而闪存按照规格又分为 CF 卡、SM 卡、MMC 卡、SD 卡、MS 卡（记忆棒）、×D 卡和 TF 卡等。

① CF 卡。CF 卡（Compact Flash，轻便闪存）具有 50 个针脚，从外形上可以分为两种：CF Ⅰ型卡以及稍后一些的 CF Ⅱ型卡。CF Ⅰ卡的外观尺寸为 43mm×36mm×3.3mm，

CFⅡ卡的外观尺寸为 43mm×36mm×5mm，CFⅠ和 CFⅡ的电气接口是完全一样的。由于 CFⅡ比 CFⅠ增加了厚度，所以 CFⅠ卡可以用在 CFⅠ/Ⅱ插槽，但是 CFⅡ卡只能用于 CFⅡ插槽。

CF 卡是采用闪存技术、不需要电池、固态、没有移动部件、能够保证数据完整的存储解决方案，目前常用于数码相机存储卡，其外观如图 4-18 所示。

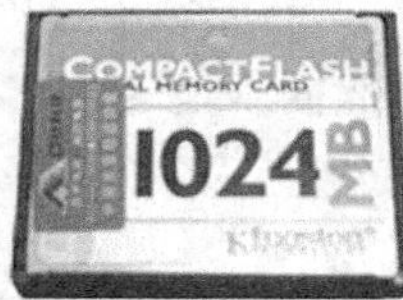

图 4-18　CF 卡

② MMC 卡。MMC 卡（Multi Media Card，多媒体卡）的外形尺寸为 24mm×32mm×1.4mm，大小与一张邮票差不多，重量为 2g。MMC 卡可以用于几乎所有使用存储卡的设备上，如移动电话、数字音频播放机、数码相机和个人数码助理（PDA）等。

MMC 卡在兼容性方面不及 SD 卡好，数据传输速度受到硬件的限制，不适合作高速的数据传输。MMC 卡的物理特性决定了其速度很难提高，有被 SD 卡取代的趋势。

MMC Plus 标准具有比 MMC 标准多一倍的接口，以实现高速传输，但支持 MMC Plus 标准的机型很少。MMC 卡与 MMC Plus 卡的外观如图 4-19 所示。

图 4-19　MMC 卡和 MMC Plus 卡

③ SD 卡。SD 卡（Secure Digital Card，安全数字卡）是以 MMC 卡为基础研制的全新的存储卡产品，是一个完全开放的标准。SD 卡在外形上同 MMC 卡一致，大小尺寸比 MMC 卡略厚，容量也大很多，并且兼容 MMC 卡接口规范。SD 卡为 9 引脚，通过把传输方式由串行变成并行，以提高传输速度（读写速度已达 150 倍速），读写速度比 MMC 卡要快一些。

SD 卡最大的特点就是通过加密功能，可以保证数据资料的安全保密，也很容易重新格式化，目前广泛用于便携式装置上使用，所以有着广泛的应用领域，例如数码相机、个人数码助理（PDA）和多媒体播放器等。

设有 SD 卡插槽的设备能够使用较簿身的 MMC 卡，但是标准的 SD 卡却不能插入到 MMC 卡插槽，目前 SD 卡在数码相机中正在迅速普及，大有成为主流之势。SD 卡的外形如图 4-20 所示。

图 4-20　SD 卡

④ miniSD卡。智能手机和多媒体手机对存储器容量的要求越来越高，体积则要求更小，为此松下和SanDisk共同开发了miniSD卡。miniSD卡是SD卡的缩小版，其外形尺寸为20mm×21.5mm×1.4mm，封装面积是原来SD卡的44%。MiniSD卡最大的优点是电路和软件均与现有的SD标准兼容，包括版权保护、数据安全。MiniSD卡采用的是低耗电的设计，比SD卡更适用于移动通信设备，因此主要应用于手机中。

为了能把miniSD卡插入SD卡插槽中，购买miniSD卡时都附带一个与SD设备互用的适配器（转接器），把miniSD卡插入适配器，可作为SD卡使用，相当于有了两种存储卡。但不具备像SD卡那样防写入的锁定功能。miniSD卡及其适配器的外观如图4-21所示。

图4-21　miniSD卡及其适配器

⑤ mirco SD（TF）卡。为了适应手机需要更小存储卡的需求，出现了世界上最小的可移动闪存卡TransFlash（TF）卡。这种只有手指甲般大小的存储卡主要用于新型移动电话和DC、DV等电子消费品。TransFlash使用了最先进的封装工艺、最新的闪存和控制器技术，是一种低成本、高容量的生产工艺，目前已成为大多数多媒体手机的首选存储卡。

microSD是美国SD卡协会制定的比miniSD卡更小的存储卡标准。MicroSD与TransFlash卡尺寸一样（11mm×15mm×1.0mm），且兼容TransFlash。MicroSD卡兼容miniSD卡。通过转接器，microSD卡能作为miniSD卡使用。MicroSD卡及转接器如图4-22所示。

图4-22　microSD卡及转接器

（2）读卡器。随着越来越多的数码设备用到存储卡，如何交换存储卡中的数据也成了一个大问题。顾名思义，读卡器就是能读写存储卡的设备。现在主流的读卡器大部分都采用USB接口，如图4-23所示。读取的存储卡格式有CF、SD和TF等。采用USB接口的外置读卡器写入的速度可高达400kbit/s，读取的速度更是稳定在1Mbit/s以上。

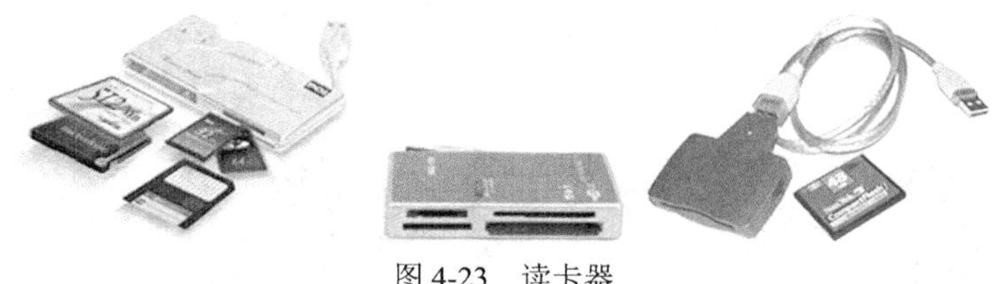

图4-23　读卡器

### 5. 磁盘阵列

磁盘阵列（RAID，Redundant Array of Independent Disks，廉价冗余磁盘阵列）就是将

一组磁盘驱动器用某种逻辑方式联系起来，作为逻辑上的一个磁盘驱动器来使用，其外形如图 4-24 所示。RAID 最初的研制目的是为了组合容量小的廉价磁盘来代替容量大的昂贵磁盘，以降低数据存储的费用。

图 4-24　磁盘阵列

磁盘阵列具有以下优点。

（1）成本低，功耗小，传输速率高。在磁盘阵列中，可以让多个磁盘驱动器同时传输数据，而这些磁盘驱动器在物理上又是一个磁盘驱动器，所以使用 RAID 可以达到单个的磁盘驱动器几十倍甚至上百倍的速率。

（2）可以提供容错功能。RAID 和容错是建立在每个磁盘驱动器的硬件容错功能之上的，因为普通磁盘驱动器无法提供容错功能，所以它提供更高的安全性。

（3）具有数据校验（Parity）功能。当磁盘发生失效的情况时，校验功能能够结合完好磁盘中的数据，重建失效磁盘上的数据。对于 RAID 系统来说，在任何有害条件下绝对保持数据的完整性（Data Integrity）是最基本的要求。

（4）海量存储功能。目前的磁盘阵列通常是应用在服务器上，用于存储大量的数据，利用 RAID 技术，可以在成本较低的情况下搭建海量存储器。

海量存储器通常是以 TB 为单位，1TB=1024GB。安装磁盘阵列时，通常是使用 SCSI 硬盘，而不会使用 IDE 硬盘，因为 IDE 通道上最多只能接 4 个磁盘驱动器，且在同一时刻只能有一个磁盘驱动器能够传输数据，而每个 SCSI 磁盘驱动器都能自由地向主机传送数据，不会出现像 IDE 磁盘驱动器争用设备通道的现象。

### 4.2.2　移动存储器的选购方法

在选购移动磁盘时，主要是根据用途、功能及价格来选择。下面主要介绍有关优盘和移动硬盘的选购方法。

1．优盘的选购方法。优盘具有安全、稳定、加密性好及通用性强等优点，备受用户的喜欢。选购优盘时主要是通过它的以下几个特征来进行选择。

（1）存储容量、价格和兼容性。

在存储容量和价格方面，选择时应考虑自己的具体用途和需要，如果在使用时经常剩余较大空间，会造成对资源的浪费。如果平时只需满足少量数据的移动存储，比如工作备份、文档文件记录、实现系统引导启动等，购买小容量的优盘就足够了。如果经常需要记录大量数据，比如 MP3 歌曲、数码照片及影视视频等，那么可以购买大容量的优盘产品。

此外，选择时还需注意优盘的兼容性，虽然有不少牌子的优盘产品可完全兼容

Windows 和 Linux 系列操作系统，但却也有一些产品支持的系统极少，例如仅支持 Windows 或其他个别系统，因而大家在选择时须留意包装和说明书，查看产品对各系统的兼容性。

（2）制作材料。优盘从结构上分有 AND、NAND、NOR 及 DiNOR 等多种类型，目前以 NAND（逻辑与）和 NOR（逻辑或）最为常见。由于 NOR 型优盘的最大缺点就是容量小，在早期的优盘产品中比较常见，适用于存储容量较小、要求读入速度快和安全度较高的数据文件。与 NOR 型相比，NAND 型优盘的最大优点就是容量可以做得很大，并且成本相对较低，擦写次数较高。目前大多数厂商出于成本考虑，大多采用 NAND 类型的 Flash 芯片。在选购优盘时，可从优盘的外包装和说明书中查看（通常在说明书里）。

（3）制作工艺。在看它的制作工艺时，第一要看它的接口及其传输速度。在内部芯片颗粒一样、USB 传输规范相同的情况下，优盘之间数据读写速度的差异，主要由主控芯片的优劣决定，而电路设计上的差别也会给速度带来影响，所以不同厂商的优盘是有一些差异的。因而在资金充裕的情况下，采用 USB2.0 接口和制作工艺精密的名牌优盘应是首选。

第二要看外观。好的优盘应采用质量较好的塑料、橡胶或金属等材质的外壳，最好选择采用高强度、烤漆耐磨，工艺精良、边角齐整缝隙严紧的优盘。因为优盘毕竟是长期随身携带的产品，通常都可使用几年时间，如果使用不久就出现脱漆的现象，则会影响它的美观。

（4）附加功能。目前各大优盘生产商为增强市场竞争力，纷纷为优盘增加了如可引导启动、随身邮、杀毒、数据加密等功能。其中以支持系统启动的功能最受欢迎，它是指可通过模拟 USB-FDD（USB 软驱）、USB-HDD（USB 硬盘）或 USB-ZIP（USB ZIP 设备），实现电脑的引导启动，就像用一般的引导软盘、引导光盘一样方便。

要点提示　在使用优盘的启动功能时，需要电脑的主板 BIOS 支持相应的 USB 设备启动模式，否则即使选购了带这一功能的优盘，也不能发挥它的作用，因此选购前应先看看自己的主板支持哪一 USB 设备启动模式，然后再针对性地进行选择。

（5）看品牌和售后服务。由于优盘的物理结构比较简单，制造所需的技术含量并不高，因而导致目前市面上的品牌种类繁多，在这当中也会像普通内存那样有良莠不齐的现象。虽然某些杂牌厂商的产品价格相对较低，但实质上却是“低价低质”，例如一些厂商在 PCB 电路板和细小元件上偷工减料，采用拆机的旧芯片，甚至以次充好、仿制假冒名牌产品，售后服务一般也很难得到保障。

因此，建议选购优盘时不要贪图便宜，购买不知名厂家的产品，容易导致不必要的麻烦。最好选择知名厂商的品牌产品，除了产品品质有可靠保障之外，也能获得良好的售后服务。朗科优盘、爱国者、鲁文、LG、现代和 TCL 等品牌的产品都有较好的质量保障和售后服务。

### 2．移动硬盘的选购方法

选购移动硬盘时，也是有章可循的，我们主要是通过以下几点来进行选购。

（1）移动硬盘的外形特征。首先是外形材质上，应考虑体积小、防震好及散热佳的产品。从体积大小上来说，目前主流的移动硬盘大多选用的是 2.5 英寸，但是 1.8 英寸的移动硬盘也已经完成产品化。从产品外壳上来说，最佳的选择应是金属外壳，目前的硬盘转速越来越快，所以散热成了首要的问题，金属外壳散热性能比塑料外壳好得多，而且在抗压、防震等方面也表现得很理想。

（2）移动硬盘的接口标准。移动硬盘的常见接口主要有USB、IEEE1394和USB＋IEEE1394双接口三大类型。目前，市场上的主流产品均是采用USB2.0接口，基于USB2.0接口的产品，其数据传输率高达480Mbit/s，且快于IEEE1394接口的传输率，这就意味着用户在享受即插即用好处的同时可以体验到更为高效的传输速度。

（3）移动硬盘的移动性能。移动硬盘必须具有很强的移动性能，能够经受各种环境条件的考验。移动硬盘的移动性能主要是由产品的特点所决定的，比如体积是否足够小、是否能够抗摔、是否能够防震以及数据安全是否有保障等。

硬盘的体积越小，其携带起来则越方便。好的硬盘盒，在内部、表面，尤其是易于磕碰的边角都应该覆盖有弹性材质，或者处理圆角，以减少外来冲击对硬盘的影响。另外，移动硬盘合理的防滑设计也能够起到抗冲击缓冲垫的双重作用，例如在硬盘盒的壳体设计了防滑的花纹或安装防滑塑料垫等，以增大壳体的摩擦，防止硬盘无意中从手中脱落。

（4）移动硬盘的安全性。这里所指的安全性，是移动硬盘存储数据的防窃功能以及自我稳定性。在关于硬盘存储数据的防窃功能方面，很多商业人士、行业用户对存入移动硬盘中的数据均有保密的需求，因此，硬盘的加密功能成了这些用户的首要需求。

除了加密功能要强大，移动硬盘的安全性还表现在高压、高温环境等恶劣的环境下也能运转正常，也就是说产品本身一定要有很强的自我稳定功能，保证数据不会丢失。

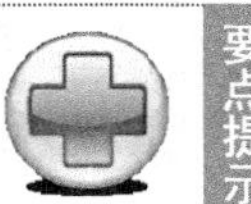

要点提示 移动硬盘的价格、外观及售后等非主流因素也可作为用户选择的第二参考。但用户在选购产品时，首先是要考虑以上所提到的接口类别、移动性能和安全性能等因素，这样才能买到一个真正满意的产品。

### 4.2.3 移动存储器的使用方法

移动磁盘如果只是做一些简单的数据存储，使用方法则非常简单。当使用移动磁盘时，只需将存储器连接到主机上，如果是USB接口的移动磁盘，则直接插入主机的USB接口中，当计算机正在运行时，就会自动检测到这个新设备并自动安装驱动程序，然后在“我的电脑”窗口中生成新的磁盘盘符。

**【案例4-3】 在Windows正在运行时安全移除移动磁盘**

本案例介绍如何安全地移除移动磁盘的方法。

（1）如果系统正在运行，应首先停止优盘运行。

（2）在系统右下角的托盘上有一个图标，用鼠标左键单击该图标，就会弹出“安全删除USB Mass Storage Device”的菜单命令，单击该命令。

（3）当系统弹出“安全地移除硬件”对话框（如图4-25所示）时，就表示USB移动硬盘可以拔下来了。

图4-25 “安全地移除硬件”对话框

要点提示 如果系统正在运行时没有先删除硬件就拔出来的话，有可能会导致优盘烧毁或者是数据破坏，如果是可移动硬盘，则可能会导致硬盘产生硬盘坏道。因此建议用户使用时确认闪存盘停止读写后再进行拔除操作。

在使用移动磁盘的过程中，可能不仅只使用到它的数据存储功能，还会用到它的一些附加功能，如磁盘分区、制作成系统启动盘、数据加密等功能。下面以爱国者的优盘为例向大家介绍如何划分移动磁盘的扇区、数据加密与制作系统启动盘。

**【案例 4-4】爱国者移动硬盘的优化和使用**

本例将介绍爱国者移动硬盘中预置的安全大师软件套装的用法。

（1）运行 aigoSafe.exe。

① 将爱国者移动存储王连接到计算机，在“我的电脑”中会新增加出现若干个新增的磁盘盘符（假设第一个为 F:）。

② 运行根目录下的 aigoSafe.exe，出现图 4-26 所示界面。

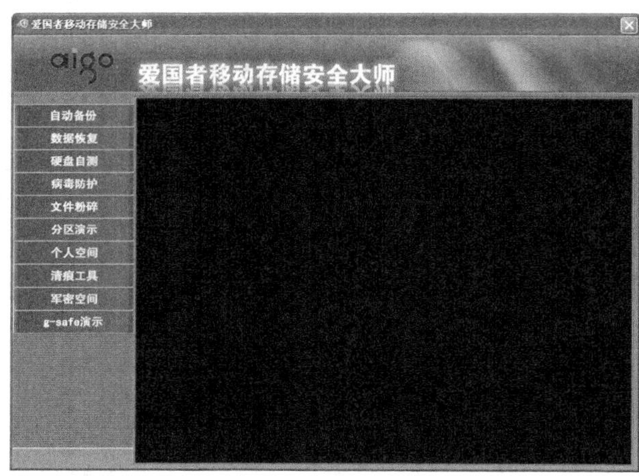


图 4-26　软件界面

（2）自动备份。

① 单击【自动备份】按钮自动安装智能备份软件（如果用户已经将该软件安装在默认的安装路径下，则自动运行），如图 4-27 所示。

② 使用智能备份软件系统不仅具备普通备份软件所有的功能，而且还能够备份系统驱动程序，操作系统个性化设置，如输入法记忆词库、Office 设置等，以及各种软件的数据文件备份。还允许用户自定义备份任务，其界面如图 4-28 所示。

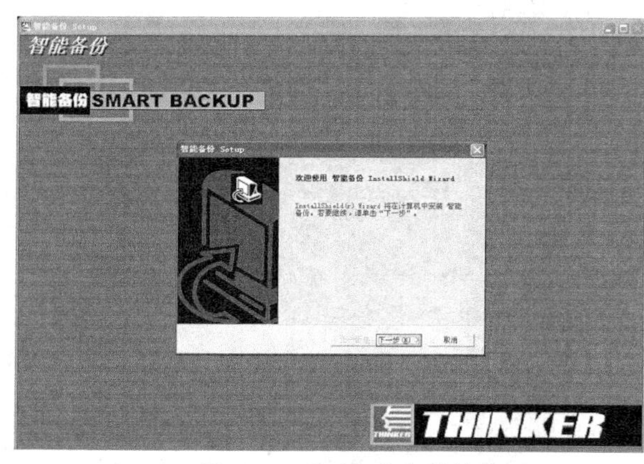


图 4-27　启动智能备份软件

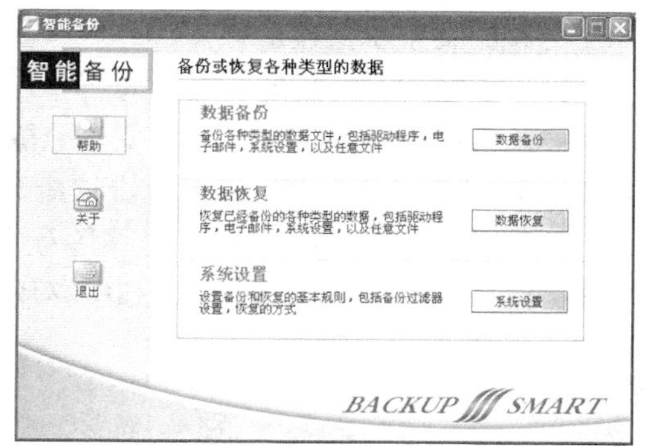


图 4-28　选择备份任务

（3）数据恢复。

① 在图 4-26 界面左侧单击【数据恢复】按钮，即可自动安装 Final Data 软件（如果用

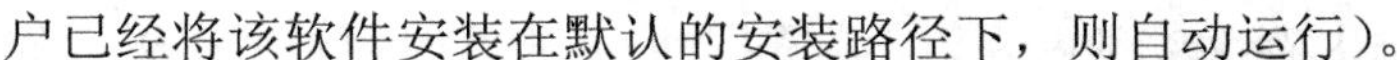
户已经将该软件安装在默认的安装路径下，则自动运行）。

② 该软件是著名的灾难数据恢复工具。当文件被误删除（并从回收站中清除）、FAT表或者磁盘引导区被病毒侵蚀造成文件信息全部丢失、物理故障造成FAT表或者磁盘引导区不可读，以及磁盘格式化造成的全部文件信息丢失之后，Final Data都能够通过直接扫描目标磁盘抽取并恢复出文件信息（包括文件名、文件类型、原始位置、创建日期、删除日期、文件长度等），用户可以根据这些信息找到并恢复自己需要的文件。软件界面如图4-29所示。

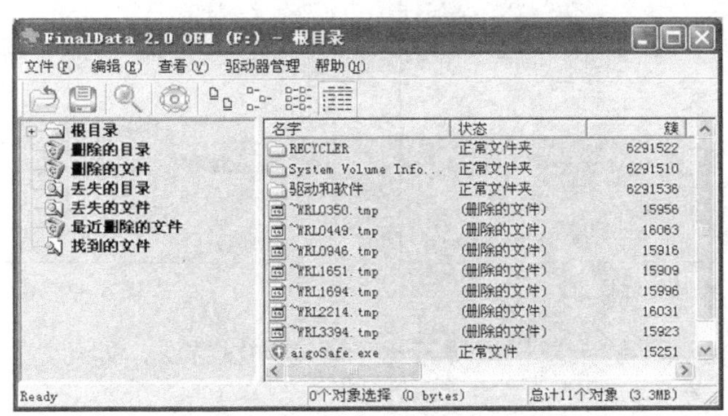


图4-29 执行数据恢复

（4）硬盘自测。

① 在图4-26所示界面左侧单击【硬盘自测】按钮，即可运行安装移动存储器检测软件，这是为中国电子商会移动存储专业委员会提供的软件，用于消费者对自己的移动存储器进行性能检测、疲劳测试使用。

② 图4-30所示为使用默认方案在某笔记本电脑上测试某款500G产品得到的结果。使用时应先在左上角的下拉窗口中选择准备测试的移动存储器，选中后在右边的测试项目中选中准备测试的项目后单击［测试］按钮即可得到测试结果。

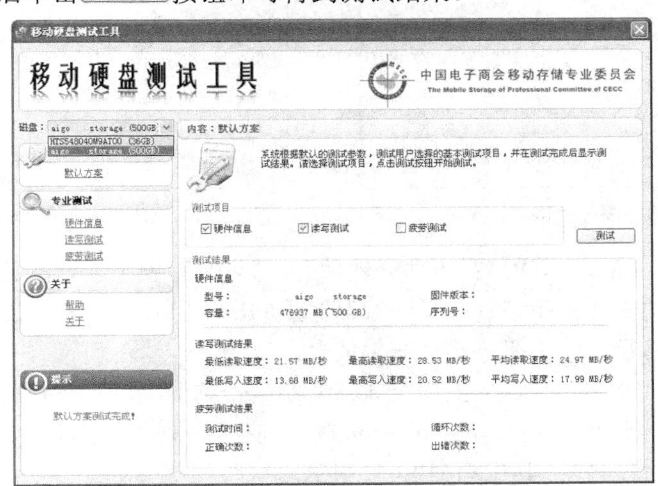


图4-30 启动移动硬盘测试工具

③ 在界面左侧单击"硬件信息"链接，即可查看移动硬盘的相关硬件信息，如图4-31所示。

④ 单击“读写测试”链接，选中测试项目后，单击测试按钮即可得到测试结果，如图 4-32 所示。通常在台式机上测得的性能略高于笔记本，同一移动硬盘在不同计算机上获得的速度越高，说明该计算机的 USB 口性能越高。

图 4-31　查看硬件信息

图 4-32　读写测试

⑤ 单击“疲劳测试”链接，根据屏幕提示设定测试方法，即可进行疲劳测试，结果如图 4-33 所示。

（5）病毒防护。

① 在图 4-26 界面左侧单击【病毒防护】按钮，即可启动本产品附赠的 ESET® NOD32 防病毒软件的安装界面，如图 4-34 所示。

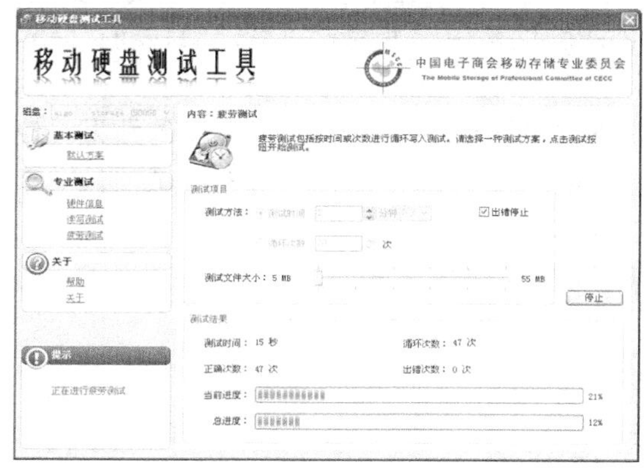

图 4-33　疲劳测试

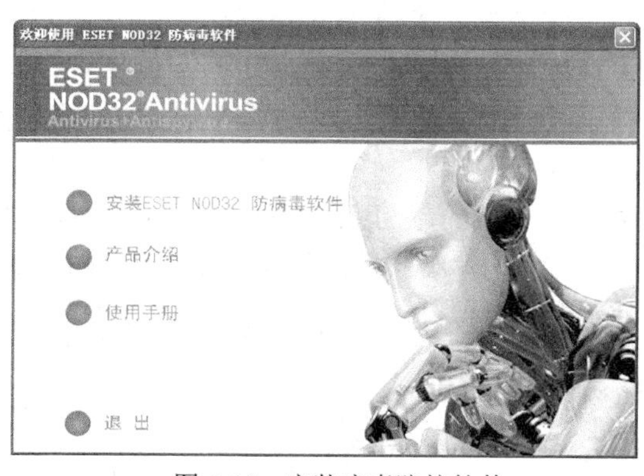

图 4-34　安装病毒防护软件

② 单击“安装 ESET NOD32 防病毒软件”，即可进行安装。请注意，此按钮有效的前提是该防病毒软件的安装程序必须在爱国者存储王的出厂预设路径下才能有效，如果将软件复制、剪切到其他路径，此按钮将不会产生效果。

③ 用户在购买爱国者存储王时可以得到一张方形卡片，上面贴有序列号，如“R011-*********”，请到 http://reg.nod32cn.com 使用序列号注册，客户在注册后会收到由注册系统所发出的邮件，其中有 ESET NOD32 防病毒软件升级所需要的用户名和密码。使用收到的用户名和密码也可以到 http://dl.nod32cn.com 下载最新的标准版，同样可以安装使用。

④ 客户在防病毒软件半年的使用期结束后，如果需要继续使用，可以登录到 http://buy.

nod32cn.com/oem，根据 OEM 版序列号购买一套 OEM 升级版，从而可以将 OEM 版升级至 ESET® NOD32 防病毒软件单机版。

（6）文件粉碎。

① 在图 4-26 界面左侧单击【文件粉碎】按钮即可启动文件粉碎软件，该软件可用于彻底删除某个文件，使之无法通过磁盘扫描、误删除恢复等工具恢复出来。（请注意，粉碎的文件将永久不能恢复，且粉碎大文件时会耗费较长的时间。）

② 单击图 4-35 右侧的 添加文件 按钮，在弹出的“打开”界面下选中需要彻底删除的文件（按下“Ctrl”键可以多选），选中的文件即会出现在粉碎列表中。但是如果真的要粉碎文件，还需要在该前面的框中勾选（或者单击右下角的“全选”），即可完成粉碎。

（7）分区演示。

在图 4-26 界面左侧单击【分区演示】按钮即可运行存储王中的“\驱动和软件\2 分钟学会给存储王分区-操作屏幕录像.exe”，介绍怎样快速给存储王分区。

（8）个人空间。

① 在图 4-26 界面左侧单击【个人空间】按钮即可启动个人密盘。启动后系统托盘之后会增加图标，双击该图标也可打开主界面，如图 4-36 所示。

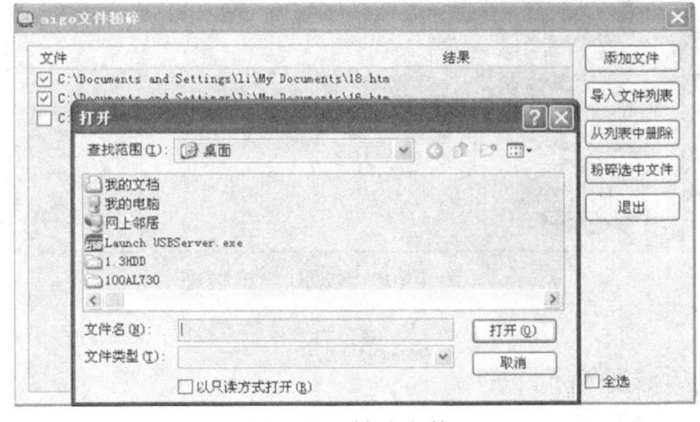


图 4-35　粉碎文件

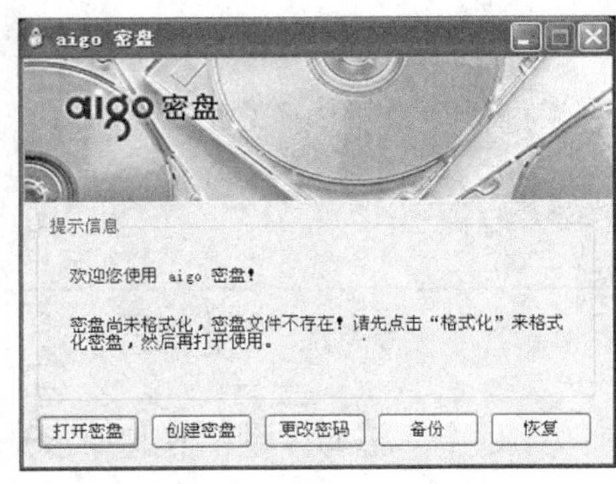


图 4-36　启动个人空间

② 打开密盘/关闭密盘。单击 打开密盘 按钮，输入密码即可在“我的电脑”中看到一个“aigo 密盘”的新增盘符。在此盘符中写入的文件即受到保护，无口令的情况下无法通过磁盘扫描、硬件拆解等方式看到。读写完毕后，请单击“关闭密盘”。

③ 创建密盘。单击 创建密盘 按钮可以在安全大师软件套装所在的驱动器（比如爱国者存储王被识别为 G:）创建一个密盘文件包并将其格式化。系统会自动侦测该驱动器的剩余空间，设定的密盘应小于剩余空间，如图 4-37 所示。然后设置密码，注意密码应至少 8 位，建议使用字母+数字组合，如图 4-38 所示。随后格式化密盘，如图 4-39 所示，即可在\驱动和软件\个人空间\Data 生成一个 EncryptVolume.ac 文件（密盘文件包）。生成之后单击主界面的 打开密盘 按钮，输入密码即可在“我的电脑”中看到一个“aigo 密盘”的新增盘符。

（9）清痕工具。

在图 4-26 界面左侧单击【清痕工具】按钮，即可启动清痕工具，清除用户使用计算机留下的各种痕迹，如图 4-40 所示。

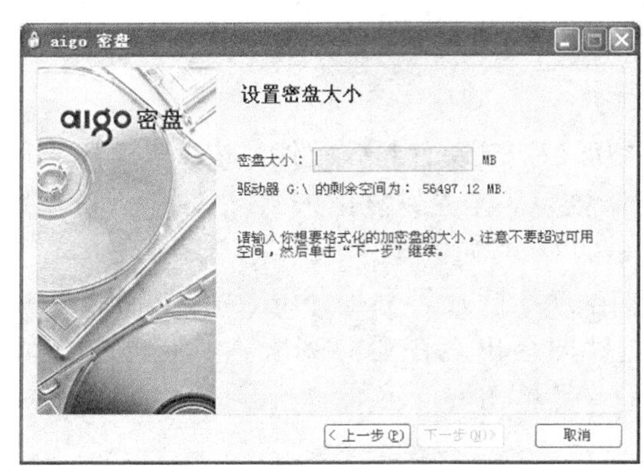


图 4-37 设置密盘大小

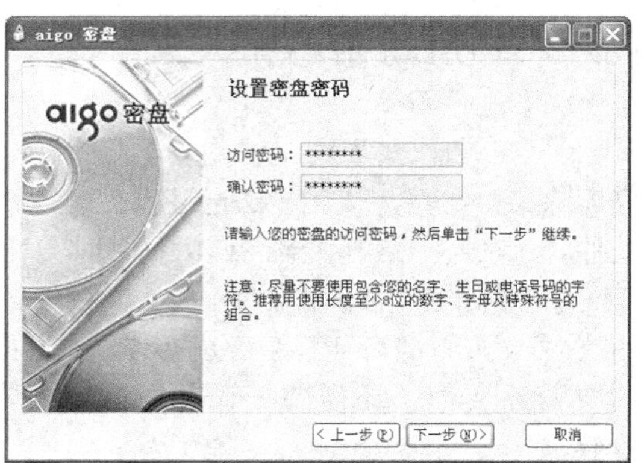


图 4-38 设置密盘密码

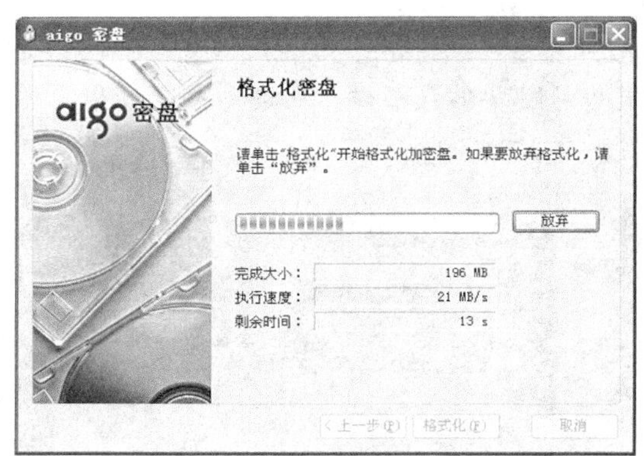


图 4-39 格式化密盘

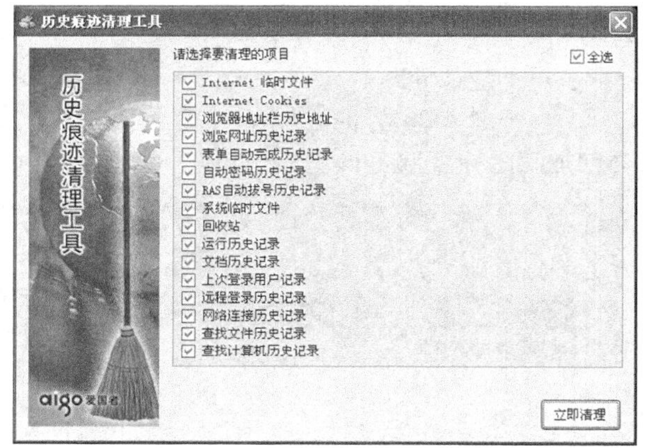


图 4-40 清理计算机痕迹

### 4.2.4 移动存储器的维护技巧与故障排除

在使用移动磁盘时，难免会遇到一些故障，其中有些故障是因为我们日常使用时，没有正确操作引起的，下面介绍移动磁盘的维护技巧与故障排除方法。

掌握正确的使用移动磁盘的方法，能够延长磁盘的使用寿命，保证存储的数据更加安全可靠，在使用移动磁盘的过程中，主要为大家总结了以下几点经验。

（1）移动磁盘使用完成后，如果长时间不工作时，应将其从计算机中移除。

（2）移除移动磁盘时，应采用“安全地移除硬件”的方法从计算机中拔除，尽量不要直接拔除。

（3）当磁盘插入到主机的 USB 接口时，要用力得当，以避免损坏主板和磁盘的 USB 接口。

（4）不要反复格式化磁盘成不同的分区格式，否则可能会引起磁盘坏道。

（5）不要对优盘做磁盘碎片整理，否则可能会严重影响其使用寿命。

（6）尽量不要保存太多零散的文件，如果零散文件太多，建议先用 WinRAR 之类的压缩软件将其做成打包文件后再保存，这样能够有效地减少磁盘的写入次数。

（7）应防止在严寒或是高温的环境中使用移动磁盘。

**【案例 4-5】 可移动存储设备的常见故障及其排除方法。**

本案例将介绍常见可移动存储设备的故障及其解决方法。

### 1．解决系统无法识别 USB 移动存储设备

（1）操作系统或是主板 BIOS 中禁用了 USB 设备时就会发生 USB 设备无法在系统中识别。解决方法是开启与 USB 设备相关的选项。

（2）主板和系统的兼容性问题。这类故障中最常见的就是 NF2 主板与 USB 的兼容性问题。如果出现这样的问题，可以先安装最新的 nForce2 专用 USB2.0 驱动和补丁、最新的主板补丁和操作系统补丁，如果还是不行的话，可以尝试着刷新主板 BIOS。

（3）USB 接口供电电压不足。当把移动硬盘接在前置 USB 口或是 USB 延长线上时，就有可能发生系统无法识别出设备的故障。原因是移动硬盘功率比较大，要求电压相对比较严格，前置接口或 USB 延长线可能无法提供足够的电压，当然劣质的电源也可能会造成这个问题。解决办法就是直接连接到主板的 USB 接口上，更换劣质低功率的电源或尽量使用有外接电源的硬盘盒。

（4）前置 USB 线接错。当主板上的 USB 线和机箱上的前置 USB 接口对应相接时把正负接反就会发生这类故障，这也是相当危险的，因为正负接反很可能会使得 USB 设备烧毁。

（5）可能正在运行的一些程序使得 USB 接口转入托起状态，这时可以重新启动计算机或是刷新硬件设备列表来解决。

（6）USB 设备冲突。解决办法是在“设备管理器”中，查看 USB 设备的相关项，如果有冲突，则将其删除，然后再刷新设备管理器，系统会重新识别并添加新硬件。一般情况下，系统会自动安装新的驱动程序，安装完毕后，就可以正常使用了。

（7）移动磁盘物理损坏，则须与经销商联系维修。

### 2．使用移动存储设备时经常死机或蓝屏

通常情况下都是由于硬件原因引起的，可以检查该计算机是否为 VIA 芯片组的主板。较早的 VIA 芯片组的主板在使用 USB 设备时，会出现传输中断或死机的情况。解决方法是安装 VIA 主板所提供的主板补丁，这样问题就可以完全解决了。

### 3．移动磁盘能被系统正确识别，但在“我的电脑”中看不到移动磁盘的盘符

通常情况下是由于操作系统没有正确安装磁盘的驱动程序导致的，需手动重新安装匹配的硬件驱动程序。

### 4．在系统“设备管理器”中的“通用串行总线控制器”项目中提示为“Unknown Device”

可能是意外重新启动或关机导致驱动程序被破坏，或者是优盘的控制芯已经损坏。解决方法是：在设备管理器中，选中该 USB 设备，然后再重新安装该 USB 设备的驱动程序就可以了，如果是磁盘的主控制芯片损坏，则须与经销商联系维修。

### 5．读取磁盘中的文件时提示需要格式化

该故障通常是因为使用不当造成的，须重新格式化磁盘。

### 6．无法复制和删除移动磁盘上的文件

本案例介绍无法复制和删除移动磁盘上的文件的原因与解决办法。

这是由于移动磁盘的文件储存结构出现错误，须使用系统磁盘扫描程序进行修复，或是重新格式化磁盘。

### 7. 无法在磁盘上存储文件

这可能是由于磁盘处于写保护状态，或是写保护开关出现故障，也有可能是磁盘的存储空间已满或使用方法不当造成的。解决方法如下。

（1）检查磁盘的写保护状态是否处于关闭状态，否则可能是开关损坏，需要进行维修。

（2）检查磁盘空间是否已满，如果已存储满了，应进行清理。

### 8. 打开移动磁盘文件出现乱码

这可能是磁盘感染了病毒或USB接口（线）损坏，或者是磁盘本身已经损坏，另外可能是由于长时间使用磁盘，磁盘中存在有大量的磁盘碎片引起的。解决方法如下。

（1）用系统自带的磁盘碎片整理工具整理磁盘碎片。

（2）使用最新的杀毒软件对磁盘进行杀毒。

（3）更换损坏的设备。

### 9. 无法停用并卸载移动磁盘

当停用并卸载移动磁盘时提示“无法停用通用卷”，原因可能是磁盘正在和电脑之间进行数据传输，或者是还保持数据传输的状态。此时可等待数据传输完成后再卸载移动磁盘，或是中断移动磁盘与电脑的数据传输。

### 10. 系统提示已经找到新的硬件并且硬件正常被安装可以使用，但无法找到U盘的盘符，且闪存盘的灯在不停地闪亮

这种故障一般是由于非法操作所造成的，认为U盘是可以支持热插拔的，于是在没有正确删除移动设备的情况下，直接进行了插拔操作，不正确的操作是导致闪存消失的根本原因。打开“设备管理器”，在【磁盘驱动器】下看到比原来多了一个“Netac Onlydisk”的设备，双击后再弹出的新窗口中看到了四个新的选项：“断开”、“可删除”、“同步数据传输”和“Int 13单元”，仔细观察发现“可删除”前面的选项没有选中。选中该项后重新启动电脑。

## 4.3 小结

本章着重为大家介绍了计算机的外部存储设备。其中介绍了光存储器从早期的CD光驱到后来的DVD光驱、光盘刻录机，再到集成有CD-RW、DVD功能的驱动器、DVD-RW驱动器的发展过程。通过对这些光存储器的了解，有助于我们选购适合自己使用的产品，在使用时充分发挥它应有的功能。

如今，移动存储设备已经逐渐成为日常办公的重要工具，因此，在本章中，着重为大家介绍了可移动硬盘与优盘的选购和使用方法、维护技巧以及常见的故障排除方法。通过对这一部分的学习，有助于读者正确地使用可移动存储设备，保证存储数据的安全，让它为工作带来更多的便利。

值得一提的是，在使用可移动存储设备的过程中，出现故障的频率较高，且出现故障

的原因有可能是因为操作系统导致的，也有可能是本身的硬件原因导致的，因此，在处理这些故障时，应多分析原因，尽可能找到相同的硬件来进行测试，从而找到问题的关键所在并成功处理。

## 4.4 习题

1．光存储器的发展过程经历了哪些阶段？

2．CD 光盘和 DVD 光盘的存储量分别是多少？

3．常见的移动存储设备有哪些？MP3、MP4 是否属于可移动存储设备？

4．选购移动硬盘的方法是什么？

5．选购优盘时应注意哪些事项？

# 第5章 多媒体设备

现在的计算机多为多媒体计算机，多媒体计算机配备多媒体设备。目前的多媒体设备十分丰富，常用的多媒体设备有 CD-ROM、DVD、刻录机、声卡、音箱和视频卡等。多媒体设备为生活带来了很大的便利，也为教育发展提供了有效的工具和手段，让我们的生活更加丰富多彩。在本章将对各种多媒体设备的原理、分类、选购以及常见的故障进行介绍。

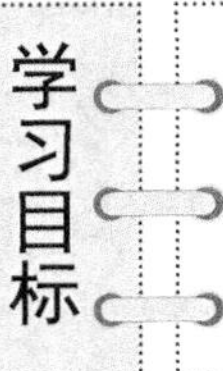

学习目标

- 了解多媒体设备的种类和用途。
- 熟悉各种多媒体设备的使用、性能指标以及选购方案。
- 掌握各种多媒体设备常见故障的解决方案。
- 明确平板电脑等新兴多媒体设备的特点和用途。

## 5.1 声卡

声卡（Sound Card）也叫音频卡，是多媒体计算机（MPC）的必备部件，它是实现声波/数字信号相互转换的硬件。声卡的基本功能是把来自话筒、磁带、光盘的原始声音信号加以转换，输出到耳机、扬声器、扩音机和录音机等声响设备，或通过音乐设备数字接口（MIDI）使乐器发出美妙的声音。

### 5.1.1 声卡的结构和工作原理

声卡的外形如图 5-1 所示，主要组成结构包括声音处理芯片组（见图 5-2）、功率放大器、总线连接端口、输入输出端口（见图 5-3）、MIDI 及游戏杆接口（共用）和 CD 音频连接器等。

图 5-1　声卡

图 5-2　声音处理芯片

图 5-3　输入输出端口

#### 1. 声卡的结构

声卡主要由以下要素组成。

（1）声音处理芯片组。数字信号处理芯片（Digital Signal Processor，简称 DSP）是声卡的核心部件，用来完成 WAVE 波形的采样与合成、MIDI 音乐的合成，包括混音器、效果器的实现。此类芯片上往往都标示有商标、芯片型号、生产日期、编号及生产厂商等重要信息。通常生产厂商也往往根据此芯片的型号来命名声卡。

目前大部分的主板上都集成了简单的声音处理芯片，数字信号处理芯片基本上决定了声卡的性能和档次。

（2）PC-SPK 插座。用于连接 PC 喇叭。

（3）线性输出插孔（LINE OUT）。用于将声卡处理好的声音输入到有源音箱、耳机和功放。

（4）话筒输入插孔（MIC IN）。用于连接话筒，主要用在语音识别、娱乐和个人录音等方面。

（5）线性输入插孔（LINE IN）。也就是音频输入接口，用于将随身听或电视机等外部设备的声音信号输入计算机。通常另一端连接外部声音设备的线性输出端（Line Out）。

（6）游戏/MIDI 插口。主要用来连接游戏操纵杆、游戏手柄及方向盘等外接游戏控制器，同时也可用来连接 MIDI 键盘和电子琴等电子乐器上的 MIDI 接口，实现 MIDI 音乐信号的直接传输。

（7）CD-ROM 音频连接器。用一根 4 芯或 3 芯的 CD 音频线连接到 CD-ROM 上，以实现直接按光驱面板上的播放按钮来播放音乐 CD。早期的操作系统往往需要这根音频线才能直接播放 CD，所以现在大部分的声卡已经把这个接口给省略掉了。

### 2．声卡的工作原理

目前的主流声卡是 PCI 声卡，它包括主音频处理芯片多媒体数字信号编/解码器 CODEC 等主要部件，以及晶体振荡器电容运算放大器功率放大器等辅助元件。其中还包括外部输入/输出口和内部输入/输出口。图 5-4 为声卡组成框图。

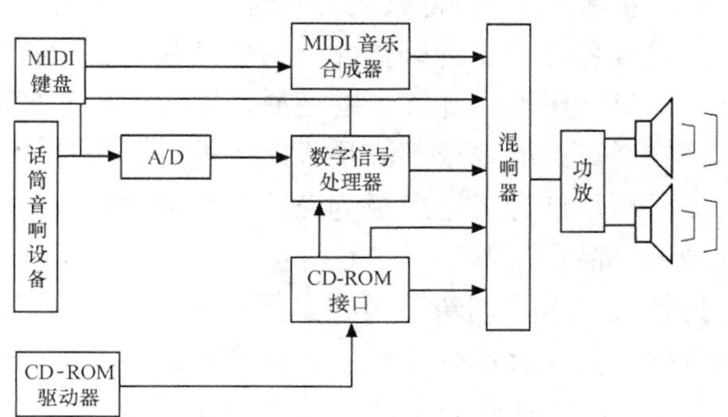


图 5-4　声卡组成框图

麦克风和喇叭所用的都是模拟信号，而计算机所能处理的都是数字信号，声卡的作用就是实现两者的转换。从结构上分，声卡可分为模数转换电路和数模转换电路两部分，模数转换电路负责将麦克风等声音输入设备采到的模拟声音信号转换为计算机能处理的数字信号；而数模转换电路负责将计算机使用的数字声音信号转换为喇叭等设备能使用的模拟信号。

## 5.1.2　声卡的功能和分类

声卡由各种电子器件和连接器组成。电子器件用来完成各种特定的功能。连接器一般有插座和圆形插孔两种，用来连接输入输出信号。

### 1．声卡的功能

声卡的具体功能有以下几种。

（1）播放数字音乐。这是声卡最基本的功能。因为数字音乐的存储方式大幅度的改进，从原始的 WAV 到流行的 MP3，再到最新的 wma 等音频格式，所以使得数字音乐被广大用户所接受。

（2）录音。这也是声卡最基本的功能之一，采集来自麦克风的信号。目前大部分民用声卡都可以采集 48kHz/16bit 的信号，虽然很多普通用户不太在意声卡的录音功能，但这是一个能够带来很多乐趣的功能。未来的电脑很有可能实现语音化控制，这也将和声卡息息相关。

（3）语音通信。当声卡有了输出和输入信号的能力时，声卡就成了语音通信的重要组成部分。如果声卡可以同时输出和输入信号，这块声卡就支持全双工的工作模式，非常适合在网络上进行语音通信。用于语音通信的声卡需要支持全双工，即播放和录音可以同时进行。

（4）实时的效果器。当电脑游戏越来越 3D 化的时候，用户不但要求画面够 3D，也要求声音也能够尽量模拟真实环境。其中有厂家提出了 3D 音效的方案，其中最著名的是 Aureal 的 A3D、Microsoft DirectSound 和 Creative EAX。

### 2．声卡的分类

声卡发展至今，主要分为板卡式、集成式和外置式 3 种接口类型。

（1）板卡式声卡。板卡式产品是现今市场上的中坚力量，产品涵盖低、中、高各档次，售价从几十元至上千元不等。早期的板卡式产品多为 ISA 接口，由于此接口总线带宽较低、功能单一、占用系统资源过多，目前已被淘汰；PCI 则取代了 ISA 接口成为目前的主流，它们拥有更好的性能及兼容性，支持即插即用，安装使用都很方便，如图 5-5 所示。

（2）集成式声卡。声卡只会影响到计算机的音质，对 PC 用户较敏感的系统性能并没有什么关系。因此，大多用户对声卡的要求都满足于能用就行。虽然板卡式产品的兼容性、易用性及性能都能满足市场需求，但为了追求更为廉价与简便，集成式声卡出现了。由于声卡是集成的，所以没有单独的产品出现，如图 5-6 所示。

（3）外置式声卡。外置式声卡是创新公司独家推出的一个新兴事物，它通过 USB 接口与 PC 连接，具有使用方便、便于移动等优势。但这类产品主要应用于特殊环境，如连接笔记本电脑实现更好的音质等。目前市场上的外置声卡并不多，常见的有创新的 Extigy、Digital Music 两款，以及 MAYA EX、MAYA 5.1 USB 等，如图 5-7 所示。

图 5-5　板卡式声卡

图 5-6　集成式声卡

图 5-7　外置式声卡

### 5.1.3 声卡的主要技术指标

声卡真正的质量取决于它的采样和回放能力。模拟声音信号是一系列连续的电压值，获取这些值的过程称为采样，这是由模数转换芯片来完成的。

#### 1. 声音采样参数

声音采样参数主要包括以下两项。

（1）采样精度。采样精度通常用采样位数来衡量。采样位数指的是每个采样点所代表音频信号的幅度。8bit 的位数可以描述 256 种状态，而 16bit 则可以表示 65 536 种状态。对于同一信号幅度而言，使用 16bit 的量化级来描述自然要比使用 8bit 来描述精确得多。一般来说采样位数越高，声音就越清晰。

（2）采样频率。采样频率是指每秒钟对音频信号的采样次数。单位时间内采样次数越多，即采样频率越高，数字信号就越接近原声。采样频率只要达到信号最高频率的两倍，就能精确描述被采样的信号。现时大多数声卡的采样频率都已达到 44.1kHz 或 48kHz，即达到所谓的 CD 音质水平了。最早的声卡生产厂家有 AdLib 公司和创新公司（Creative Labs），这两种声卡实际上已成为声卡的标准，大部分的声卡都与它们兼容。现在市场上已经开始流行 PCI 的声卡。

#### 2. 声道数

声卡所支持的声道数是衡量声卡档次的重要指标之一，从单声道到最新的环绕立体声，下面一一详细介绍。

（1）单声道。单声道是比较原始的声音复制形式，在早期的声卡中采用的比较普遍。当通过两个扬声器回放单声道信息的时候，可以明显感觉到声音是从两个音箱中间传递到我们耳朵里的。这种缺乏位置感的录制方式用现在的眼光看自然是很落后的，但在声卡刚刚起步时，已经是非常先进的技术了。

（2）准立体声声卡。准立体声声卡的基本概念就是：在录制声音的时候采用单声道，而播放声音有时是立体声，有时是单声道。采用这种技术的声卡也曾在市面上流行过一段时间，但现在已经销声匿迹了。

（3）立体声。单声道缺乏对声音的位置定位，而立体声技术则彻底改变了这一状况。立体声是将声音在录制过程中分配到两个独立的声道，从而达到了很好的声音定位效果。这种技术在音乐欣赏中显得尤为有用，听众可以清晰地分辨出各种乐器来自的方向，从而使音乐更富想象力，更加接近于临场感受。立体声技术广泛运用于自 Sound Blaster Pro 以后的大量声卡，成为了影响深远的一个音频标准。目前立体声依然是许多产品遵循的技术标准。

（4）环绕立体声。立体声虽然满足了人们对左右声道位置感体验的要求，但是随着技术的进一步发展，大家逐渐发现仅有双声道已难以满足需求。要达到好的声音效果，仅仅依靠两个音箱是远远不够的。所以环绕立体声音频技术应运而生。目前环绕技术已经广泛融入各类中、高档声卡设计中，是今后发展的主流趋势。环绕立体声一般分为 4.1 声道、5.1 声道及 7.1 声道环绕等类型。

#### 3. 数字—模拟转换器

声卡最重要的功能就是将数字化的音乐信号转化为模拟类信号，完成这一功能的部件称为 DAC（Digital-Analog Converter：数字—模拟转换器，简称数模转换器），DAC 的品质决定了整个声卡的音质输出品质。

大多数声卡使用了符合 AC97 的 Codec（即数字信号编码解码器，DAC 和 ADC 的结合体），由于 AC97 的标准定义了输入输出的采样频率都是 48kHz 这一个频率，所以如果 Codec 接收到其他采样频率的音频流，便会经过 SRC（Sample Rate Converter，采样频率转换器）将频率转换到统一的 48kHz，在这个转换过程中，音频流中的数据便会由于转换算法而损失一部分细节，造成音质的损失，所以 AC97 除了播放 48kHz 的音频流音质还不错以外，播放其他采样频率的音频流都不能得到很好的回放音质。

#### 4. 关于 MIDI

MIDI（Musical Instrument Digital Interface）即乐器指令数字化接口，它是连接各种电子乐器和相关仪器进行数据交换时的通信标准。作为计算机与电子乐器之间传递数据的桥梁，通过它可以使电于乐器模拟出几乎所有能听到的乐器所发出的声音。

CD-ROM 还未普及时，游戏中最高品质的音乐就是采用 MIDI 方式。后来，随着 CD-ROM 的兴起和不断发展，由于可以采用音轨或者 Wave 文件的方式将音乐记录在光盘片上，使多媒体爱好者及游戏玩家不再需要购买昂贵的音源处理器就可以享受到高品质的音乐，因此，在当今的游戏上使用 MIDI 的就相对较少了。不过鉴于目前 PCI 总线的高速度、CPU 的高性能以及 PCI 声卡普遍提供的硬件音源能力，因此可以将音色记录在硬盘中，需要时直接取出来播放就可以了。这也使得在播放 MIDI 时，音色不再像过去 ISA 声卡所提供的 FM 音源那样死板了。

MIDI 合成是声卡的一项重要功能。目前的硬件波表合成技术已经比较完善，要想更进一步地提高效果，以接近专业 MIDI 合成器的水准，就只能从真实度方面入手。更复杂更拟真的波表数据，将需要声卡上更多的内存。

#### 5. 接口类型

声卡主要有 ISA 和 PCI 及 USB 外置接口 3 种类型。早期的内置产品多为 ISA 接口，由于此接口总线带宽较低、功能单一、占用系统资源过多，目前已被淘汰；PCI 则取代了 ISA 接口成为目前的主流，它们拥有更好的性能及兼容性，支持即插即用，安装使用都很方便。外置式声卡是创新公司独家推出的一个新兴事物，它通过 USB 接口与 PC 连接，具有使用方便、便于移动等优势。但这类产品主要应用于特殊环境，如连接笔记本实现更好的音质等。

要点提示　在选购声卡产品之前，应对声卡的相关信息，如芯片、品牌及价格等有一定的了解。另外，产品的品牌也不能忽略，它往往决定了产品的质量、服务及价格等因素。

### 【案例 5-1】 声卡常见故障及处理方案

下面介绍声卡在使用中的常见故障及其处理方法。

#### 1. 播放音乐时无声

**【故障分析】**

播放时无声可以分为多种情况，下面依次分析介绍。

（1）普通声卡无声。如果声卡安装过程一切正常，设备都能正常识别，也没有插错

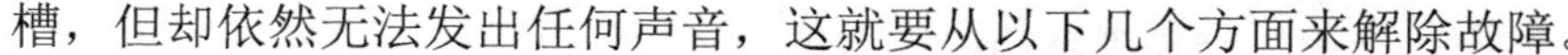



槽，但却依然无法发出任何声音，这就要从以下几个方面来解除故障。

- 声卡与音箱或者耳机是否已经正确连接。
- 音箱或者耳机是否性能完好，没有问题。
- 音频连接线有无损坏，是否完好。
- Windows 音量控制中的各项声音通道是否被设置成为静音模式。

如果以上 4 条都很正常，依然没有声音，那么可以试着更换较新版本的驱动程序试试。如果还不行则可把声卡插到其他的机器上进行试验，以确认声卡是否是硬件本身的损坏故障。

（2）播放 MIDI 无声。如果声卡在播放 WAV、玩游戏时非常正常，但就是无法播放 MIDI 文件则可能有以下 3 种可能。

- 早期的 ISA 声卡可能是由于 16 位模式与 32 位模式不兼容造成 MIDI 播放的不正常。
- 如今流行的 PCI 声卡大多采用波表合成技术，如果 MIDI 部分不能放音则很可能因为没有加载适当的波表音色库。
- Windows 音量控制中的 MIDI 通道被设置成了静音模式。

（3）播放 CD 无声。如果无法正常欣赏 CD 唱片，最大的可能就是没有连接好 CD 音频线，这条 4 芯线是 CD-ROM 和声卡附带的。线的一头与声卡上的 CD IN 相连，另一头则与 CD-ROM 上的 ANALOG 音频输出相连。需要注意的是早期声卡上 CD IN 类型有所不同，必须用适当的音频线与之配合使用。

（4）四声道不正常。现在市面上的很多声卡都号称支持四声道，但使用中有时不正常，譬如 SB PCI 64 和 PCI 128。具体表现为在玩游戏时四个音箱可以同时发音，但在听 MP3 或是 CD 的时候，却只有前面的两个音箱有声音。其主要原因是因为这类声卡的四声道是需要 DS3D 支持的。在 DS3D 环境下可以正常使用，而到了非 DS3D 环境下只有立体声输出。也就是说，这类声卡的四声道不是真正的四声道，而仅仅是通过软件模拟的。

### 2．声卡无法录音

**【故障分析】**

在确定麦克风和声卡连接正常的情况下，无法录音通常是由于用户没有设置好录音通道所造成的。在 Windows XP 中可以选择【控制面板】/【声音和音频设备】/【音频】/【录音】/【高级】选项，就可以预设需要的录音通道，预设好后就可以使用录音功能了。

### 3．播放时的噪声问题

**【故障分析】**

现在市面上有许多廉价的低档声卡，其中许多在放音时往往会出现较大的噪声。这是由于这些产品往往采用了比较廉价的功放单元，同时在做工上也很粗糙，很容易受到电磁干扰。一般这类声卡往往有一个 SPEAKER OUT、LINE OUT 的切换跳线。SPEAKER OUT 表示采用声卡上的功放单元对信号进行放大处理，通常这是给无源音箱使用的，虽然输出的信号“大而猛”，但信噪比很低。所谓信噪比（Signal to Noise Ratio，简称 SNR）就是：一个判断声卡抑制噪声能力的重要指标。通常把有用信号与噪声信号功率的比值称为 SNR，以分贝为单位。一般说来，此值越大则声卡的滤波效果越好，一个好的声卡其 SNR 值至少应大于 80dB。LINE OUT 则表示绕过声卡上的功放单元，直接将信号以线路传输方式输出到音箱，这类声卡的噪声问题就可以得到适当的解决，但也只能起到减少噪声的效果，要想真正解决噪声的问题，用户最好去购买一块中高档的声卡。

#### 4．放音时出现的爆音问题

【故障分析】

“爆音”特指声卡在放音过程中出现的间歇干扰声，而不是诸如信噪比低而引起的信号“噪声”。爆音问题主要出现在 PCI 声卡上，主要是由于 PCI BUS MASTER 控制权引起的，并在 PCI 显卡与 PCI 声卡共同工作的计算机中显得尤为突出。

其表现通常是：在 PCI 声卡处理声音信息的同时，又运行其他大型的应用程序，从而在图形画面出现变化的时候，发出间歇的“噼啪”声。

其根本原因是 PCI 显卡的原因。由于当时许多显卡制造厂商为了最大程度地提升自己产品在运行 Windows 之类软件时的图形测试分值，往往将 PCI 显卡设置为 BUS MASTER 的方式。在放音时，画面有所动作，显卡瞬间抢过了 PCI BUS MASTER 的主控权，势必造成 PCI 声卡受到干扰，以致出现瞬间的爆音。如果是 AGP 接口的显卡则不会有这类问题，且也并非所有的 PCI 显卡都有抢夺 PCI BUS MASTER 主控权的习惯。这类原因引起的爆音是可以非常容易被解决的。在 Windows 安装目录下找到 SYSTEM.INI 文件，对其进行编辑，我们可以试着添加或寻找这样两段语句：

```
[DISPLAY] /BUSTHROTTLE=1 /OPTIMIZATION=1
```

如果已经有了这两段语句，则一定要注意将 BUSTHROTTLE 和 OPTIMIZATION 后面的变量设置为“1”。如果 PCI 声卡爆音来源于 BUS MASTER 控制权的争夺，那么修改了以上设置，重新启动机器以后，就可以解决问题了。另外声卡与主板的兼容问题，CD-ROM 的数字音频输出等也会引起爆音。

### 【案例 5-2】 声卡的选购

下面分不同的用户层次介绍声卡的选购原则。

#### 1．普通声卡的介绍及选购

这个档次的用户基本上对计算机音效没有太高的要求，平常的应用就是听听 MP3，玩游戏和上网时候听一些声音。这类用户最好的选择还是主板上集成的声卡，成本最低。现在主板上集成的声卡主要有两种：一种是符合 AC97 标准的软声卡；另一种就是集成有音效芯片的硬声卡。如果主板没有集成声卡，也可以选择便宜的外加 PCI 声卡。

对于主板没有集成声卡的用户来说，就得选购一块价格便宜但是也要效果还过得去的独立外加声卡。

#### 2．中档声卡的介绍及选购

这个档次的用户一般对声音有比较高的要求，不满足于“仅仅发出声音”的状况，想要从电脑上得到不错的音乐享受。除了满足低端用户的那些要求以外，它们可能还会聆听一些经典名曲，或者玩一些需要比较强的 3D 定位的如 CS 之类的游戏。这个档次的用户选择不算太多，所以选起来也比较容易。

#### 3．高档声卡的介绍及选购

这个档次的声卡价格贵，但能享受顶级的 PC 系统声音效果。由于目前 DVD 光驱的迅速普及，人们对 DVD 音效的完整回放的要求越来越高，至少需要借助于 5.1 声道输出。目前市面上能够支持 5.1 声道的声卡芯片主要就是 CMI8738、FM801 和创新的 EMU10K1、

EMU10K2 这几款。

## 5.2 多媒体音箱



多媒体音箱是将音频信号还原成声音信号的一种装置，音箱包括箱体、喇叭单元、分频器和吸音材料 4 个部分。按照发声原理及内部结构不同，音箱可分为倒相式、密闭式、平板式、号角式和迷宫式等几种类型，其中最主要的形式是密闭式和倒相式。

多媒体音箱的工作原理：声卡将数字音频信号转为模拟音频信号输出，这时音频信号电平较弱，一般只有几百毫伏，还不能推动喇叭正常工作。这时信号就需要通过功率放大器（简称功放）加以放大。放大后的音频信号就可以推动喇叭了。

### 5.2.1 多媒体音箱的分类

多媒体音箱通常按照箱体结构来区分，主要分为 X.1 类音箱和 2.0 类音箱。X.1 音箱由 2 个、4 个或 5 个卫星音箱及一个低音音箱组成，也就是 2.1、4.1、5.1。卫星音箱负责中高频的还原，低音音箱负责低频的还原。2.0 结构的音箱将高低音单元设计在了同一个箱体内，所以只需要两个箱体便能组成一套全频带立体声音箱。对于观看 DVD 和玩游戏来说，X.1 音箱是不错的选择，但是从听音乐的角度来看，2.0 音箱就更适合。

#### 1．按使用场合分

按使用场合可分为专业音箱与家用音箱。

（1）专业音箱。一般专业音箱的灵敏度较高、放音声压高、力度好、承受功率大，与家用音箱相比，其音质偏硬，外型也不甚精致。但在专业音箱中的监听音箱，其性能与家用音箱较为接近，外型一般也比较精致、小巧，所以这类监听音箱也常被家用 Hi-Fi 音响系统所采用。这类音箱如图 5-8 所示。

图 5-8　专业音箱

（2）家用音箱。家用音箱一般用于家庭放音，其特点是放音音质细腻柔和，外型较为精致、美观，放音声压级不太高，承受的功率相对较少。这类音箱如图 5-9 所示。专业音箱一般用于歌舞厅、卡拉 OK 厅、影剧院、会堂和体育场馆等专业文娱场所。

#### 2．按有源和无源分

按有源和无源可分为有源音箱和无源音箱。

（1）有源音箱（Active Speaker）又称为“主动式音箱”。

通常是指带有功率放大器的音箱，如多媒体电脑音箱、有源超低音箱，以及一些新型的家庭影院有源音箱等。有源音箱由于内置了功放电路，使用者不必考虑与放大器匹配的问题，同时也便于用较低电平的音频信号直接驱动。

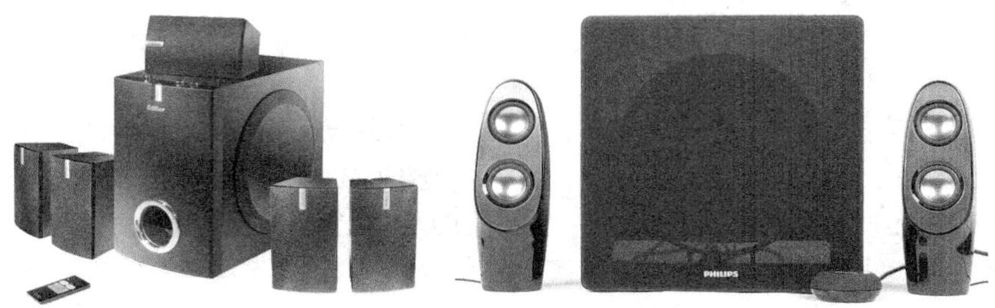

图 5-9　家用音箱

此外，还有一些专业用内置功放电路的录音监听音箱和采用内置电子分频电路和放大器的电子分频音箱也可归入有源音箱范畴。有源音箱通常标注了内置放大器的输出功率、输入阻抗和输入信号电平等参数。有源超低音箱则还标注了输入信号的频率特性（如全频带信号还是低频信号）、低通滤波器特性等参数。目前流行的有源音箱如图 5-10 所示。

图 5-10　有源音箱

（2）无源音箱（Passive Speaker）又称为“被动式音箱”。

无源音箱即是我们通常采用的内部不带功放电路的普通音箱。无源音箱虽不带放大器，但常常带有分频网络和阻抗补偿电路等。

无源音箱一般标注阻抗、功率及频率范围等参数。目前流行的无源音箱如图 5-11 所示。

图 5-11　无源音箱

由于有源音箱有明显的优点，所以在市场上占有绝对优势，一般市场上大部分产品是有源音箱。

### 3. 按音箱的数量分

按音箱的数量可分为 2.0 音箱（见图 5-12）、2.1 音箱（见图 5-13）、4.1 音箱（见图 5-14）、5.1 音箱（见图 5-15）和 7.1 音箱（见图 5-16）。

图 5-12　2.0 音箱

图 5-13　2.1 音箱

图 5-14　4.1 音箱

图 5-15　5.1 音箱

图 5-16　7.1 音像

对于带有低音炮的多声道有源音箱，前一个数字 2 或 4 或 5 代表环绕音箱的个数：2 是双声道立体声，一般用 R 代表右声道，L 代表左声道；4 是四点定位的四声道环绕，一般用 FR 代表前置右声道，一般用 FL 代表前置左声道，一般用 RR 代表后置右声道，一般用 RL 代表后置左声道；5 是在四声道的基础上增加了中置声道，用 C 表示；而其中“.1”声道，则是一个专门设计的超低音声道，这一声道可以产生频响范围 20～120Hz 的超低音。现今，很多优秀的“家庭影院”为了能更好地表现出 DVD 电影中存放的 Dolby－AC3 音效，一般都采用了 AC3 的 5.1 音箱系统。

4．按音箱的箱体材料分

按音箱的箱体材料来可分为塑料箱体音箱和木质箱体音箱。这两种不同的材质都有自己的优点。

（1）塑料箱体音箱。塑料的优点是加工容易，外型可以做得比较好看，在大批量的生产中可以做得很低的成本。但也不意味着塑料就是低档的代名词，像一些国外知名的品牌，在高档产品中也使用塑料材质，也能表现出不错的音色。不过国内的厂家在塑料材质的密度和加工工艺等指标还够理想，一般都是把塑料箱体用在中低档产品。常见的塑料箱体音箱如图 5-17 所示。

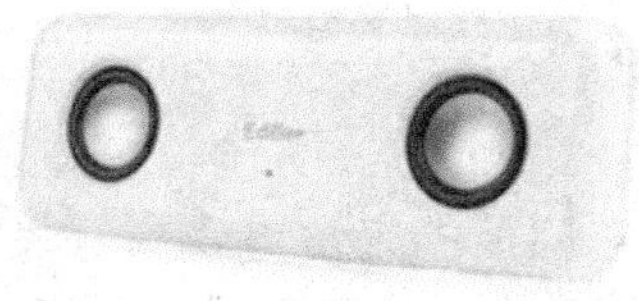

图 5-17　塑料音箱

（2）木质音箱。现在的木质音箱中低价位的大多采用中密板作为箱体材质，而高价位的大多采用真正的纯木板作为箱体材料，要避免箱体谐振和密封性，保证箱体木板的厚度，木板之间结合紧密程度都是影响音质的关键因素。常见的木质音箱如图 5-18 所示。

图 5-18　木质音箱

由于木质音箱的音质效果明显比塑料的音箱要好，所以市场上的产品大部分是木质的，只是根据木质材料的不同，价格和性能有差别。

## 5.2.2　多媒体音箱的性能指标

现在市场上的音箱贵的上千，便宜的 30 元就能买到，那么到底怎样的音箱才算是一套真正的好音箱呢？衡量和鉴别一套多媒体音箱的优劣，一般应该看它的技术指标。多媒体音箱的技术指标主要是从以下 5 个方面来考虑。

### 1．频响范围

频响范围的全称叫频率范围与频率响应。前者是指音箱系统的最低有效回放频率与最高有效回放频率之间的范围；后者是指将一个以恒电压输出的音频信号与系统相连接时，音箱产生的声压随频率的变化而发生增大或衰减、相位随频率而发生变化的现象，这种声压和相位与频率的相关联的变化关系称为频率响应，单位分贝（dB）。

### 2．灵敏度

该指标是指在给音箱输入端输入 1W/1kHz 信号时，在距音箱喇叭平面垂直中轴前方 1m 的地方所测得的声压级。灵敏度的单位为分贝（dB）。音箱的灵敏度每差 3dB，输出的声压就相差一倍，普通音箱的灵敏度在 85～90dB 范围内，85dB 以下为低灵敏度，90dB 以上为高灵敏度，通常多媒体音箱的灵敏度则稍低一些。

### 3．失真度

音箱的失真度定义与放大器的失真度基本相同，不同的是放大器输入的是电信号，输出的还是电信号，而音箱输入的是电信号，输出的则是声波信号。所以音箱的失真度是指电声信号转换的失真。声波的失真允许范围是 10%内，一般人耳对 5%以内的失真不敏感。最好不要购买失真度大于 5%的音箱。

### 4．信噪比

该指标指音箱回放的正常声音信号与噪声信号的比值。信噪比低，小信号输入时噪声严重，在整个音域的声音明显变得浑浊不清，不知发的是什么音，严重影响音质。信噪比低于 80dB 的音箱（包括低于 60dB 的低音炮）不建议购买。

### 5．阻抗

该指标是指输入信号的电压与电流的比值。音箱的输入阻抗一般分为高阻抗和低阻抗两类，一般高于 16Ω的是高阻抗，低于 8Ω的是低阻抗，音箱的标准阻抗是 8Ω。市场上音箱的标称阻抗有 4Ω、5Ω、6Ω、8Ω和 16Ω等几种，虽然这项指标与音箱的性能无关，但是最好不要购买低阻抗的音箱，推荐值是标准的 8Ω，这是因为在功放与输出功率相同的情况下，低阻抗的音箱可以获得较大的输出功率，但是阻抗太低了又会造成欠阻尼和低音劣化等现象。

### 5.2.3 选购多媒体音箱的误区

现如今市场上琳琅满目的音箱，经常使人感到眼花缭乱，在选择音箱的过程中也或多或少地会出现一些误区，以下就是一些常见的误区。

#### 1．误区一：价格贵的音箱音质就一定好

通常的说法是音箱的音质由价格来决定，但价格不是选购优质音箱的唯一标准，重要的是音箱的音质如何，因为价格和音质也不一定就成比例，也就是说，并不是说你付出了双倍的价格，就会有双倍的音质享受。

即使是 CPU 也是一样，你付出双倍价格却未必可以购买到双倍频率的 CPU，就算频率是双倍，也不一定其性能就会是双倍。这个道理用到音箱上就更加明显了。

#### 2．误区二：音箱内的吸音棉并不代表档次的高低

吸音材料在音箱中只起两个作用，一是消除音箱箱体的某些谐振与染色；二是适当缩小音箱的体积，对于音箱属于哪个档次毫无关系。只要音箱的箱体设计合理，自身没有明显的谐振，箱体又足够大，完全可以不加填充材料就能制作出高品质的音箱。

在全世界的音箱制作领域中，这种成功的例子很多。在音箱箱体中不加填充材料，对音箱的瞬态特性有好处。经过认真设计、认真加工制造的音箱，在出厂时基本上达到了一个比较理想的状态，在这种情况下随意改变音箱内填充材料的有无、多少，会对音箱的重播造成很多影响，而这些影响多数是负面的，过多的填充物，会造成重播时的声音发木，瞬态特性差，有气无力。

#### 3．误区三：木质的音箱就一定好

当走进电子市场时，总会有热心的销售员推荐某某牌子的音箱是什么木做的，质量如何有保证等。买音箱不是买家具，如果是买家具，好的木质家具倒是可以作为衡量该产品是否优质的一个重要标准。但对于音箱就没有什么太大的关系了，因为原木板有谐振的性质，音箱工作时木质本身会产生声音，影响音箱的音质表现力，所以说木质音箱就是好音箱并无根据。

#### 4．误区四：不要以貌取箱，重要的要看细节

在选购音箱的时候最重要的是要看音箱的制作工艺、箱体材质、箱体密封性、扬声器的口径和品质等信息，甚至分频器都能从倒相孔看见。先看音箱的外贴层，是否有明显的起泡、划痕及翘边等现象，接缝是否整齐，箱体的一些塑料制品是否粗糙，比如倒相管的管壁是否厚实，表面是否光滑。

另外，从音箱的面板接缝处仔细辨别箱体材质，如果从接缝处不能看出的话，也可以用手指在箱体空腔处的箱壁上敲一敲，如果板材较厚、密度较高的话，声音应该低沉且无明

显的空腔感。最后揭开防尘罩，看看喇叭的制作工艺，特别是喇叭中间凸出的音圈罩周边的制作工艺，如果粘得不好的往往可以看到一丝丝的胶水干后留下的痕迹；再看看固定喇叭的螺丝有无受损痕迹，如果有就不是机器安装的，质量肯定要打折扣。试音时，则至少把音量按钮调到 3/4 处，看看功率够不够或有没有失真，与此同时，用手在音箱各处摸一摸，如果感到箱体后（除倒箱孔外）还有风吹出，就说明音箱密封性不好。

【案例 5-3】 多媒体音箱的常见故障分析

下面介绍多媒体音箱的常见故障及其解决方法。

### 1. 音箱不出声或只有一只出声

【故障分析与解决】

（1）检查电源、连接线是否接好，有时过多的灰尘往往会导致接触不良。

（2）如不确定是否是声卡的问题，则可更换音源（如接上随身听），以确定是否是音箱本身的毛病。

（3）当确定是音箱本身问题时，应检查扬声器音圈是否烧断、扬声器音圈引线是否断路、馈线是否开路、与放大器是否连接妥当。

（4）当听到音箱发出的声音比较空，声场涣散时，要注意音箱的左右声道是否接反，可考虑将两组音频线换位。

### 2. 音箱声音低或音箱有明显的失真

【故障分析与解决】

（1）重点检查扬声器质量是否低劣、低音扬音器相位是否接反。

（2）检查低音、3D 等调节程度是否过大。

（3）扬声器音圈歪斜、扬声器铁芯偏离或磁隙中有杂物、扬声器纸盆变形、放大器馈给功率过大也会造成失真。

### 3. 音箱有杂音

【故障分析与解决】

（1）先在录音机或收音机上测试音箱是否自身有杂音，如果有，是音箱本身的问题可更换或维修音箱。音箱本身的问题主要出在扬声器纸盆破裂、音箱接缝开裂、音箱后板松动、扬声器盆架未固定紧、音箱面网过松等方面。

（2）将声卡换个插槽，尽量远离其他插卡，如显示卡、Modem 卡和网卡等，尤其是显示卡，它的干扰性最强，可能会干扰包括声卡在内的任何插卡。

（3）将声卡上的音频线拔掉测试，若不再有杂音，则说明杂音是该音频线导致的，可换一根音频线或更换声卡。

## 5.3 平板电脑

平板电脑（Tablet Personal Computer，简称 Tablet PC、Flat Pc、Tablet 或 Slates），是一种小型、方便携带的个人电脑，以触摸屏作为基本的输入设备，允许用户通过触控笔或数字笔来进行作业来取代传统的键盘或鼠标。

## 5.3.1 平板电脑概述

平板电脑由比尔·盖茨提出，应支持来自 Intel、AMD 和 ARM 的芯片架构，从微软提出的平板电脑概念产品上看，平板电脑就是一款无须翻盖、没有键盘、小到放入手袋，但却功能完整的 PC。

### 1. 平板电脑的发展历程

平板电脑的命名由苹果公司已故 CEO 乔布斯提出，并且申请了专利。微软在苹果提出之后，也做过设想，但由于当时的硬件技术水平还未成熟，而且所使用的 Windows XP 操作系统是为传统电脑设计，并不适合平板电脑的操作方式。

直到 2010 年 iPad 的出现，平板电脑才真正进入人们的视野。iPad 由苹果公司首席执行官史蒂夫·乔布斯于 2010 年 1 月 27 日在美国旧金山欧巴布也那艺术中心发布，让各 IT 厂商将目光重新聚焦在了“平板电脑”上。

iPad 重新定义了平板电脑的概念和设计思想，取得了巨大的成功，从而使平板电脑真正成为了一种带动巨大市场需求的产品。这个平板电脑（Pad）的概念和微软那时提出的平板电脑（Tablet）的概念已不一样。2011 年 9 月，随着微软的 Windows 8 系统发布，平板阵营再次扩充。

2012 年 6 月 19 日，微软在美国洛杉矶发布 Surface 平板电脑，Surface 可以外接键盘微软称，这款平板电脑接上键盘后可以变身“全桌面 PC”Surface 背面微软将提供多种色彩的外接键盘。

### 2. 平板电脑的优势

平板电脑在外观上，具有与众不同的特点。有的就像一个单独的液晶显示屏，只是比一般的显示屏要厚一些，在上面配置了硬盘等必要的硬件设备，如图 5-19 所示。

图 5-19 平板电脑

（1）特有的操作系统。其特有的操作系统，不仅具有普通电脑的功能，还增加了手写输入，扩展了普通电脑的功能。扩展使用 PC 的方式，使用专用的“笔”，在电脑上操作，使其像纸和笔的使用一样简单。同时也支持键盘和鼠标，像普通电脑一样的操作。

（2）便携移动。平板电脑像笔记本电脑一样体积小而轻，可以随时转移它的使用场所，比台式机具有移动灵活性。

（3）数字化笔记。平板电脑就像 PDA、掌上电脑一样，做普通的笔记本，随时记事，创建自己的文本、图表和图片。

（4）个性化使用。平板电脑的最大特点是，数字墨水和手写识别输入功能，以及强大的笔输入识别、语音识别、手势识别能力，且具有移动性。



## 5.3.2 平板电脑的分类

平板电脑带有触摸识别的液晶屏，可以用电磁感应笔手写输入，集移动商务、移动通信和移动娱乐为一体，具有手写识别和无线网络通信功能，被称为上网本的终结者。

### 1. 双触控平板电脑

双触控平板电脑同时支持电容屏手指触控及电磁笔触控。简单来说，iPad 只支持电容的手指触控，但是不支持电磁笔触控，无法实现原笔迹输入，所以商务性能相对是不足的。目前在全球市场上，双触控平板电脑并不多见，主要原因在于其工艺和技术难度相对较高。

KUPA X11（见图 5-20）是全球首款使用 1366 像素×768 像素分辨率高清双触控平板电脑，能同时支持手指多点灵敏触控和电磁笔精准书写，在键盘之外为用户提供更为舒适、自然、快捷的输入方式。

### 2. 滑盖型平板电脑

滑盖平板电脑的好处是带全键盘，同时又能节省体积，方便随身携带。合起来就跟直板平板电脑一样，将滑盖推出后能够翻转。它的显著优势就是方便操作，除了可以手写触摸输入，还可以像笔记本电脑一样键盘输入，输入速度快，尤其适合炒股、网购时输入账号和密码，如图 5-21 所示。

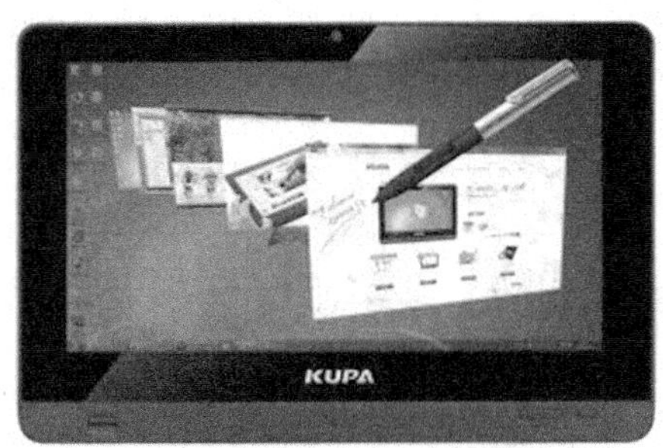


图 5-20 双触控平板电脑

图 5-21 滑盖型平板电脑

### 3. 纯平板电脑

纯平板电脑是将电脑主机与数位液晶屏集成在一起，将手写输入作为其主要输入方式，它们更强调在移动中使用，当然也可随时通过 USB 端口、红外接口或其他端口外接键盘/鼠标（有些厂商的平板电脑产品将外接键盘/鼠标）。

### 4. 商务平板电脑

平板电脑初期多用于娱乐，但随着平板电脑市场的不断拓宽及电子商务的普及，商务平板电脑凭其高性能、高配置迅速成为平板电脑业界中的高端产品代表。一般来说，商务平板用户在选择产品时看重的是：处理器、电池、操作系统、内置应用等“常规项目”，特别是 Windows 之下的软件应用，对于商务用户来说更是选择标准的重点。

5．工业用平板电脑

简单点说，工业用平板电脑就是工业上常说的一体机，整机性能完善，具备市场常见的商用电脑的性能，如图 5-22 所示。多数针对工业方面的平板电脑都选择工业主板，价格较商用主板价格高，并采用 RISC 架构。性能要求不高，但是性能应非常稳定。

图 5-22　工业用平板电脑

6．学生平板电脑

学生平板电脑是平板电脑发展尤其是商务平板电脑进入 ELP（电子教育产品）行业的产物，也被 ELP 行业称为第五代电子教育产品。2011 年是属于学生平板电脑的一年，众多学习机企业纷纷推出“学生平板电脑”，这些产品只是让学习机具备了上网功能。

7．儿童平板电脑

儿童平板电脑也是平板电脑进入 ELP 行业的产物，用户不仅包括了学生，还包括了学龄前幼儿。儿童平板电脑最大的价值是专门为孩子提供了一个相对安全的认识世界、学习知识、开创自我的方式。儿童平板电脑产品从“玩伴”需求催生而来，“后天”又被赋予了教育的价值，跨界“玩具+教育”，从使用形态上来看是此前的电子玩具、掌上游戏机或点读机等产品的升级产品。

## 5.3.3　iPad 简介

iPad 是一款苹果公司于 2010 年发布的平板电脑，定位介于苹果的智能手机 iPhone 和笔记本电脑产品之间，通体只有四个按键，提供浏览互联网、收发电子邮件、观看电子书、播放音频或视频等功能，到目前为止已经发行 3 个版本。

1．入手前的准备工作

在使用 iPad 前，首先需要了解以下知识。

（1）硬件和软件准备。首先是要有一台带有 USB 2.0 接口的电脑，并且已经安装了以下任意一种操作系统：Mac OS X 或 Windows 7，windows Vista 或者 windows XP（安装了 service pack 3 或者更高版本）。其次便是电脑上已经安装有 iTunes 9.1（或者更高版本）。

（2）iTunes store。作为一款苹果公司的产品，我们需要一款叫做 iTunes 的软件来把电脑里的资料传输到 iPad 中。目前 iTunes 的最新版本为 10.2，最好同时申请一个美国账号和一个中国账号，以方便更新下载各种功能，可以自己进行申请。

2．了解 iPad

iPad 1 代于 2010 年 1 月发布，其外形如图 5-23 所示。2011 年 9 月，iPad 2 代正式上市，其外形如图 5-24 所示。2012 年 3 月，苹果公司在美国芳草地艺术中心发布第三代 iPad。苹果中国官网信息，苹果第三代iPad定名为“全新 iPad”。

ipad 电池为内置锂离子充电电池，可维持 10 小时的连续正常使用。虽然市面上可更换电池，但是推荐使用其自身的原装电池。如果希望延长电池使用时间，可以适当调整屏幕亮度，管理下载的应用程序，关闭 Wi-Fi，开启飞行模式，减少使用定位服务等方式。

图 5-23 iPad 1 代

图 5-24 iPad 2 代

如果希望延长电池使用寿命，每个月至少完成一次充放电循环，即将电池充电达到100%然后连续使用，直到屏幕出现必须进行充电的提示为止。

### 3. 使用 iPad

iPad 激活后屏幕上共有 13 个图标（即随机安装了 13 个软件），分别如下。

- 日历：当前的日期保留在 iPad 上。
- 通讯录：在 iPad 上保持最新联系人。
- 备忘录：随时随地记录备忘录。
- 地图：查看全球各个位置的地图、卫星影像图。
- 视频：播放 iTunes 资料库或影片收藏中的影片、电视节目。
- YouTube：从 YouTube 的在线收藏播放视频。需设置并登录到 YouTube 账户。
- iTunes Store：在 iTunes Store 中搜索音乐、有声读物、电视节目、音乐视频和影片，在电脑和 ipad 间同步数据。
- App Store：在 App Store 中搜索可以购买或下载的应用程序。
- 设置：可对 iPad 进行个性化设置，如网络、邮件、Web、音乐、视频、照片等。管理 iPad 无线局域网账户，设定自动锁定和安全密码。
- Safari：用于浏览互联网上的网站。连按两次以放大或缩小，可打开多个网页。可与电脑 Explorer 同步书签。
- Mail：使用多种流行的电子邮件服务、大多数业内标准 POP3 和 IMAP 电子邮件服务收发电子邮件。
- 照片：将的照片和视频整理到相簿。
- iPod：与 iTunes 资料库同步，然后在 iPad 上播放歌曲、有声读物。可使用“家庭共享”从电脑播放音乐。
- iBooks：免费应用程序，是一个很好的电子书阅读器，它采用的 EPUB 电子书格式。你可以搜索免费的 EPUB 书籍然后使用 iTunes 同步到 iPad 的 iBooks 程序当中。

### 4. iPad 的主要功能

如果你拥有一台iPad，你能做很多事情：能查航班信息、能处理办公文件、能当GPS、能用来订餐、能查当日影讯、能上网、能弹钢琴、能画画、能处理图片、能做记事本、能看电影、能听音乐、能弹吉他、能当作图书馆、能成为百科全书……

（1）TabToolkit，随身音乐梦工厂。TabToolkit 是一个功能强大的吉他六线谱与乐谱查看器，还有多音轨播放功能。其中包括一个音频合成引擎，可让用户逐一收听和控制所有音轨的音频。演奏练习工具还有重放节奏控制器、节拍器和六线谱上传下载管理器。适用于吉他的爱好者甚至专业的音乐家。在操作上，它看上去就是一把虚拟的吉他，构造上完全如同真的一样，用户只需要像弹真吉他一样弹奏，就可以发出美妙的吉他声。

（2）iBook，掌上图书馆。与此前多款电子书产品相比，在 iPad 上阅读文件就像读纸质书籍一样好。单击进入 iBook 程序，一个极具质感的木制虚拟书架就会自动显示出来。在程序的右上角，你可以找得到书店按钮，点按一下书架就会自动移开，为你显示 iBookstore 的内容，你可以在这里按照不同方式寻找书籍，同时还可以看到读者评价，下载完成后即可阅读。

（3）Google map，全智能导航仪。如果你与朋友约了在一个餐厅谈事情，但事先并不知道具体地点，本想打车过去，但谁知出租车司机也不知道。神奇的 Google map 就能发挥作用，不但能协助你找到那家餐厅，甚至行车路线和周边设施都显示得极其精确。

（4）办公软件，移动工作室。Pages 是一款文档处理软件，类似 Windows 上的 Word，可以快速输入文字、调整字体大小等文字处理，还可以插入图片、表格及自定义形状、数据图等，制作专业的工作文档。

numbers 类似于 Excel，是一款表格工具，内置了十几种专业的表格模板，无论是处理预算、制订旅行计划，还是给老板做一份详细的财务统计报表，都可以胜任。

使用幻灯片工具——keynote，你一旦有了新的灵感和想法，都可以用它随时随地来给自己或者同事做演示，非常便捷。

使用记事本——Notes Pro，除了可以使用虚拟键盘输入规范字体的文字，还允许用户尽情地在页面上涂鸦，也可以插入图片、录音、PDF 文件甚至是谷歌图书分页。

使用便签——stick it，用户将各个小便签钉在 iPad 这面“墙”上，用户可以建立多个便签，所有待办事项一目了然，非常方便。

（5）一台无敌游戏机。通过 iPad，你可以玩时下热门的各种社交类游戏、网络游戏。人类对于游戏永无止境的追求成就了各种经典游戏的问世，而使用 iPad 玩游戏，更能充分体现出游戏的趣味性和美感，让你真正领略游戏的至高境界。

### 5. iPad 的特色

iPad 2 采用了全新的 A5 处理器。该处理器采用双核心构架，相比 iPad 1，iPad 2 具有两倍的运算速度，9 倍的图形处理能力，大大增强了其技术实力。

（1）触摸笔，改变你的绘画方式。虽然 iPad 的人性化设计已经做到了极致，但是整天用手指摩擦屏幕还是不太舒服。利用触摸笔来完成操作是一件简单可行的事情。专门为 iPad 设计的触摸笔有很多，不但有专门画画的水笔款式，也有细致的签字笔，拥有了这些，你就可以把 iPad 当成画板和便签纸，随时随地记录你的生活。

（2）书架，改变你的阅读方式。ibook 让你体验到了用高清电子屏阅读纸质书的乐趣，不过长时间地手捧 iPad 看书是不是也会觉得疲劳，配套的书架很好地解决了这一问题。把 iPad 调整到最好的展示效果然后放在书架上，即可以轻松地阅读你喜爱的图书。

（3）喇叭，改变你的视听方式。既然被视为一台平板电脑，那么就不能忽视声音的存在。时尚的 Vestalife iPad 瓢虫喇叭通过 USB 或 4 节 AA 电池供电，以扩大 iPad 的音量，并不是谁都能把这么大的喇叭带来带去的，飞利浦设计的喇叭基座 Fidelio D8550 可以很好地与 iPad 融为一体。



（4）无线路由器，改变你的上网方式。目前，iPad 上网主要有两种方式，一种是通过内置 3G 卡上网，如果不需要随时随地上网，Wi-Fi 是不错的选择，只要是在有 Wi-Fi 网络的地方，就可以同样享受到无线上网的乐趣。此时无线路由便是一个必要的装备，其机身底部有一个 Micro USB 接口，通过它与 iPad 连接设置后，便可以搜索到 Wi-Fi 网络，同时它还可以建立 Wi-Fi 无线局域网，让周围的 Wi-Fi 设备实现网络资源共享。

（5）键盘，改变你的办公方式。习惯了键盘操作的你的确需要一段时间才能适应 iPad 触摸式的键盘模式。尽管触摸式虚拟键盘更加方便，但过于灵活以及缺乏质感还是让很多人不适应。为此，苹果公司专门配套出品了外接键盘底座。这个套装是包含一个铝苹果键盘和同步底座。键盘的整体设计完全沿用了 iMac 电脑键盘风格，操作十分方便。

### 5.3.4　平板电脑的选购

近两年，随着 3G 网络、Android 系统以及 Web2.0 在国内逐步普及的契机，平板电脑在国内市场逐渐升温，众多厂商的海量新品铺天盖地地出现在各大电子卖场，此情此景，相信很多消费者都会有些困惑，到底应该如何选用平板电脑呢？

#### 1．操作系统

在各类操作系统中，从系统的普及性、软件的获取成本、应用环境等方面综合考虑，可以看出，微软 Windows 7 高高在上，而黑莓 BlackBerry Tablet OS 与惠普 WebOS 的全面推广仍需时日，唯有苹果 iOS 和谷歌 Android 具有实力与潜力，而苹果 iPad 过高的售价阻碍了市场的进一步扩张，当前最适合国内普通消费者使用的平板设备操作系统，无疑应是谷歌 Android，因此现在国内的平板厂商绝大多数都选用 Android 系统作为各自平板产品的标配。

#### 2．屏幕&操控

选定了操作系统，下面需要关注的便是产品的屏幕设计，目前市场上常见的 MID/平板产品的屏幕尺寸主要有 7 英寸、9 英寸及以上，而屏幕的操控方式，只有电容式和电阻式两类。

（1）屏幕。7 英寸屏幕是当今平板的主流，众多厂商都相继推出不同款式的 7 英寸屏幕平板产品。多数 7 英寸屏幕的平板，例如斯贝 MD06、音悦汇 W9，都是采用 16:9 或 16:10 宽屏设计的，其宽度一般都在 12mm 以内，可以插到裤子后袋，这种设计，可谓是找到了当前平板产品性能、用户体验度和便携性之间的最优化平衡点。

此类产品较宽屏设计的产品更适于浏览网页与游戏。7 英寸屏幕的平板由于屏幕尺寸的提升，在视频播放、文档查看和网页浏览等方面都比 5 英寸屏幕的产品要好，适合大多数消费者，尤其适合外出随时都带着小包的女性朋友，而更注重网页浏览效果的消费者则应重点考虑采用 4:3 比例屏幕设计的产品。

（2）操控。在屏幕的操控方式方面，传统的平板多采用电阻式触摸屏，可用任何硬物触控，触控精度高，适于手写和绘画等；其屏幕表面为软质材料，易划花，但较电容屏抗冲

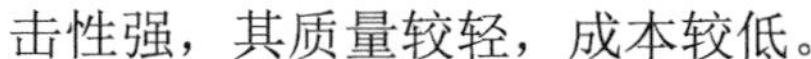

击性强，其质量较轻，成本较低。

新一代的平板多选用电容式触摸屏，利用人体电场感应，触控感流畅轻松，适于滑触动作（如电子书的翻页、网页的滚动等），精细触屏输入与电阻触摸屏相当（如中文手写和绘制设计图等），可支持多点触控；其屏幕表面可以使用硬质材料制作，抗划防花，质量较重，成本也相对较高。



3．网络连接

目前，消费市场上流行的平板上网方式，主要有 Wi-Fi 无线连接与 3G 移动网络两大方式，两种上网方式有其不同的特点和适用范围，选择平板产品的时候可以根据自己的需求做好选择。

（1）Wi-Fi 无线网络。Wi-Fi 无线网络是 Wi-Fi 联盟制造商的商标（也可作为产品的品牌认证），是一个创建于 IEEE 802.11 标准的无线局域网络（WLAN）设备标准，目前，Wi-Fi 的主流标准包括 802.11a/b/g/n，是平板产品的主流上网方式，其稳定性适中，速度较快，功耗较低，通过无线电，可以在一定空间范围内自由移动，费用较低或免费。

（2）3G 移动网络。3G 移动网络可用空间范围最广，中国移动、中国联通和中国电信都分别拥有各自的 3G 网络，理想状态下可认为是随处可用，但功耗较高、辐射较大、费用较高、标准互相排斥，且受到实际网络信号覆盖的限制。目前支持 3G 移动网络的平板产品又分为外置无线上网卡与内置模块，其标准多为电信 CDMA2000 和联通 WCDMA，需要支付数据流量资费。

总体看来，得益于无线路由器的普及，如果家里或公司原来“可以上网”的话，那要变成“能让平板通过 Wi-Fi 上网”在家里或公司上网，是非常简单的一件事。即使在外，在很多大城市的公共场所也有 Wi-Fi 热点覆盖，在那里也可以用平板通过 Wi-Fi 上网，所以一台标配支持 Wi-Fi 的平板设备已经可以达到“准随时随地”上网，当然，对于要求较高、预算较为充裕用户，选购支持 3G 移动网络的平板，会是更佳选择。

4．扩展应用

如果说，无线互联是平板的基本价值，那么，端口扩展则是平板的溢出价值。随着平板设备的性能越来越强大，其实现“大而全”的可能性就越来越高，要把手上的平板性能发挥到极致，设备就要具有相当的扩展性。

其中，最简单、最常用的扩展，自然就是存储与 USB 的扩展，多数平板可支持扩展卡，少数产品还可以通过 USB-HOST，支持硬盘或其他 USB 设备，如 U 盘、摄像头、USB 键盘、3G 数据卡等。随着高清、游戏、应用的进一步增长，用户对平板容量与应用宽度的需求肯定越来越大，市场上此类存储与 USB 扩展的平板也会逐渐增多。

目前中高端的平板，包括三星 Galaxy Tab、东芝 AS100等产品，很多都提供了 HDMI 数字输出接口，拥有此接口的平板可以把 HD 高清音视频信号输出到如家庭影院等设备中，从而实现 DVD 机、高清播放器等传统产品的功用，令平板电脑的娱乐价值进一步提升。

（1）蓝牙功能扩展。蓝牙在平板上的应用跟电脑上的蓝牙应用差不多，主要就是实现文件无线传输、无线输入、无线音频输出等。目前市场上支持蓝牙的平板还不多。

（2）GPS 导航扩展。目前，部分高端平板已开始支持 GPS 导航，而导航类软件也可在现有的平板系统良好兼容，既然平板的设计跟 GPS 导航仪那么相似，而软硬件平台又提供支持，GPS 与平板的融合势必将成为今后的一大趋势。

（3）通话功能扩展。

虽然现在市场上已经有不少支持 3G 上网的平板，但这些平板大多不具备通话功能，目前仅有三星 Galaxy Tab、戴尔 Streak 等少数产品支持通话功能，今后，平板与通话、蓝牙功能的结合，同样是一大亮点。

## 5.4 摄像头

摄像头（见图 5-25）是一种数字视频的输入设备，利用光电技术采集影像，通过内部的电路把这些代表像素的“点电流”转换成为能够被计算机所处理的数字信号的 0 和 1，而不像视频采集卡那样首先用模拟的采集工具采集影像，再通过专用的模数转换组件完成影像的输入。

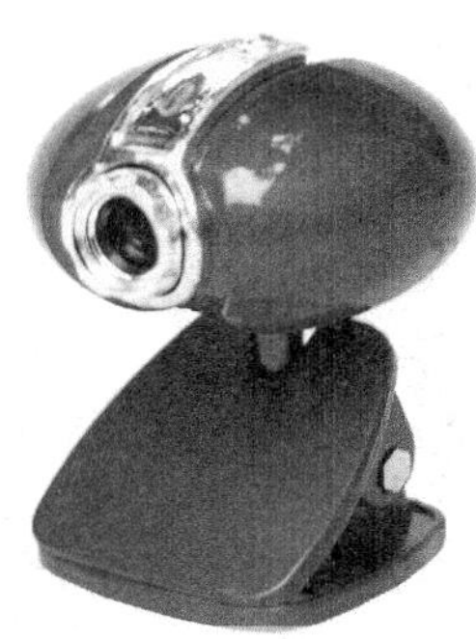

图 5-25 摄像头

一般根据所用感光器件的不同有 CCD 和 CMOS 两类之分。摄像头又分为内置和外接摄像头，外接摄像头主要是通过手机上的摄像头接口与摄像头相连，实现拍照的功能。一般来说，一个型号的摄像头可能会对应同一个品牌同一系列的某几款相机，但不可能兼容不同品牌的产品。

### 5.4.1 摄像头的分类

景物通过镜头（LENS）生成的光学图像投射到图像传感器表面上，然后转换为电信号，经过 A/D（模数转换）转换后变为数字图像信号，再送到数字信号处理芯片（DSP）中加工处理，再通过 USB 接口传输到电脑中处理，通过显示器就可以看到图像了。

#### 1. 数字摄像头

它可以独立与计算机配合使用。数字摄像头是一种数字视频的输入设备，利用光电技术采集影像，而不像视频采集卡那样首先用模拟的采集工具采集影像，再通过专用的模数转换组件完成影像的输入。

数字摄像头的优点是使用简单，一般都通过计算机并行通信口连接或 USB 连接的，是即插即用的，安装简单。尤其适合便携式电脑和不能打开机箱的品牌台式电脑。整体的价格往往要比买同档次的摄像头和捕捉卡要便宜。

不过数字摄像机的缺点也是比较明显的，由于使用了 CMOS 作为感光器件，使得在 640 像素×480 像素以上捕捉速度不是很快（小于 30 帧）。现在市场上大多数摄像头的分辨率都在 640 像素×480 像素左右，一般在 352 像素×288 像素时能够达到每秒 30 帧。

**2．模拟摄像头**

模拟摄像头要配合视频捕捉卡一起使用。模拟摄像头多为 CCD 的，按不同档次分辨率不同。与数字摄像头同级的模拟摄像头为例，一般黑白的在 250～400 元为多，彩色的在 550～1 100 元（视品质和品牌而定），品牌有宝狮、罗技等。还有 Intel 的视频会议系统，包括摄像头、内置插卡式捕捉卡和双工声卡等全套产品，不过价格昂贵。模拟摄像头要与计算机配合工作，需要有视频捕捉卡或外置捕捉卡。

视频捕捉卡档次差得很大，从 600 多元到上万元都有，昂贵的视频捕捉卡往往带有实时视频压缩功能，适用于专业运用。与数字摄像头同档次的视频捕捉卡在 600～800 元左右，再高一档可以在 640 像素×480 像素下以 30 帧/秒作动态连续捕捉的在 1 200～1 800 元。对于要进行数码影像、影音处理的用户来说应考虑购买模拟摄像头配内置插卡式捕捉卡。

## 5.4.2 摄像头的功能、组成和性能指标

摄像头基本的功能是视频传输。视频传输就是将图片一张张传到屏幕，由于传输速度很快，所以可以让大家看到连续动态的画面，就像放电影一样。

**1．摄像头的功能**

一般当画面的传输数量达到每秒 24 帧时，画面就有了连续性。在进行这种图片的传输时，必须将图片进行压缩，一般压缩方式有如 H.261、JPEG 及 MPEG 等，否则传输所需的带宽会变得很大。

如果将摄像头的分辨率调到 640 像素×480 像素，捕捉到的图片每张大小约为 50KB 左右，每秒 30 帧，那么摄像头传输视频所需的速度为 50×30kbit/s＝1 500kbit/s＝1.5Mbit/s。而在实际生活中，人们一般用于网络视频聊天时的分辨率为 320 像素×240 像素，甚至更低，传输的帧数为每秒 24 帧。换言之，此时视频传输速率将不到 300kbit/s，人们就可以进行较为流畅的视频传输聊天。

如果采用更高的压缩视频方式，如 MPEG-1 等，可以将传输速率降低到不足 200kbit/s。这个就是一般视频聊天时，摄像头所需的网络传输速度。

**2．摄像头的主要结构**

**摄像头主要包括以下重要组件。**

（1）镜头。镜头（LENS）即透镜结构，由几片透镜组成，有塑胶透镜（plastic）或玻璃透镜（glass）。产品外形如图 5-26 所示。

（2）图像传感器（SENSOR）。图像传感器如图 5-27 所示，又可以分为两类：电荷耦合器件和互补金属氧化物半导体。

（3）数字信号处理芯片（DSP）。除了镜头和图像传感器，数字信号处理芯片（DSP）也是必不可少的组件——DSP 生产厂商较多，市面上较为流行的有：SONIX（松瀚）602A、VIMICRO（中星微）301P、ST（罗技 LOGITECH 的 DSP 提供商）、SUNPLUS（SUN+重点发展单芯片的 CIF 和 VGA，但图像质量一般）、OVT（OVT511、OVT519 前两

年较流行，现有少数产品在市场上）。

图 5-26　镜头（LENS）

图 5-27　图像传感器（SENSOR）

3．摄像头的性能指标

衡量摄像头性能的好坏主要有以下几个指标。

（1）摄像头的关键部件是 CCD 和 CMOS 感光器件。CCD（Charge Coupled Device）具有成像灵敏度高、抗震动及体积小等优点，但价格较贵。CMOS（Complementary Metal Oxide Semiconductor）是另一种新型的感光器件，CMOS 具有价格低、响应速度快及功耗低（相对 CCD 而言）等优点。

（2）摄像头另两个重要指标是像素值和分辨率。像素值越高就意味者其产品的解析图像能力越强。早期产品像素值一般在 10 万左右，由于技术含量低已被市场所淘汰。当前主流产品的像素值一般在 30 万～35 万左右。

分辨率是摄像头辨别图像的能力。目前，摄像头所给出的分辨率一般都在 640 像素 × 480 像素这一个标准上。

4．摄像头的选购

由于目前在市场上摄像头的种类繁多，所以在选购摄像头的时候就有一个误区，就是只看像素高低。像素确实是摄像头的一个重要参数，但仅看像素是不够的，要综合考虑上述的 6 个性能指标。

市面上很多摄像头标注像素为 130 万，其中大部分使用了软件插值，而实际上那种摄像头只有 48 万甚至只有 30 万像素，尽管软件插值能一定程度地提高画质的精细度，但与实际硬件 130 万像素的画质是无法比的。更高的像素可达到更高的分辨率和更好的成像效果，但是最为重要的是镜头的好坏，市面上一些较好的摄像头都选用了 5 层玻璃镜片的镜头，这样的摄像头的清晰度十分出众。

而一些标称为 130 万像素的，使用了较差的塑料镜头，就算高像素能带来更高的分辨率，也不能让成像水平提高，反而下降。所以市面上一般的低价摄像头都是选用了较差的塑料镜头或塑料玻璃混合镜头，相对成本较高的 5 层玻璃镜头都使用在一些大品牌价格较高的产品上，因此尽量选择那些有实力的大品牌的产品。

以下介绍 4 款功能和性能都非常出色的 800 万像素的摄像头。

1．迈德克斯 MS-825 炫雷

迈德克斯炫雷 MS-825 摄像头，通体蓝色的色调让人感觉很清爽，希望在这个炎炎夏日能给用户带来清凉的感觉。正面采用金属色装饰美观大方，暗光下补光功能保证昏暗环境下使用，采用中星微无驱芯片，中星微顶级方案 342+7670，可实现高清晰度视频效果。即插即用，非常方便，暗光下补光功能保证在黑暗环境下的使用，如图 5-28 所示。



### 2．蓝色妖姬飞盟 A330

蓝色妖姬飞盟 A330 摄像头从镜头部分来看很像一个照相机，如图 5-29 所示。精巧的流线型设计让摄像头整体更加小巧精致。蓝色妖姬飞盟 A330 摄像头头部为圆角矩形形状，中央是高清五玻镜头，色彩还原度高。

图 5-28　迈德克斯 MS-825 炫雷

图 5-29　蓝色妖姬飞盟 A330

该摄像头配有高清五玻镜头加上先进的图像技术，让拍摄分辨率可达 1000 万像素，并且具有 30 帧/秒的拍摄速度。视频更流畅，成像更清晰，色彩还原度更高。镜头还可手动调焦，无论微距还是远距拍摄，都有出色的效果。采用的两用式夹子式底座设计，同时配有 4 盏护眼夜视灯内置了降噪麦克风，轻松实现声画同步；头部设计了 360°视觉转轴，满足用户多角度广范围的视频要求；云视频理念和免驱设计，操作变得更加便利。

### 3．谷客 6645

谷客 6645 摄像头机身以黑色为主，经典 3 段式结构，谷客 6645 摄像头机身上方有两颗小的夜视灯，在光线不足时可提供照明，保证成像质量不会下降。黑色的钛金软管可任意弯折，用户可根据自己需要调节摄像头的角度。超强吸盘底座，牢固不倒。外置麦克风，视频同时传话。顶部快拍键，可以自由自拍。

该摄像头配置了手动调焦设置，镜头顶部有拍照快捷键设计，让一键拍摄轻而易举，同时还配备了外界高敏感度麦克风，让网络聊天更加流畅，并配合麦克风防风设计，即使在夏天开着电风扇语音聊天，谷客 6645 的高敏感麦克风都能准确采集有效声源，让聊天毫无阻隔。底座不同于其他吸盘式底座，它采用了加强加重吸盘底座，让整个机身更加稳固地贴合于桌面，也不用担心不留意将摄像头甩落到地面，如图 5-30 所示。

### 4．台电彩蛋 L130

台电摄像头“彩蛋”有着精美的外观和独特的造型，如图 5-31 所示。豪华 500 万像素数码相机镀膜镜头，带给你清晰的视频世界；旋转式的支架设计，高品质的仿水晶材质，除了无与伦比的高光亮度外，还有耐磨、耐冲击性，不易破损，不易变形；色彩鲜艳，可满足不同品位的个性追求。

该摄像头的镜头可上下 45°，左右 360°旋转，轻松满足对视频角度的需求，手动调焦，豪华五玻微凸镜头，特别设计的全透明仿刮伤多功能夹子底座，适合笔记本、LCD、

CRT 等显示器使用，又可自如地固定在平坦的桌面或者台式机显示器上使用。台电彩蛋 L130 采用通用 USB2.0 接口，线材带五芯屏蔽磁环，有效抗电磁干扰。便携小巧式设计，功能参数基本满足普通用户对于摄像头的要求，对于笔记本和桌面并不充裕的台式机用户都是一个非常好的选择。

图 4-30　谷客 6645

图 5-31　台电彩蛋 L130

## 5.5　多媒体适配器

随着多媒体技术的飞速发展，多媒体计算机要处理更多的各种各样信号，其中主要包括视频信号。这就得需要各种多媒体适配器的支持，其中最常见的 3 种多媒体适配器为视频卡、电视接收卡和 SCSI 适配卡。在此将对上述 3 种多媒体适配器进行详细的介绍。

### 5.5.1　视频卡

多媒体计算机要处理视频信号，如有时要把摄像机、录像机或天线等的输入信号送到计算机中进行分析、处理，有时又要把信号从计算机输出变成视频信号送到电视机、录像机等视频设备上去显示或记录下来，这就需要视频卡。视频卡是计算机与视频设备的接口，它的主要用途是获取视频信息，同时还可以使用视频卡在互联网上实时地进行网络影像交流。

#### 1. 视频卡的分类

目前的视频卡种类很多，就其功能来分类，大致可以分为 5 类。

（1）视频转换卡或视频信号转换器（ENCODER 或 ENCODER BOX）。将 VGA 信号转换成电视的 NTSC 或 VHS 信号，通常这种信号也有 VGA 信号输出，可用来将便携式计算机或膝上型计算机的 VGA 信号传送到一般的 VGA 屏幕。

（2）电视选台卡（TV TUNER）。简单地说，有了此卡，便可以在 PC 上进行电视频道的选台。通常这种选台卡并不像电视一样有一个选台转钮或按键，而是用软件方式在 PC 的屏幕上让使用者用按键或鼠标来选频道。这种选台卡通常会有声音输出的接口，以供使用者连接至扩音器的喇叭，或接至声卡的声音输入口。

（3）静态影像捕捉卡或影像捕捉器（FRAME GRABBER）。当在多媒体环境下工作时，可能需要从电视节目、录像带内或摄影机所拍下的某一幕画面，透过这种静态影像捕捉设备便可以达到捕捉画面的目的，所取得的画面则放于磁盘文件中，可作为以后的编辑或演示等用途。

（4）动态影像捕捉卡。与静态影像捕捉卡不同之处是，动态影像捕捉卡捕捉连续的影像信号，而且这种视频卡通常都有声音信号的输出及输入口，捕捉所得的结果为连续的影像及同声段的声音，并可以 AVI 文件的格式将捕捉所得到的连续影像及伴随的声音存在扩展名为.AVI 的影音文件中。动态影像捕捉卡大致也可分为两级影像窗口卡及影像压缩/播放卡。

（5）影像压缩/播放卡。采用的压缩/解压缩方式都是以硬件方式进行的，所以速度要快得多，也不需要用窗口方式限制截取的画面大小。虽然价格不低，但这种视频卡适合专业的简报、演示、节目制作，也很适合业余爱好者。有的厂商将影像压缩与播放卡分开，影像压缩卡专门负责动态影像的捕捉并进行硬件压缩，播放卡则是用硬件方式将压缩后的视频文件解压缩。由于硬件压缩技术的成熟，目前已有能力将两小时的影视节目存入一片 CD 中，只要有了播放卡，便可以用计算机上的 CD-ROM 光驱播放以往只能用盘影机播放的节目。

### 2．视频卡的工作原理

PC 上通过视频卡可以接收来自视频输入端的模拟视频信号，对该信号进行采集，量化为数字信号，然后压缩编码成数字视频序列。大多数视频卡都具备硬件压缩的功能，在采集视频信号时首先在卡上对视频信号进行压缩，然后才通过 PCI 接口把压缩的视频数据传送到主机上。由于模拟视频输入端可以提供不间断的信息源，所以视频捕获卡要采集模拟视频序列中的每帧图像，并在采集下一帧图像之前把这些数据传入 PC。捕获卡都把获取的视频序列先进行压缩处理，然后再存入硬盘，即视频序列的获取和压缩是在一起完成的。

### 3．视频卡的结构

视频捕获卡的功能是捕获图像，主要组成部件有：视频 S-Video 输入接口、视频 A/D 转换器、输入查找表、图像帧缓冲存储器、音频压缩解压缩处理器、压缩/解压缩电路、输出查找表、视频 D/A 转换器和音频输入接口等。

### 4．视频卡的选购

随着计算机的发展和普及，视频卡市场也日益发展起来并逐渐步入人们的生活。然而，如何结合各自的特点，选购到称心如意的视频卡，并不是一件容易的事。下面根据常见消费需求，介绍 4 类视频卡产品。

（1）单纯的电视盒。只需将电视盒与显示器相连，而不必打开主机电源，就可以通过计算机收看电视了。一般附送遥控器，操作与电视基本一致。常见品牌有同维、佳的美等。

（2）带采集和软压缩功能的电视盒/卡。除了电视盒功能外，还可以采集电视以及录像机中节目（以 AVI 或 MPEG-1 格式输出）。其压缩通过 WINDVR 等软件来实现。常见品牌有品尼高、圆刚、铼德等。

（3）不带电视接收的硬件压缩盒/卡。多采用 1510 芯片，采集压缩后无丢帧和马赛克现象，完全可以满足家庭录像带/摄像带转 VCD 的需要。多为外置式盒、USB 接口。主要品牌有同维 1510、蓝星宝盒等。

（4）带电视接收的硬件压缩盒/卡。除了具有上述硬件压缩盒/卡的全部特点外，还可以进行电视接收和电视节目录制，功能丰富，性价比较高，可以满足家庭视频采集、存储的需求。主要品牌有中创软件的蓝奥影视通。

市场上主流的视频卡产品有以下几种。

（1）丽台 PalmTop TV。支持实时 MPEG-2/1 格式视频编码/NTSC 或 PAL/SECAM 制式/USB 2.0 接口，支持录像预约和时光平移，支持 TV 音频解码，包括 MTS、A2、NICAM/支持反隔行技术/支持 JPEG 或 BMP 格式的静态图片捕捉；产品如图 5-32 所示。

（2）丽台 TV2000XP 专业版。Philips MK3 高频头/Conexant CX23881/带 FM 收音/实时采集电视画面，支持外接多种制式信号输入采集/电视画面可随意大小/可更改电视刷新率/带新型遥控器，支持 Windows 2000、XP/定时收看和录制/压缩 MPEG1、2、4/网络视频，支持 NetMeeting/送绘声绘影 6.0/COOL 3D，支持 NICAM（丽音），支持 DVD 直接烧录技术；产品如图 5-33 所示。

图 5-32　丽台 PalmTop TV

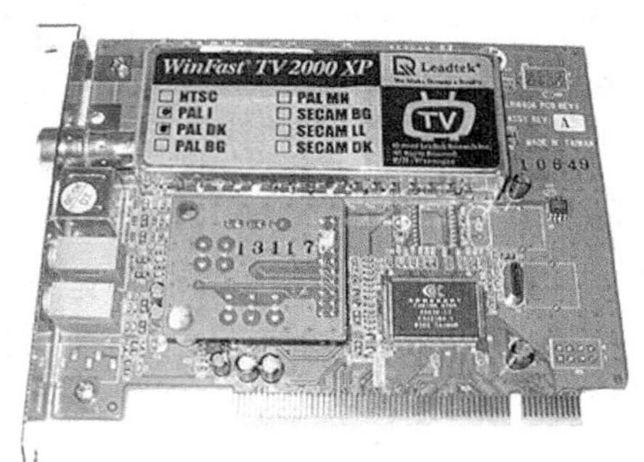


图 5-33　丽台 TV2000XP 专业版

## 5.5.2　电视接收卡

电视接收卡的工作原理与普通电视机的接收原理相似，也是通过高频头接收标准电视信号，然后进行图像和声音的解调，转换成标准的 VGA 图像信号输出到电脑显示器上，并通过音频端口提供电视伴音；而简单来说就是将传送来的模拟电视信号转换为数字信号，然后由电脑进行识别和播放。电视卡功能繁多，主要可用来执行电视视频接收、广播信号及其他音频信号的接收与压缩、视频及其他图像信号的采集编辑处理及制作等。

市场上主流的电视接收卡的产品有以下几种。

### 1．丽台 WinFast TV 2000 Plus+

我国台湾地区丽台（Leadtek）公司制造的 WinFast TV 2000 Plus+是一款多功能影音通信和多媒体娱乐板卡，如图 5-34 所示，提供完整的电视接收、FM 广播、视频捕捉等完全娱乐整合方案。采用 PCI2.1 总线接口标准，支持即插即用，全制式接收，支持 181 个频道自动扫描，提供 16 个频道电视预览，并可预设 10 个个人爱好频道，能以全屏幕或窗口方式收看高画质的电视节目，最高显示分辨率支持到 1 024 像素×768 像素，可以调节电视图像的亮度、对比度、色彩及饱和度，支持英文字幕及 MTS 双语系统。能够收听调频立体声无线广播（频率范围 88～108MHz），并设有 20 个电台记忆，可以制定电视/广播节目表，轻松安排欣赏喜爱的电视节目和 FM 广播节目。

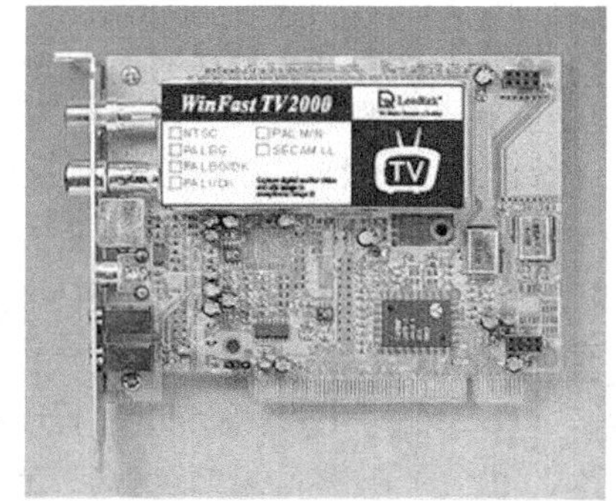


图 5-34　丽台 WinFast TV 2000 Plus+

WinFast TV 2000 提供丰富的输入/输出端子，使其能够连接各种影音设备，如录像机、摄像机、影碟机及游戏机等，玩法多样。具有视频捕捉功能，能以 AVI 格式捕捉高品质的动态影像，经加工编辑、增加特效，可以制作影音邮件或 VCD 光盘，亦可通过网络拨打可视电话，提供了全功能遥控器，功能齐备。



2．ATI All-In-Wonder 128/128 Pro/radeon

这是由著名的加拿大 ATI 公司制造的 All-In-One 系列高端产品（3D 显卡+电视接收+视频采集+MPEG1+MPEG2），如图 5-35 所示，采用 AGP 接口，集成强大的 128 位 2D/3D 图形加速芯片 ATI Rage 128 GL/Rage 128 Pro/Radeon，16 或 32MB 显存，图像显示效果一流。支持全制式、全频道电视信号，甚至可以接收高清晰度、立体声电视节目，自动搜索电视频道，自动调整收视参数，16 频道预览，能以全屏幕或窗口方式收看节目。

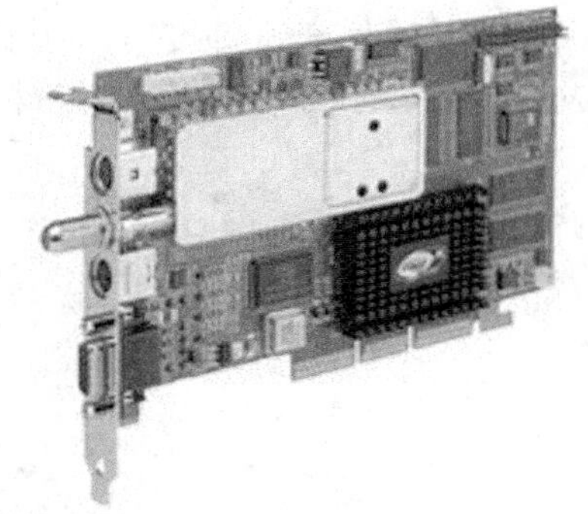

图 5-35　ATI All-In-Wonder 128/128 Pro/radeon

该视频卡具有 S-Video 视频输入/输出端子，可以连接大屏幕彩电，最高输出分辨率支持 800×600/32bit 色深，影像清晰稳定。可以制定电视节目播出表，轻松欣赏喜爱的电视节目，或实现数码定时录像功能。具有极强的视频捕捉和实时压缩功能，可以通过随卡附带的专业视频编辑软件将电视信号或视频输入信号压缩成 MPEG1 或 MPEG2 格式，大大缩小影音文件容量、提高视频图像质量，并制作成具有专业水准的影音节目。支持 DVD 硬件解压，无需解压卡就可达到理想的回放效果。

3．PIX-DTTV/P1W（新型电视接收卡打造 HTPC）

日本 Pixela 公司日前开发出一种能在电脑上播放数字电视 HDTV 影像的电视接收卡“PIX-DTTV/P1W”，如图 5-36 所示，现有 AV 电脑为了保护版权，一般都是将 HDTV 影像转换成 SDTV 画质后进行播放，Pixela 开发新型电视接收卡，可用电脑录制和播放 HDTV 节目。

图 5-36　PIX-DTTV/P1W

新型电视接收机卡的生产厂商有：我国台湾地区圆刚公司，深圳同维公司，我国台湾地区力竑公司，我国台湾地区丽台（Leadtek）公司和上海维奥网络通讯技术有限公司，加拿大的 ATI 公司等。

### 5.5.3 SCSI 适配卡

SCSI（Small Computer System Interface，小型计算机系统接口）适配卡如图 5-37 所示，它是一种外部设备接口，在服务器中则主要由硬盘采用，除此之外，还有 CD/DVD-ROM、CD-R/RW、扫描仪和磁带机等也有采用这一接口的。

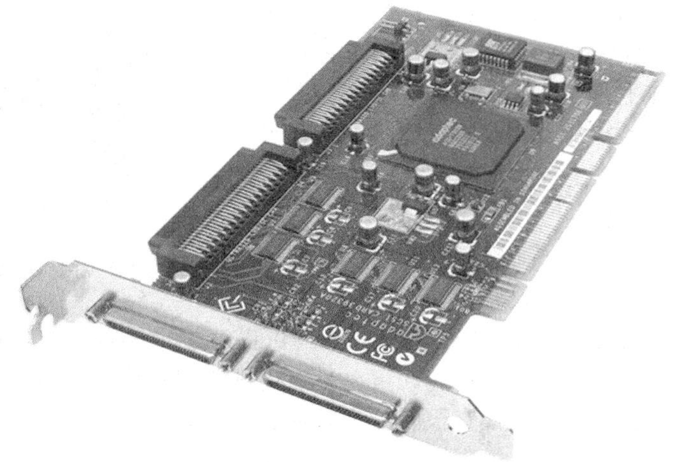

图 5-37 Adaptec 39320A-R SCSI 卡

#### 1. SCSI 的特点

其实，SCSI 也不算是新的接口类型，早在 1986 年 SCSI 标准就已开始制定，至今也经历了将近 20 年的时间。可如今，支持 SCSI 接口的外部设备产品从原本仅有硬盘、磁带机两种，增加到扫描仪、光驱、刻录机及 MO 等各种设备，大家接触 SCSI 的机会正在逐步增加中，再加上制造技术的进步，SCSI 卡与外部设备的价格都已经不再高高在上，显示 SCSI 市场已经相当成熟。

SCSI 接口向来是以高传输率和高可靠性著称，广泛应用于服务器和高档 PC 中，我们常说的硬盘就是指具有 SCSI 接口的硬盘。SCSI 自身也在不断完善发展之中，其应用速度从最初的 4MB/s 一直发展到目前最快的 320MB/s，而且还将向上发展。相对 PC 中常用的 IDE（ATA）接口来说（目前最快的为 133MB/s），它的传输速率具有明显的优势，所以在服务器中通常是采用 SCSI 接口的硬盘，而非常见的 IDE 接口硬盘。不过目前新的 SATA（串行 IDE）接口的传输速率也接近 SCSI 接口速率，也正在服务器中得到应用。

相对 IDE 接口，除了具有传输速率优势外，SCSI 接口也较好地解决了多设备挂接问题。常见 PC 主板的 IDE 接口只支持挂接 4 个 IDE 设备，但是 1 个 SCSI 接口可以挂接 15 个设备以上的设备，对于服务器这种需要海量存储的系统来说优势非常明显。

#### 2. SCSI 卡主要类型及各自性能特征

（1）SCSI-1。它是最早的 SCSI 接口，在 1979 年由 Shugart（希捷公司前身）制订的，在 1986 年获得美国标准协议承认的 SASI（Shugart Associates System Interface，施加特联合系统接口）。它的特点是支持同步和异步 SCSI 外围设备，支持 7 台 8 位的外围设备，最大数据传输率为 5MB/s，支持 Worm 外围设备。

（2）SCSI-2。它是 SCSI-1 的后续接口，是 1992 年提出，也称为 Fast SCSI。如果采用原来的 8 位并行数据传输则称为“Fast SCSI”，它的数据传输率为 10MB/s，最大支持连接设备数为 7 台。后来出现了采用 16 位的并行数据传输模式即“Fast Wide SCSI”，它的数据传输率提高到了 20MB/s，最大支持连接设备数为 15 台。

（3）SCSI-3。它是在 SCSI-2 之后推出的“Ultra SCSI”控制器类型，在这个大类中也可按数据位宽的不同先后推出了两个小类。如果采用原来的 8 位并行数据传输时称为“Ultra SCSI”，它的数据传输率为 20MB/s，最大支持连接设备数为 8 台。在将并行数据传输的总线带宽提高到 16 位后出现了“Ultra Wide SCSI”，它的传输率又成倍提高，即达到了 40MB/s，最大支持连接设备数为 15 台。

（4）Ultra2 SCSI。它是在 Ultra SCSI 的基础上推出的 SCSI 接口类型。于 1997 年提出，采用了 LVD（Low Voltage Differential，低电平微分）的传输模式，允许接口电缆的最长为 12m，这大大增加了设备的灵活性；与上面几种 SCSI 接口一样，它也分为采用 8 位的 Narrow 模式和采用 16 位的 Wide 模式。8 位的 Narrow 模式即为“Ultra2 SCSI”，它的传输率为 40MB/s，最大支持连接设备数为 7 台；而采用 16 位的 Wide 模式则称为“Ultra2 Wide SCSI”，它将传输率提高到了 80MB/s，最大支持连接设备数为 15 台。

（5）Ultra3 SCSI。它是 Ultra2 SCSI 的更新接口，于 1998 年 9 月提出，它除支持现有的 SCSI 规格，使用和 Ultra2 SCSI 完全一样的接口电缆及终结器外，还包含了一些新功能。首先 Ultra3 SCSI 采用双缘传输频率（Double Transition Clocking），而 Ultra2 SCSI 采用得是单缘传输频率，因此 Ultra3 SCSI 的传输率是前者的两倍，即 160MB/s；此外 Ultra3 SCSI 还提供了领域确认（Domain Validation）、CRC（Cyclic Redundant Check，冗余循环校正）、封包化（Packetized Protocol）、快速仲裁选取（Quick Arbitrate & Select）这几项新功能；为了加快 Ultra3 SCSI 新技术的推出，很多厂商首先推出了 Ultra160/m SCSI，Ultra160/m SCSI 的技术和 Ultra3 SCSI 一样，只是没有快速仲裁选取和封包化这两项功能，可以说 Ultra160/m SCSI 就是 Ultra3 SCSI 的子集。

（6）Ultra320 SCSI。它的全称为“Ultra320 SCSI SPI-4”技术规范。Ultra320 SCSI 单通道的数据传输速率最大可达 320MB/s，如果采用双通道 SCSI 控制器可以达到 640MB/s。从基础架构的发展来看，160MB/s 到 320MB/s 的提升在技术上并不复杂，花费也不大，因此对于系统集成商来说，服务器从 SCSI Ultra160 到 Ultra320 SCSI 的技术过渡是非常容易实现。

### 3．SCSI 卡的应用

（1）使原来在主板中没有提供 SCSI 接口的服务器（或 PC）通过普通的 PCI 插槽连接 SCSI 接口的硬盘或其他外部设备。

（2）扩展了 SCSI 接口数量，因为一般来说在服务器中最多只能提供 2 个左右的 SCSI 接口，而 SCSI 卡可以提供多到 4 个 SCSI 接口。

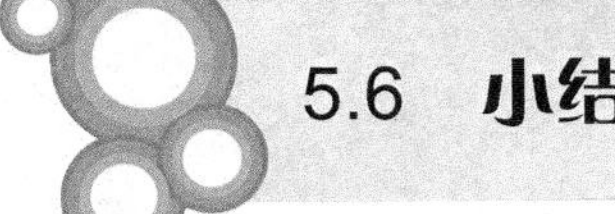

## 5.6 小结

在计算机外围设备中，声卡和音箱也是组成电脑必不可少的一个硬件设备，电脑要发出声音必须要有声卡和音箱的支持；摄像头俗称为电脑眼或网眼，它是一种新型的计算机外设，不仅应用于视频会议、远程医疗及实时监控等专业领域，而且逐步进入千家万户并成为上网视频聊天、发送视频邮件的必备设备。此外，平板电脑作为新兴的多媒体设备日益成为人们日常生活中的重要助手，其性能和功能日益完善和强大。

本章就各种常见的多媒体设备进行了详细的介绍，包括其分类、工作原理、主要技术指标等，同时，也相应地介绍了各种多媒体设备的选购方法及常见的故障分析处理。通过对本章的学习，读者可以对多媒体设备有一个系统的了解，为以后的工作和生活带来方便。

## 5.7 习题

### 一、填空题

1．声卡有 3 个基本功能：一是________功能；二是________功能；三是________功能。

2．阻抗是指音频信号加在音箱输入端时音箱所呈现出的一个纯阻。常见的有________Ω和________Ω的音箱，国外也有________Ω和________Ω的音箱。

3．音箱效率是指音箱输出的________与输入的________之比。

4．信噪比是衡量音箱好坏的一个重要的标准，信噪比越________，音箱效果越好。

5．摄像头有数字摄像头和模拟摄像头两种，________摄像头内包括了视频捕获单元，而________摄像头必须配合视频捕获卡才能使用。

### 二、选择题

1．组成声卡的下列各部件中，对音质的影响最直接、最基础的是________。

A．晶体振荡器　　B．主音频处理芯片
C．运算放大器　　D．多媒体数字信号编解码芯片

2．下列________项不是摄像头的功能。

A．用于实时监控　　B．代替数字相机实现数字摄影
C．通过传输接口传输数据　　D．用于视频会议

3．AC97 规范保证声卡的信噪比（SNR）能够达到________dB 以上。

A．60　　B．70　　C．80　　D．90

4．________是一种音效处理芯片，用于产生各种 3D 环绕音效。

A．AMD　　B．Barton　　C．Celeron　　D．DSP

5．下列选项中不属于音箱性能指标的是________。

A．频率响应　　B．失真度　　C．灵敏度　　D．频率范围

6．数字摄像头与计算机连接一般都采用________接口。

A．RS-232　　B．SCSI　　C．EPP　　D．USB

### 三、简答题

1．说明 5.1 音箱中各数字的含义。

2．选购平板电脑时应注意哪些问题？

3．简要说明 SCSI 适配卡的用途。

# 第 6 章　网络设备

人类社会自从进入 21 世纪以来，信息化已经在人们的生活中占据了主导地位，世界各国都投入了大量的人力物力进行信息基础设施的建设。计算机网络成为当前最热门的学科之一。伴随着计算机网络技术的迅猛发展，整个世界也慢慢变成了“地球村”。人们也深刻地认识到，信息社会的基础是网络。越来越多的单位和企业在进行网络设备的研发和生产制造。本章将介绍常见的计算机网络设备的工作原理、分类以及常见的故障维护。

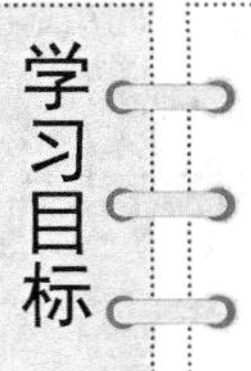


- 了解异步串行通信接口的用途。
- 认识常用调制解调器的选购及故障维护。
- 了解常用网络连接设备的种类及其应用。
- 了解常用网络互连设备的种类及其应用。

## 6.1　异步串行通信接口

计算机与外部信息交换方式有两种：一种是并行通信；另一种是串行通信。并行通信时，数据各位同时传送。而串行通信时，数据和控制信息是一位接一位串行地传送下去。串行通信方式的数据传输速率低于并行通信方式。但是在网络中的通信不能采用并行方式，因为对网络通信来说，并行通信线路成本高，通信设备复杂，干扰严重，几乎无法实现。对于串行通信来说，虽然速度会慢一些，但传送距离比并行通信长，通信设备也相应简单，实现相对容易一些。

异步通信是指以字符为单位传送数据，用起始位和停止位标识每个字符的开始和结束字符，两次传送时间间隔不固定。其特点是通信双方不用统一的时钟标准，而是利用通信数据所携带的同步信号来建立双方的收发同步关系的通信控制方式。异步通信只需要一对传输线作为数据线，而不需要时钟线。因此，异步串行通信是当前网络通信的基本方式。

### 1. 串行传输方式

网络通信线路上传输的信号有基带方式和频带方式两种。基带传输指的是数字信号的数字传输；频带传输指的是数字信号的模拟传输。

（1）基带传输方式。

对于基带信号的传输叫做基带传输。计算机内部并行总线上的信号都是基带信号，这些数字数据的数字信号编码直接表示计算机的数据，各个部件之间进行数据传输不必进行转换。但是，基带信号中的交流分量极其丰富，随着线路长度的增加而衰减极其严重，长距离传输后，信号失真过于严重使得信号无法辨认，所以只能在计算机内部或者较短距离进行数据传输时使用基带传输。计算机和并行打印机之间的数据使用的也是基带传输。打印机和计算机之间的信号电缆长度要求只有1m左右，过长了则会造成打印数据出错。

基带传输要求传输线路有比传输数字波本身更宽的频带。由于计算机产生的数字信号频率变化很大，无法使不同频率的数字通过同一频带的传输线路，因此，一条线路只能传送一组数据。在局域网中绝大多数情况下都使用基带信号。基带传输如图6-1所示。

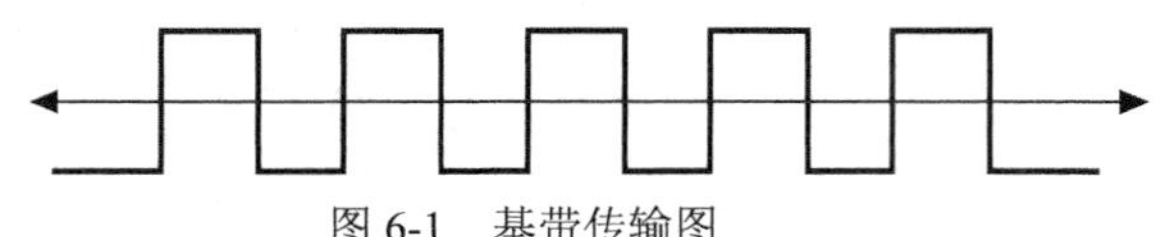

图6-1　基带传输图

（2）频带传输方式。

在远程传输过程中，特别是通过无线信道或光信道进行的数据传输过程中，将由编码表示的数字基带信号通过高频调制后能在信道中进行传输的信号称为频带信号。频带传输就是利用调制解调器将基带数字信号用交流正弦波调制为交流信号，再通过线路传输。对数字信号进行调制的方法通常有以下3种：幅移键控（ASK）、频移键控（FSK）和相移键控（PSK）。经过调制后的信号成为交流信号，可以在通信线路上远距离传输。数据传输按其对线路的使用方式分为以下3种形式：单工通信、半双工通信和全双工通信。

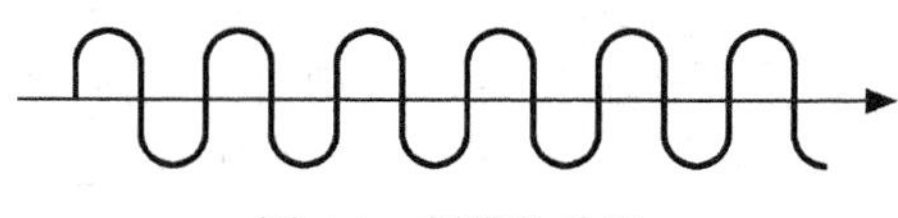

图6-2　频带传输图

与频带传输相关的一些新问题如下。

- 信道干扰。

我们实际所能使用的信道都不是理想的信道，在信道中都存在着干扰噪声。噪声可以分为两大类：一类叫做热噪声；另外一类叫做冲击噪声。

- 信噪比。

信号和噪声的功率比就叫做信噪比，用S/N表示。

- 信道的传输速率。

信号在信道传输过程中有可能因为信道带宽的限制使得信号失真，也可能因为噪声的存在使得信号失真。

（3）两种传输方式的对比总结。

- 基带相对来说较简单，费用也比频带低，同时仍能保持高速率。因此比频带应用广泛得多。虽然就潜在能力而言，频带比基带传输得快且能覆盖较长的距离。
- 频带需要在每个连接末端接入一个调制解调器，这就提高了设备接入LAN的费用。

所以计算机网络中占主导地位的是基带传输，而频带传输通常是与有线电视产业相关的，在计算机网络中很少使用。

### 2. 串行通信接口标准RS-232C

RS-232C标准（协议）的全称是EIA-RS-232C标准，其中EIA（Electronic Industry Association）代表美国电子工业协会，RS（ecommeded standard）代表推荐标准，232是标识号，C代表RS232的最新一次修改（1969年）。它适合于数据传输速率在0～20 000b/s范围内的通信。这个标准对串行通信接口的有关问题如信号线功能、电器特性都作了明确规定。由于通行设备厂商都生产与 RS-232C 制式兼容的通信设备，因此，它作为一种标准，目前已在微机通信接口中广泛采用。例如，目前在 IBM PC 上的 COM1、COM2 接口，就是 RS-232C 接口。

（1）基本术语。在介绍 RS-232C 的特性之前来解释两个术语：DTE 和 DCE。

- DTE。

DTE 是 Data Terminal Equipment（数据终端设备）的缩写。通常将通信线路终端一侧的计算机或终端称为 DTE。

- DCE。

DCE 是 Data Communication Equipment（数据通信设备）的缩写。通常将连接通信线路一侧的调制解调器称为 DCE。

RS-232C 标准最初是 DTE 与 DCE 而制定的，因此它的正式名称是“数据终端设备和数据通信设备之间串行二进制数据交换接口”。其次，RS-232C 标准中所提到的“发送”和“接收”，都是站在 DTE 立场上，而不是站在 DCE 的立场来定义的。由于在计算机系统中，往往是 CPU 和 I/O 设备之间传送信息，两者都是 DTE，因此双方都能发送和接收。

（2）DTE 和 DCE 的电气特性。

- EIA-RS-232C 对电器特性、逻辑电平和各种信号线功能都作了规定。
- 在 TxD 和 RxD 上：逻辑 1（MARK）=−3～−15V；逻辑 0（SPACE）=+3～+15V。
- 在 RTS、CTS、DSR、DTR 和 DCD 等控制线上。
- 信号有效（接通，ON 状态，正电压）= +3～+15V。
- 信号无效（断开，OFF 状态，负电压）=−3～−15V。

以上规定说明了 RS-323C 标准对逻辑电平的定义。

（3）连接器的机械特性。连接器：由于 RS-232C 并未定义连接器的物理特性，因此，出现了 DB-25、DB-15 和 DB-9 各种类型的连接器，其引脚的定义也各不相同。

（4）RS-232C 的接口信号。RS-232C 规标准接口共有 25 条线：4 条数据线、11 条控制线、3 条定时线、7 条备用和未定义线，常用的只有 9 根，可分为 3 大类。

- 联络控制信号线。
- 数据发送与接收线。

发送数据（Transmitted data-TxD）：通过 TxD 终端将串行数据发送到 Modem，（DTE→DCE）。

接收数据（Received data-RxD）：通过 RxD 线终端接收从 Modem 发来的串行数据，（DCE→DTE）。

- 地线。

有两根线 SG、PG：信号地和保护地信号线，无方向。

（5）RS-232C 的不足之处。由于 RS-232C 接口标准出现较早，难免有不足之处，主要有以下 4 点。

- 接口的信号电平值较高，易损坏接口电路的芯片，又因为与 TTL 电平不兼容，故需使用电平转换电路方能与 TTL 电路连接。
- 传输速率较低，在异步传输时，波特率最大为 19 200bit/s。

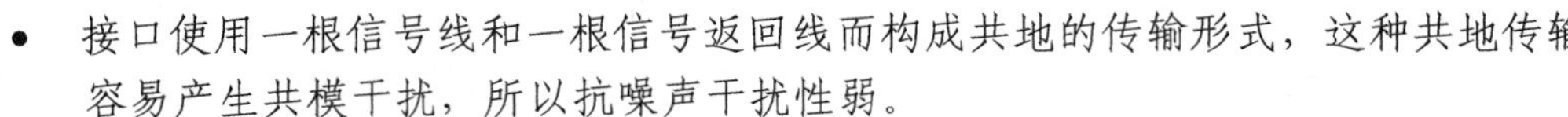

- 接口使用一根信号线和一根信号返回线而构成共地的传输形式，这种共地传输容易产生共模干扰，所以抗噪声干扰性弱。

- 传输距离有限，实际最大传输距离只有 50m 左右。

## 6.2 调制解调器

调制解调器（Modem）是结合了数据通信技术和计算机技术，用于数据通信的一种重要设备，也是计算机进入网络通信线路的必备设备。随着社会的进步和计算机通信技术的发展，Modem 在功能和性能方面有了极大的发展，特别是在自适应控制、数据压缩和网络编码调制技术等方面都有了重大突破。它的产品结构更加小型化、智能化和多功能化，让用户使用起来更加方便。

### 6.2.1 调制解调器分类

调制解调器（Modem）的分类方法很多，基本上有以下划分方法，即硬件安装方式、技术（芯片功能）、通信方式、适用线路、传输频带带宽和收发传真功能。

#### 1. 按硬件安装方式分

按硬件安装方式分为内置式 Modem、外置式 Modem 和 PCMCIA Modem 3 种。

（1）内置式 Modem。内置式 Modem 和普通的计算机插卡一样，通常也被称为传真卡（FAX 卡）。内置 Modem 通常有两个接口，一个标明“Line”的字样，用来接电话线；另一个标明“Phone”的字样，用来接电话机。平时不用调制解调器时，电话机使用一点也不受影响。

内置 Modem（又称为卡式 Modem）体积较小，一般是一块可插在主机箱内扩展槽上的 ISA 或 PCI 卡，不需额外的电源线与电缆，节省空间和金钱，但安装较外置 Modem 复杂。最常见的是内置调制解调器，如图 6-3 所示。

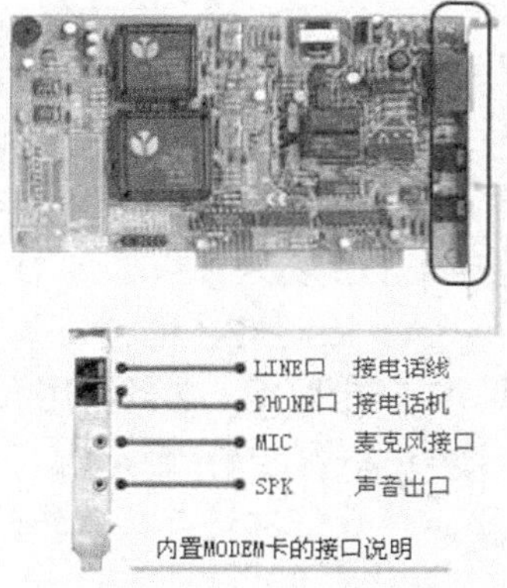

图 6-3 内置调制解调器

（2）外置式 Modem。

外置式调制解调器则是一个放在计算机外部的盒式装置，它需占用电脑的一个串行端口，还需要连接单独的电源才能工作。外置式调制解调器面板上有几盏状态指示灯，可方便您监视 Modem 的通信状态，并且外置式调制解调器安装和拆卸容易，设置和维修也很方便，而且还便于携带。外置式调制解调器的连接也很方便，Phone 和 Line 的接法同内置式调制解调器。但是外置式调制解调器得用一根串行电缆把计算机的一个串行口和调制解调器串行口连起来，这根串行线一般随外置式调制解调器配送。

外置式 Modem 通常有串口 Modem 和 USB 接口 Modem 之分。串口 Modem 多为 25 针的 RS-232 接口，用来和计算机的 RS-232 口（串口）相连。标有“Line”的接口接电话线，标有“Phone”的接电话机。不同的 Modem 外形不同，但这些接口都是类似的。

外置 Modem 通常带有一个变压器，为其提供直流电源。USB 接口 Modem 只需将其接在主机的 USB 接口就可以了，支持即插即用，这比内置 Modem 和外置式 Modem 在安装上都具有优越性。

在外置 Modem 上，我们经常看到一些指示灯，它们指示 Modem 的工作状态，它们的含义如下。

MR：调制解调器就绪或进行测试。 TR：终端就绪。 SD：发送数据。

RD：接收数据。 OH：摘机。 CD：载波检测。

AA：自动应答。 HS：高速。

常见的外置 Modem 如图 6-4 所示。

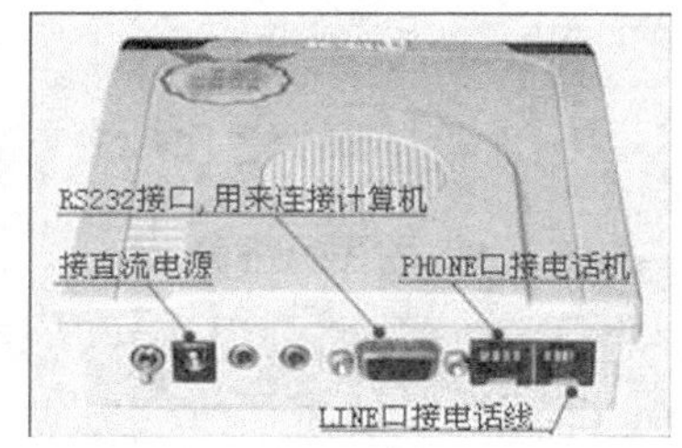


图 6-4 外置 Modem

（3）PCMCIA Modem。

PCMCIA 卡式 Modem 是笔记本电脑专用产品，功能同普通 Modem 大概相同。

### 2．按技术（芯片功能）分

按技术（芯片功能）分，则可以分为硬 Modem、软 Modem、半软 Modem 和 AMR 几种。

（1）硬 Modem。Modem 在核心结构上主要由负责 Modem 指令控制的处理器和负责 Modem 底层算法的数据泵组成，而硬 Modem（见图 6-5）就是把这两部分都做在了一张卡上。这样做的好处是 Modem 不需要占用系统资源，缺点是成本提高了，价格相应也贵了。所有老式 ISA 接口的 Modem 以及接串口的外置 Modem 都是硬 Modem（USB 的不是）。

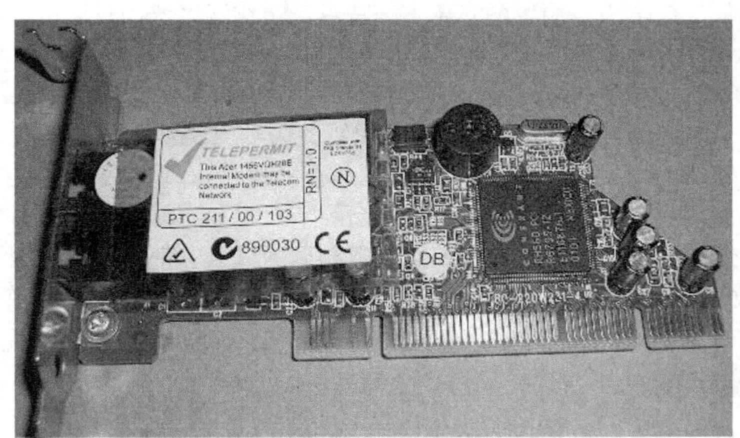


图 6-5 硬 Modem

（2）软 Modem。软 Modem 如图 6-6 所示，就是指把处理器和数据泵都省掉了，通过软件控制交给 CPU 来完成。这样做的好处是减少了 Modem 电路板上的电子元件，从而大大降低成本。不过这样一来 CPU 的负担就加重了，一些主频比较低的 CPU 可能会导致连接速度降低，一般 300MHz 以上的 CPU 不会有问题。

（3）半软 Modem。半软 Modem 如图 6-7 所示，是一种介于以上两种 Modem 之间的 Modem，之所以称它为“半软”，是因为这种 Modem 没有处理器却具备数据泵，底层算法仍然由 Modem 来完成，而指令控制就交给 CPU 了，这样一来成本与软 Modem 相比增加得不太多，也能少占用一些 CPU 资源，是一种折中的解决办法。

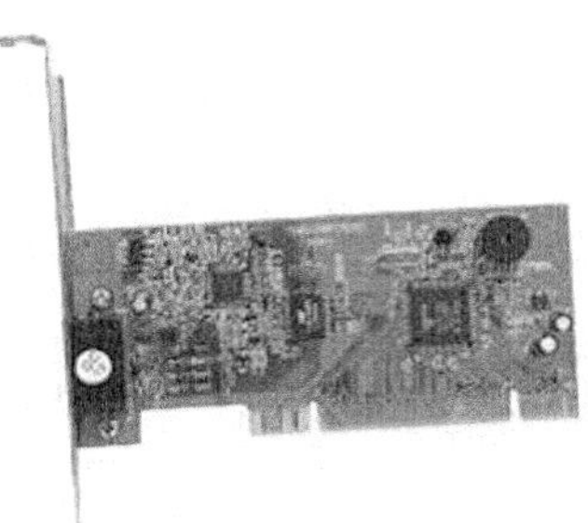

图 6-6　软 Modem

图 6-7　半软 Modem

### 3．按适用线路分

按适用线路分为拨号、专线、网络、光纤、电力线和线缆等多种有线 Modem 及无线 Modem 等类型。

（1）拨号 Modem 是最为普通的，通过电话线用拨号方式连接两台 Modem 方便灵活，通用性强。

（2）专线（也称无源专线）Modem 通过一条双芯普通电缆线连接两台 Modem，它实现多路通信、异步多路复用，用一条线路以 Modem 即可实现一台主机带多台数据终端设备的作用，很适合企事业单位主机房电脑与外设营业机构数据终端进行数据通信。

（3）电力线 Modem 利用一条公共的 220V 电源线作为传输网线，交流电源插座作为节点，使用户能方便组建电力线局域网络。它的特点是传输速度快，目前可达 115.2kbit/s，网络传输距离可达 1 000m。

（4）线缆 Modem（Cable Modem，有时也译为电缆 Modem），它是通过将二进制信息调制成有线电视信号（视频信号），通过有线电视网的同轴电缆发送和接收二进制信息的。因同轴电缆带宽很宽，所以其传输率原理上可达几百兆比特每秒。它的特点是体积大、速率高，目前已达 1.54Mbit/s，售价低、入网费低，因而非常适合组建高速信息网络。

（5）无线 Modem 工作原理是先将二进制数据调制成语音带宽的模拟信号送电台音频口实现发射（即数据发送），接收处理过程大致与发送（发射）过程相反。但是一次投资较大，使用费用比有线网 Modem 要少得多，目前传输速率已达 9 600bit/s。

### 4．按传输频带带宽分

按传输频带带宽分为频带和基带两种。

（1）频带 Modem（见图 6-8）又称语音频带 Modem，是指在语音频带带宽范围内低速通信的 Modem。但由于目前电话线质量普遍提高，加之调制技术水平的不断提高，频带 Modem 的传输率已大大提高，目前已达 20kbit/s 左右。特点是适应性强，传输距离一般不受地域限制，传输率低，价格便宜。

（2）基带 Modem（见图 6-9）是对传统的频带 Modem 的革命，它不是传统意义的 Modem，因为它通过提高传输线路带宽（如加大电话线线径或缩短局端距离、使用光缆等手段）的技术来实现计算机之间二进制信息的直接传送和接收，即它是数字化的 Modem。它的特点是：传输速度快于语音频带 Modem，一般在 64kbit/s 以上，对线路要求严格，适用于作为高速的网络连接工具。

图 6-8　外置频带 Modem

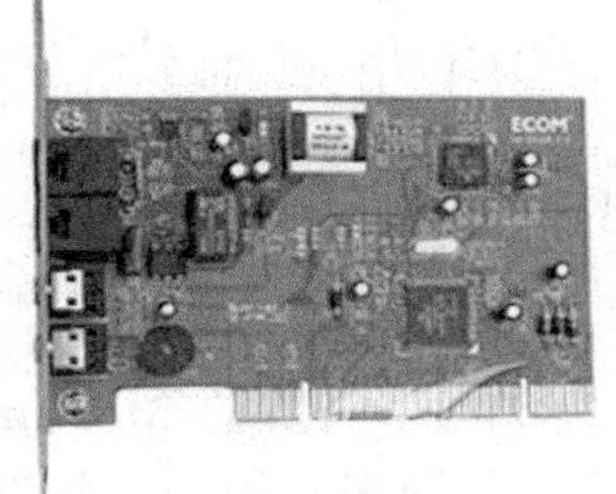

图 6-9　内置基带 Modem

### 6.2.2　Modem 的结构和工作原理

Modem 主要作用就是“调制”和“解调”。计算机是通过“0”和“1”这两个数字来完成信息交换的，而电话线是传送模拟信号的。因此必须要有来完成模拟信号与数字信号转换的设备。

#### 1．调制和解调原理

调制是一个将计算机发出的二进制信号转变为可以通过普通电话线传输的模拟信号的过程；解调则是一个反调制的过程，它把通过电话线传输来的已调制的模拟信号转变为计算机能够识别的二进制数字信号。以硬件为基础的 Modem 由 DSP（数字信号处理）芯片执行数字信号调制/解调的工作，数字信号到模拟信号的转换完全由 Modem 上的 DSP 芯片处理。计算机中的 CPU 只负责把数字信号传递给 Modem 上的 DSP 芯片，不参与其中的工作。

#### 2．芯片的结构

如图 6-10 所示是常见的 PCI Modem 的内部结构，主要由两块芯片组成，图中①是一块 DSP（digital Signal Processor，数字处理芯片）芯片。DSP 芯片主要就是负责处理数字信号，完成 Modem 的数据整理功能，也就是“数据泵”。②是控制芯片（Micro Controller），顾名思义，它是提供 Modem 的通信协议，如流量控制（Flow Control）、压缩纠错协议、V.21 协议、V.22 协议、V.22bis 协议、V.23 协议、V.32 协议、V.32bis 协议、V.34 协议以及 56K 的 V.90 等。③是 Modem 内置的扬声器，我们听到的拨号声就是从这个地方发出来的。④是内置 Modem 卡的金手指，将 Modem 的金手指插入主板内对应的总线接口。Modem 卡都提供有电话线和电话机的连接接口。将电话线进线插入如图⑤所示标记有 LINE 的位置，将 Modem 所配的双头线一端接到如图⑥所示标记有 PHONE 的位置，另一端接电话机。不可将电话线的位置插反了，否则就不能拨号了。

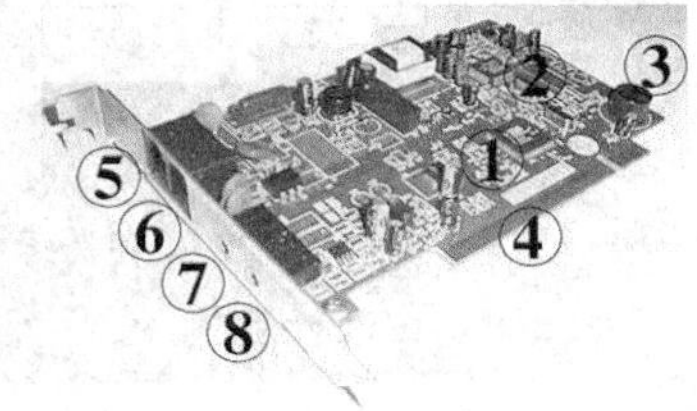


图 6-10　PCI Modem 的内部结构

调制解调器与计算机连接是数据电路通信设备 DCE 与数据终端设备 DTE 之间的接口问题。DCE 与 DTE 之间的接口是计算机网络使用上的一个重要问题。任何一个通信站总要包括 DCE 与 DTE，因此确定一个统一的标准接口，特别是对公用数据网有重要的意义。数据终端设备 DTE 是产生数字信号的数据源或接收数字信号的数据宿，或者是两者的结合，像计算机终端、打印机和传真机等就是 DTE。将数据终端设备 DTE 与模拟信道连接起来的设备就叫数据电路通信设备 DCE，像 Modem 就是 DCE。DTE 与 DCE 之间的连接标准有

CCITTV.10/X.26，与 EIARS-423-A 兼容，是一种半平衡电气特性接口。普通的 Modem 通常都是通过 RS-232C 串行口信号线与计算机连接。



### 6.2.3 安装 Modem

Modem 分为外置和内置两种。内置的 Modem 需要打开电脑机箱，插入主板的扩展槽中，所以比较麻烦。外置的 Modem 安装起来比较简单并且稳定性比内置的好，不过价钱贵一些。下面通过图来介绍一下外置和内置 Modem 的连接。

#### 1．外置 Modem 的连接

如图 6-11 所示为外置 Modem 的安装连接方法：Modem 和电脑相连的数据线，一头插在电脑的串口上，电脑一般有两个串口，一个被鼠标占用了，还剩一个空余；另一头插在 Modem 上。

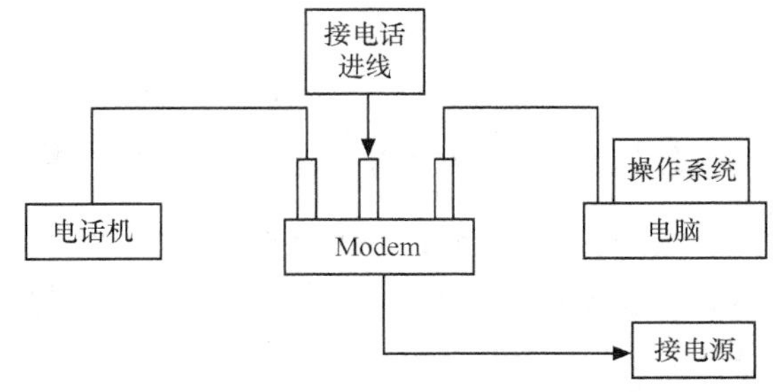


图 6-11 外置 Modem 的安装连接方法

#### 2．内置 Modem 的连接

（1）将内置 Modem 插入电脑主板插槽里，如图 6-12 所示。

（2）如图 6-13 所示为内置 Modem 的安装连接方法。

图 6-12 插入电脑主板插槽里的 Modem

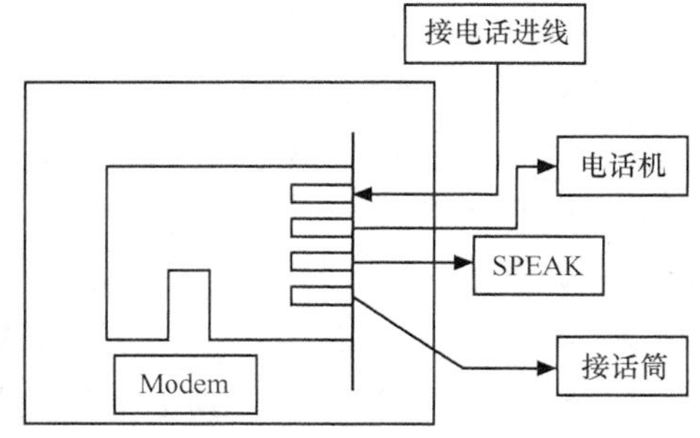


图 6-13 内置 Modem 的安装连接方法

### 6.2.4 Modem 的技术指标及选购

Modem 的技术指标中重要的一项指标就是传输速率。常用单位是波特率（bit/s，baudper second）。

#### 1．速率指标

Modem 的速率有如下两个。

（1）DCE 速率（线上速率），指两个 Modem 联线时两者间的通信速率；常说的 14.4kbit/s、28.8kbit/s、33.6kbit/s 等几种就指的是线上速率。

（2）DTE 速率（终端速率），是指 Modem 与计算机之间的通信速率。我们讲的 19.2kbit/s、38.4kbit/s、57.6kbit/s 指的是终端速率。Modem 的速度当然是越快越好，但是速度快的价格也相对越高。

2．Modem 的选购

根据自己的需要和经济实力选择一台 Modem 是每个用户必需考虑的问题。目前市场上的 Modem 产品种类繁多，在此介绍几点选购 Modem 应考虑的因素。

（1）产品类型。按硬件安装方式分为专业 Modem、网管型频带 Modem、基带 Modem、桌面型 Modem、机架式 Modem 5 种，主流的安装方式为专业 Modem。

（2）接口类型。外置 Modem 的 RS-232 串口和 USB 接口，内置 Modem 的 PCI 和 ISA，以及笔记本专用的 PCMCIA。主流的接口类型为外置 Modem 的 RS-232 串口和 USB 接口。

（3）安装方式。安装方式分为外置安装和内置安装。这两种类型的 Modem 各有其优缺点，一般来说，外置 Modem 价格较高，而且要占用空间，但性能相对也高，系统资源占用也少：而内置 Modem 正与其相反，价格便宜，不占用空间，但性能相对也较低，系统资源占用也多些。至于具体选购内置或外置 Modem，要视自己的具体情况而定。

（4）最高传输速率。最高传输速率指 Modem 理论上能达到的最高传输速率，即每秒钟传送的数据量大小，以 bit/s（bit per second，比特/秒）为单位。在这里主要是指拨号连接速度，即服务器到 Modem 的数据传输速率，只表明 Modem 与 ISP 连接的一瞬间可以连接的速率。标准的 56K Modem，“56K”指的就是建立网络连接时的速率，它只是一个理论值，在最理想的情况下才可能达到。Modem 的最高传输速率可分为 9.6kbit/s、14.4kbit/s、28.8kbit/s、33.6kbit/s 以及 56kbit/s。目前常见的都是 56kbit/s 的，其余的低速 Modem 都已经被淘汰掉了。

（5）品牌。生产 Modem 的厂家很多，比较著名的有 MultiTech、摩托罗拉、阿尔法和腾达等。应选择国家认证的和市场流行的品牌。在此根据以上的指标，向大家介绍几种主流的产品。

下面介绍几款常用的 Modem。

① 摩托罗拉 UDS V3600。

该产品如图 6-14 所示。

图 6-14 摩托罗拉 UDS V3600

产品类型：专业 Modem。

安装方式：外置。

接口类型：RS-232。

最高传输速率：33.6kbit/s。

② MultiTech MT 5634MSV。

该产品外形如图 6-15 所示。

图 6-15 MultiTech MT 5634MSV

产品类型：专业 Modem。

安装方式：外置。

接口类型：RS-232。

最高传输速率：56kbit/s。

③ 阿尔法 ESS-2838。

该产品外形如图 6-16 所示。

产品类型：内置 Modem。

安装方式：内置。

接口类型：PCI。

最高传输速率：56kbit/s。

④ 腾达 TEM5628PF。

该产品外形如图 6-17 所示。

产品类型：内置 Modem。

安装方式：内置。

接口类型：PCI。

最高传输速率：56kbit/s。

图 6-16 阿尔法 ESS-2838

图 6-17 腾达 TEM5628PF

**【案例 6-1】 Modem 的常见故障及排除**

下面介绍 Modem 的常见故障及排除方法。

（1）开机检测不到新硬件。

**【故障分析】**

可能是由于接触不良，或硬件冲突。

**【故障处理】**

首先确认外置 Modem 已正确连接在计算机上，而且是串口上，并且它的电源已经打开，HS、MR 灯亮，其他灯不亮，否则换一个串口试试；另外要看一看是否产生硬件冲突；还有 BES 中的 COM 端口是否打开。

（2）Modem 无法拨号。

**【故障分析】**

可能是由于设置不正确。

**【故障处理】**

首先检测在网络设置项上是否添加“拨号网络适配器”或者是否被意外删除，以及看有没有选择对 Modem。因此方法是将多余的驱动程序删除并指定系统当前的驱动程序。

（3）外置 Modem 拨号上网，在检测完用户名和密码后，登录网络时出现 720 错误，提示无法协调在“服务器类型”设置中指定的兼容网络协议。

**【故障分析】**

可能是由于在本机拨号网络中设置了不必要的通信协议所致，导致 ISP 协调网络协议出错。

**【故障处理】**

解决本故障的办法是将不必要的协议去掉。方法是在“拨号网络”→“我们的连接”→

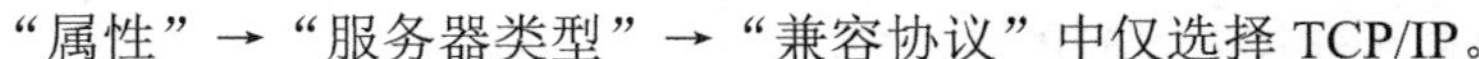
“属性”→“服务器类型”→“兼容协议”中仅选择 TCP/IP。

（4）拨号伴随其他语音或杂音，一段时间后提示不能与对方进行连接。

**【故障分析】**

可能是由于线路问题造成。

**【故障处理】**

可拆下同一线路上的其他分机再试，否则就是 Modem 损坏只有更换了。

还有一点需要在此一并提出，当连接主机 Modem 的电话线与其他线路并联时，可能会出现以下几种情况：

① 外置 Modem 拨号成功后，发现其连接速度慢或拨号无法成功，对于内置 Modem 一般不会出现此类情况。

② 容易掉线。

（5）正常上网一段时间后又自动掉线。

**【故障分析】**

可能是因为线路质量不佳造成。

**【故障处理】**

也可按上法拆下其他分机再试，或者进入 Modem 设置栏，在附注栏内填入 SLL=30 再试一下，如若不行最好是换一个外置 Modem，如若线路过差，外置 Modem 比内置 Modem 反而不易连接，对此还是请人检修一下线路。

还有一种比较严重的情况，当 Modem 损坏后，能够连入互联网，但是正常联网不到 1 分钟就掉线。

（6）拨号完成，检测密码时提示密码不对，但密码却是对的。

**【故障分析】**

此类故障一般出现在 USB 接口的 Modem 上，可能是因为 Modem 质量不佳或系统故障。

**【故障处理】**

此时进入 Modem 设置，将登录网络选取再试验一下，还有可能是 Modem 质量不佳，当选择连接速率为 115 200bit/s 时出现此类现象，只要将速度减慢就可以了。

（7）拨号完成后提示对方计算机没有应答。

**【故障分析】**

一般是由于拨号时间设置过短，或 Modem 的连接速度设置过快造成。

**【故障处理】**

可更改拨号时间设置或 Modem 的连接速度设置。

（8）成功登录，但网页打不开且长时间查找站点。

**【故障分析】**

此现象可能是由于 Modem 质量问题，或可能是用优化软件对网络进行过优化（例如快猫加鞭）。

**【故障处理】**

出现此类故障后，可在服务器类型的 IP 地址栏内键入当地的 IP 地址即可解决。如是由于用优化软件对网络进行过优化（例如快猫加鞭），只要将注册表还原为正常状态时即可予以解决（如金网霸 ESS2838 的 Modem，经过快猫加鞭优化后就会出现此类现象）。

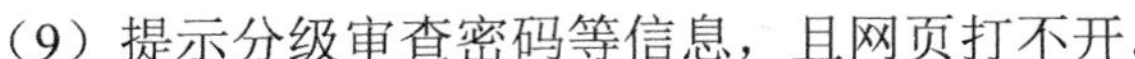



（9）提示分级审查密码等信息，且网页打不开。

【故障分析】

此故障是由于用户设置了 IE 浏览器的分级审查密码造成。

【故障处理】

在【开始】菜单中选取【运行】，打开【运行】对话框，在对话框中输入命令“regedit”，找到 HKEY_LOCAL_MACHINE\software\microsoft\windows\current version\policies\ratings，这个键下面就是加密后的口令，将 ratings 子键删除即可。

（10）控制面板内找到一项未知设备，且此时 Modem 无法使用。

【故障分析】

此现象常见于金网霸 3711 Modem。

【故障处理】

只要将未知设备删除后重新启动计算机即可找到另外一些设备，还有的金网霸产品需要将 Modem 设备删除后，重新启动计算机找到设备并载入驱动程序后方能使用。

## 6.3 网络连接设备

随着信息时代的到来，计算机技术的迅猛发展，人们对计算机的需求越来越大。要使计算机发挥更大的作用，必须把单台计算机连接成网络，使资源得到极大的共享，极大地提高人们的工作效率，促进社会的发展。局域网是发展和使用极为广泛的网络。本节介绍网络连接设备，主要有网络传输介质、网卡、集线器和交换机。

### 6.3.1 网络传输介质

网络传输介质即信号传输线，是网络中传输数据、连接各网络站点的实体，是网络设备互连的基本工具。组建局域网时最常用的传输电缆可分为两大类：传导型介质和辐射型介质。

#### 1. 传导型介质

信号通过电路传输时，传导型介质利用导体传导即承载信号。金属导体被用来传输电信号，通常由铜线制成，双绞线和大多数同轴电缆就是如此。有时也使用铝，最常见的应用是有线电视网络覆以铜线的铝质干线电缆。玻璃纤维通常用于传导光信号的光纤网络，另外，塑料光纤（POF）用于一些低速、短程应用。

图 6-18 超五类双绞线

（1）双绞线。双绞线电缆（twisted pair）如图 6-18 所示，将一对以上的双绞线封装在一个绝缘外套中，为了降低信号的干扰程度，电缆中的每一对双绞线一般是由两根绝缘铜导线相互扭绕而成，也因此把它称为双绞线。我们把两条对绞的称为一对（pair），这也是双绞线最基本的单位。通常使用的双绞线在一条线中有 4 对绞线，呈现橙色、蓝色、绿色、棕色 4 种颜色，也就是 8 条铜线。

双绞线主要分为非屏蔽双绞线（unshielded twisted-pair，UTP）和屏蔽双绞线（shielded

twisted-pair，STP）。屏蔽双绞线分为独立屏蔽双绞线（STP）和铝箔屏蔽双绞线（FTP）两种。屏蔽双绞线需要一层金属箔即覆盖层把电缆中的每对线包起来，有时候利用另一覆盖层把多对电缆中的各对线包起来或利用金属屏蔽层取代这层包在外面的金属箔。覆盖层和屏蔽层有助于吸收环境干扰，并将其导入地下以消除这种干扰。这意味着金属箔和屏蔽层在焊接时必须与焊接导体时同样小心，而且确保导入地下的机制安全可靠。STP 和 FTP 的成本高得多，而且安装过程难得多，而 UTP 价格低廉、容易安装及重新配置。所以现在常用的一般是非屏蔽双绞线。

目前市面上出售的 UTP 分为 3 类、4 类、5 类和超 5 类 4 种。

- 3 类：传输速率支持 10Mbit/s，外层保护胶皮较薄，皮上注有“cat3”。
- 4 类：网络中不常用。
- 5 类（超 5 类）：传输速率支持 100Mbit/s 或 10Mbit/s，外层保护胶皮较厚，皮上注有“cat5”。

超 5 类双绞线在传送信号时比普通 5 类双绞线的衰减更小，抗干扰能力更强，在 100M 网络中，受干扰程度只有普通 5 类线的 1/4，目前较少应用。STP 分为 3 类和 5 类两种，STP 的内部与 UTP 相同，外包铝箔，抗干扰能力强、传输速率高但价格昂贵。

（2）同轴电缆。同轴电缆（coaxial cable）如图 6-19 所示，是组建局域网最常见的传输介质，它是导线和屏蔽层共用同一轴心的电缆。与 UTP 相比，同轴电缆含有线规较粗的单层实心导体。导体一般由铜或覆以铜的铝制成。中间的导体外面覆以一层绝缘材料，这有助于把中间的导体和外面的金属箔屏蔽层隔开来，这种绝缘材料有助于把传输数据的导体与屏蔽层隔离开来。外面通常会包一层金属网、再包一层电缆护皮加以保护。中间粗粗的导体可支持高频信号，几乎不会出现困扰 UTP 及其同类电缆的信号衰减问题。

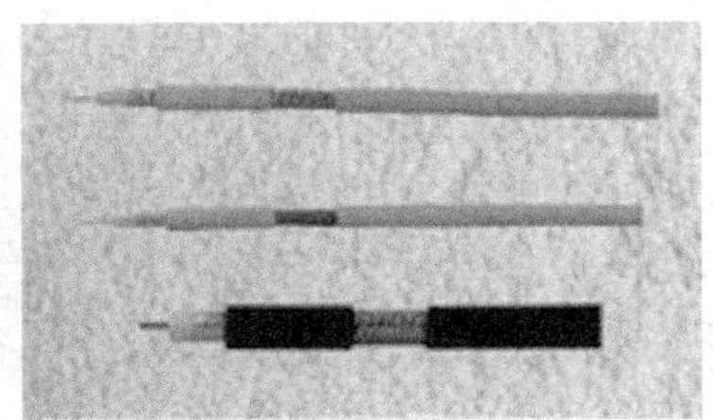

图 6-19　同轴电缆

同轴电缆以硬铜线为芯，外包一层绝缘材料。这层绝缘材料用密织的网状导体环绕，网外又覆盖一层保护性材料。有两种广泛使用的同轴电缆。一种是 50Ω电缆，用于数字传输，由于多用于基带传输，也叫基带同轴电缆；另一种是 75Ω电缆，用于模拟传输。同轴电缆的这种结构，使它具有高带宽和极好的噪声抑制特性。同轴电缆的带宽取决于电缆长度。1km 的电缆可以达到 1G～2Gbit/s 的数据传输速率。还可以使用更长的电缆，但是传输率要降低或使用中间放大器。目前，同轴电缆大量被光纤取代，但仍广泛应用于有线电视和某些局域网。同轴电缆传输系统目前在国内外有线电视网络仍占有主要地位，它是由多级干线放大器级联，1 级桥接放大器和 2 级分配放大器组成。

按直径的不同，可分为粗缆和细缆两种。

- 粗缆

传输距离长，性能好但成本高、网络安装、维护困难，一般用于大型局域网的干线，连接时两端需终接器。

粗缆与外部收发器相连。

收发器与网卡之间用 AUI 电缆相连。

网卡必须有 AUI 接口（15 针 D 型接口）：每段 500m，100 个用户，4 个中继器可达 2 500m，收发器之间最小 2.5m，收发器电缆最大 50m。

- 细缆

与 BNC 网卡相连，两端装 50Ω的终端电阻。用 T 型头，T 型头之间最小 0.5m。细缆网络每段干线长度最大为 185m，每段干线最多接入 30 个用户。如采用 4 个中继器连接 5 个网段，网络最大距离可达 925m。细缆安装较容易，造价较低，但日常维护不方便，一旦一个用户出故障，便会影响其他用户的正常工作。

根据传输频带的不同，可分为基带同轴电缆和宽带同轴电缆两种类型。

- 基带：数字信号，信号占整个信道，同一时间内能传送一种信号。
- 宽带：可传送不同频率的信号。

常用的同轴电缆有 RG-8（50Ω）、RG-11（50Ω）、RG-58（50Ω）、RG-59（75Ω）和 RG-62（93Ω）等。阻抗是同轴电缆的一个重要性能指标，它表示传输信号在电缆中的损耗情况。组建局域网最常用的是细缆（RG-58）和粗缆（RG-11）。

（3）光纤。

光导纤维简称光纤，如图 6-20 所示，光纤是由一组光导纤维组成的用来传播光束的、细小而柔韧的传输介质。应用光学原理，由光发送机产生光束，将电信号变为光信号，再把光信号导入光纤，在另一端由光接收机接收光纤上传来的光信号，并把它变为电信号，经解码后再处理。与其他传输介质比较，光纤的电磁绝缘性能好、信号衰小、频带宽、传输速度快、传输距离大。主要用于要求传输距离较长、布线条件特殊的主干网连接。光纤分为单模光纤和多模光纤。

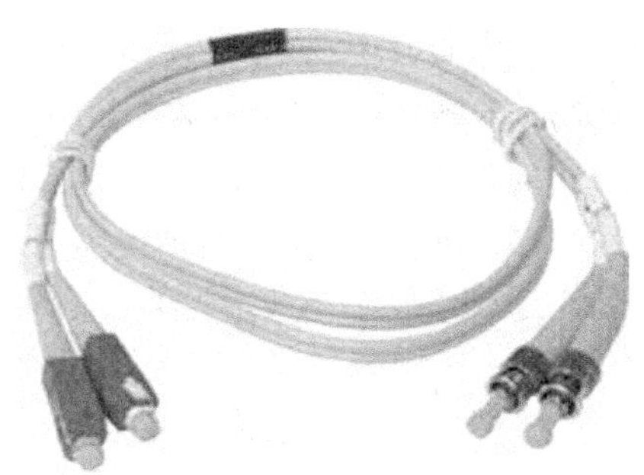

图 6-20　光纤

- 单模光纤：由激光作光源，仅有一条光通路，传输距离长，2km 以上。
- 多模光纤：由二极管发光，低速，短距离，2km 以内。

光纤是一种非常好的网络传输介质，但是由于目前价格还较贵，铺装也比较困难，所以在中小型的局域网中使用光纤还比较少见，目前光纤主要用在大型的局域网（如大学的校园网）中作为主干线路。

光纤传输系统主要由光纤（或光缆）和中继器组成。在短距离传输系统中，一般不需要中继器，从发送部分输出的已调光波经耦合器进入光纤。光纤是光纤传输系统的主要组成部分，其特性好坏对光纤传输系统的性能有很大的影响。为了增加光纤传输系统的传输距离和传输容量，对光纤传输特性总的要求是损耗尽可能低和带宽尽可能宽。虽然光纤的损耗和带宽限制了光波的传输距离，由于光纤损耗很低，故光纤传输的中继距离通常比其他有线通信，甚至比微波通信大得多。

### 2. 辐射型介质

辐射型介质并不利用导体，确切地说，信号完全通过空间从发射器发射到接收器。辐射介质有时被称为无线电波系统，更正确地说是空间波或自由空间系统。只要发射器和接收器之间有空气，就会导致信号减弱及失真。

在广泛适用的辐射传输系统这一类中，无线电系统最常见，我们着重介绍微波和卫星。还有一系列针对特定应用的变种，包括传呼、蜂窝、无绳电话和各种分组无线系统。自由空间激光系统最常见的就是红外线，从本质上来说基于光技术，但不依赖玻璃或塑料导体。相反，信号完全通过空间发射。

（1）微波。所谓微波是指频率大于 1GHz 的电波。微波传播的类型可分为两种：一是自由空间传播（Free Space Transmission），也就是在收发两地之间没有任何阻隔，也没有任何其他的影响（包括反射、折射、绕射、散射或吸收）下传播，不过这种环境在现实生活中很少会出现；另一种则是视线传播。当然如果是在完美的状况下，视线传播与自由空间传播并无显著的差别，不过因为视线传播有将大气层折射与地面物反射等影响因素列入考量，所以在现实的环境中使用时就会与自由空间传播产生极大的差异。

（2）卫星。卫星其实就是非地面微波，有些情形下工作在与地面系统同一频率范围上。最常见的卫星系统就是同步地球轨道（GEO），GEO 始终处在赤道正上方的位置上，高度大约为 22 3003.5×$10^4$km。在这样的位置及高度，卫星与地球表面总是保持相对位置。在未来的社会生活中，最常见的通信方式是移动个人通信，即用户在任何地点、任何时间与他人交换各种信息，如话音、数据、视频和图像。构成这种移动通信的基础的关键要素是小型廉价的手持式通信机，且使用不受地点、地界束缚的单一电话号码。因此，也许可以这样认为，未来的通信将以移动个人通信业务为主，总体系统设计将围绕卫星通信进行。

（3）红外线。红外线及其他自由空间光学系统用于短程应用，在可以获得直接视线的场合最有效。一些 WLAN 利用红外线，不过大多数基于射频。基于红外线的 WLL 系统运行速率可达 622Mbit/s，不过当前这类系统不是很常见。红外线主要用于无法快速或经济地获得有线连接这类情形下的 LAN 桥接。用于 WLL 应用的红外系统正在开发中。

### 6.3.2 网卡

网卡的全称是网络接口卡（Network Interface Card，简称 NIC），又称网络适配器，是计算机连接局域网的基本部件。网卡必须具备两大技术：网卡驱动程序和 I/O 技术。驱动程序使网卡和网络操作系统兼容，实现 PC 与网络的通信。I/O 技术可以通过数据总线实现 PC 和网卡之间的通信。网卡是计算机网络中最基本的元素。在计算机局域网络中，如果有一台计算机没有网卡，那么这台计算机将不能和其他计算机通信，也就是说，这台计算机和网络是孤立的。所以在构建局域网时，每台计算机上必须安装网卡。

#### 1. 网卡的分类

根据网卡的总线类型、端口类型、信息传输速率，可以将网卡分为不同的类型，不同类型的网卡具有不同的特性和用途。

（1）按总线分类。网卡按总线类型可分为 ISA 总线网卡和 PCI 总线网卡，目前主要使用的是 PCI 总线的网卡。

（2）按接口分类。网卡按接口类型可分为 BNC 接口和 RJ-45 接口，目前主要使用 RJ-45 接口的网卡。网卡的接口类型如图 6-21 所示。

（3）按速率分类。网卡按速率可分为 10M、10/100M 自适应、100M 和 1 000M 网卡。目前使用较多的是 10/100M 自适应网卡。这种网卡可以按网线和网络设备的速率来确定自己的速率。如所使用的网线和网络设备是 10M 的，则网卡以 10M 的速度通信，如所使用的网线和网络设备是 100M 的，则以 100M 的速度来通信。1 000M 网卡主要用于网络中的服务器。

（4）按用途分类。按用途分类网卡可分为普通网卡、无线网卡和笔记本网卡，如图 6-22 所示。

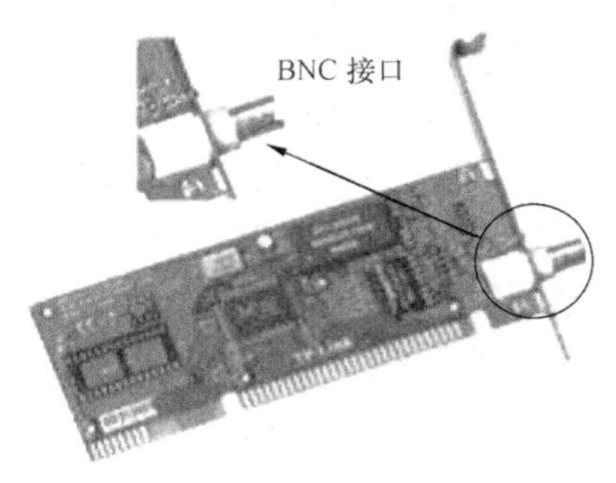


(a) BNC 接口网卡

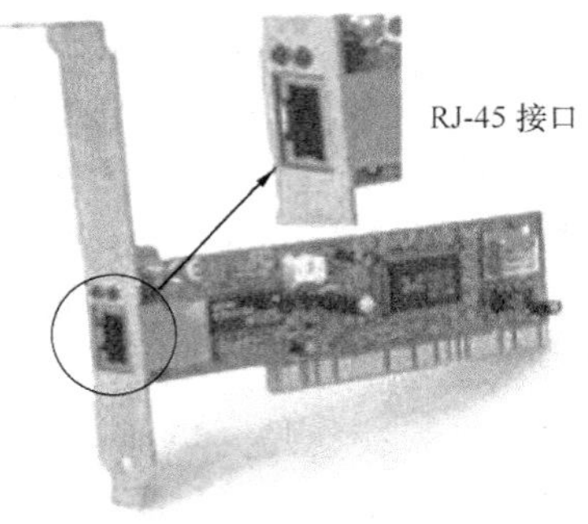


(b) RJ-45 接口网卡

图 6-21　网卡的接口类型

(a) 普通网卡

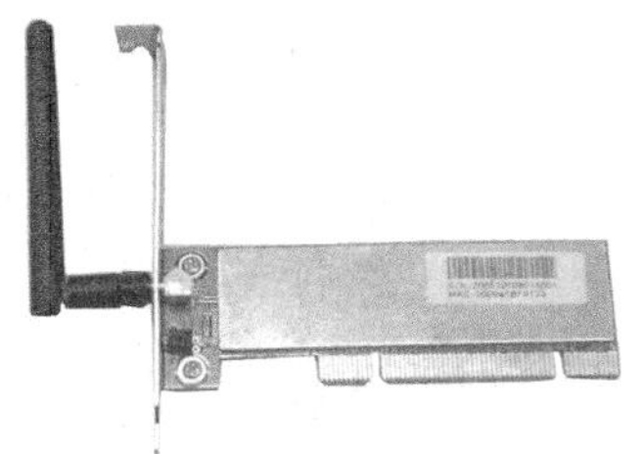

(b) 无线网卡

(c) 笔记本网卡

图 6-22　不同用途的网卡

### 2. 网卡的接口类型

网卡最终是要与网络进行连接，所以也就必须有一个接口使网线通过它与其他计算机网络设备连接起来。不同的网络接口适用于不同的网络类型，目前常见的接口主要有以太网的 RJ-45 接口（双绞线接口）、BNC 接口（细同轴电缆接口）、AUI 接口（粗同轴电缆接口）、FDDI 接口和 ATM 接口等。而且有的网卡为了适用于更广泛的应用环境，提供了两种或多种类型的接口，如有的网卡会同时提供 RJ-45 接口、BNC 接口或 AUI 接口。

（1）RJ-45 接口。这是最为常见的一种网卡，也是应用最广的一种接口类型网卡，这主要得益于双绞线以太网应用的普及。RJ-45 接口类型的网卡应用于以双绞线为传输介质的以太网中，它的接口类似于常见的电话接口 RJ-11，但 RJ-45 是 8 芯线，而电话线的接口是 4 芯的，通常只接 2 芯线（ISDN 的电话线接 4 芯线）。在网卡上还自带两个状态指示灯，通过这两个指示灯颜色可初步判断网卡的工作状态。图 6-23 为配备了两个 RJ-45 接口的网卡。

图 6-23　配备了两个 RJ-45 接口的网卡

（2）BNC 接口。这种接口网卡对应用于用细同轴电缆为传输介质的以太网或令牌网中，目前这种接口类型的网卡较少见，主要因为用细同轴电缆作为传输介质的网络就比较少。

（3）AUI 接口。这种接口类型的网卡对应用于以粗同轴电缆为传输介质的以太网或令牌网中，这种接口类型的网卡目前更是很少见。

（4）FDDI 接口。这种接口的网卡是应用于 FDDI（光纤分布数据接口）网络中，这种网络具有 100Mbit/s 的带宽，但它所使用的传输介质是光纤，所以这种 FDDI 接口网卡的接口也是光纤接口的。随着快速以太网的出现，它的速度优越性已不复存在，但它须采用昂贵的光纤作为传输介质的缺点并没有改变，所以目前也非常少见。

（5）ATM 接口。这种接口类型的网卡是应用于 ATM（异步传输模式）光纤（或双绞线）网络中。它能提供物理的传输速度达 155Mbit/s。

### 3．网卡的功能

网卡的功能主要有以下两个。

（1）将电脑的数据进行封装，并通过网线将数据发送到网络上。

（2）接收网络上传过来的数据，并发送到电脑中。

网卡的主要工作原理是整理计算机上发往网线上的数据，并将数据分解为适当大小的数据包之后向网络上发送出去。对于网卡而言，每块网卡都有一个唯一的网络节点地址，它是网卡生产厂家在生产时烧入 ROM（只读存储芯片）中的，我们把它叫做 MAC 地址（物理地址），且保证绝对不会重复。

### 4．网卡的性能指标和选购

网卡的性能指标包括以下 6 个方面：总线标准、接口类型、LED 指示灯、传输速率、传输介质和协议标准。这也是购买网卡时应该考虑的因素。

目前绝大多数的局域网采用以太网技术，因而重点以以太网网卡为例，讲一些选购网卡时应注意的问题。购买时应注意以下几个重点。

（1）网卡的应用领域。目前，以太网网卡有 10M、100M、10M/100M 及千兆网卡。对于大数据量网络来说，服务器应该采用千兆以太网网卡，这种网卡多用于服务器与交换机之间的连接，以提高整体系统的响应速率。而 10M、100M 和 10M/100M 网卡则属于人们经常购买且常用的网络设备，这 3 种产品的价格相差不大。

（2）总线接口方式。当前台式机和笔记本电脑中常见的总线接口方式都可以从主流网卡厂商那里找到适用的产品。但值得注意的是，市场上很难找到 ISA 接口的 100M 网卡。1994 年以来，PCI 总线架构日益成为网卡的首选总线，目前已牢固地确立了在服务器和高端桌面机中的地位。即将到来的转变是这种网卡将推广到所有的桌面机中。PCI 以太网网卡的高性能、易用性和增强了的可靠性使其被标准以太网网络所广泛采用，并得到了 PC 业界的支持。

（3）网卡兼容性和运用的技术。快速以太网在桌面一级普遍采用 100BaseTX 技术，以 UTP 为传输介质，因此，快速以太网的网卡设一个 RJ-45 接口。由于小办公室网络普遍采用双绞线作为网络的传输介质，并进行结构化布线，因此，选择单一 RJ-45 接口的网卡就可以了。适用性好的网卡应通过各主流操作系统的认证，至少具备如下操作系统的驱动程序：Windows、Netware、UNIX 和 OS/2。智能网卡上自带处理器或带有专门设计的 AISC 芯片，可承担使用非智能网卡时由计算机处理器承担的一部分任务，因而即使在网络信息流量很大时，也极少占用计算机的内存和 CPU 时间。智能网卡性能好，价格也较高，主要用在服务器上。另外，有的网卡在 BootROM 上做文章，加入防病毒功能；有的网卡则与主机板配合，借助一定的软件，实现 Wake on LAN（远程唤醒）功能，可以通过网络远程启动计算机；还有的计算机则干脆将网卡集成到了主机板上。

（4）网卡生产商。由于网卡技术的成熟性，目前生产以太网网卡的厂商除了国外的 3Com、英特尔和 IBM 等公司之外，我国台湾地区的厂商以生产能力强且多在内地设厂等优势，其价格相对比较便宜。

现在最常用的网卡是 PCI 总线、速率为 10/100M 自适应和接口类型为 RJ-45 接口的网卡。从品牌上讲，质量较好的网卡包括 3Com、Intel 等，大众化的品牌包括 D_LINK、TP_LINK 等。以下介绍目前一些主流的产品。

### 5. 几款主流网卡

（1）3Com 3C905B。总线标准：PCI；接口类型：RJ-45；LED 指示灯：2 个；传输速率：10/100Mbit/s；传输介质：3/4/5 类 UTP；协议标准：IEE802.3、IEE802.3u、IEEE 802.3z，如图 6-24 所示。

（2）Intel PRO 100+。总线标准：PCI；接口类型：RJ-45；LED 指示灯：2 个；传输速率：10/100Mbit/s，如图 6-25 所示。

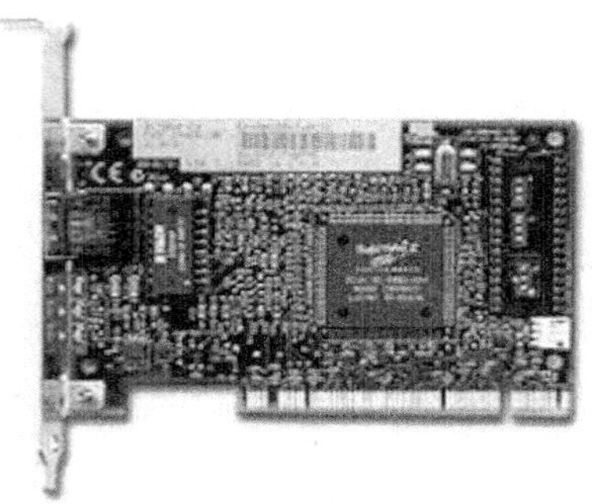

图 6-24 3Com 3C905B

图 6-25 Intel PRO 100+

（3）TP-LINK TF-3239DL。总线标准：PCI；接口类型：RJ-45；LED 指示灯：2 个；传输速率：10/100Mbit/s；传输介质：3/4/5 类 UTP；协议标准：IEE802.3、IEE802.3u，如图 6-26 所示。

（4）D-Link DFE-530TX。总线标准：PCI；接口类型：RJ-45；LED 指示灯：2 个；传输速率：10/100Mbit/s；传输介质：3/4/5 类 UTP；协议标准：IEE802.3、IEE802.3u，如图 6-27 所示。

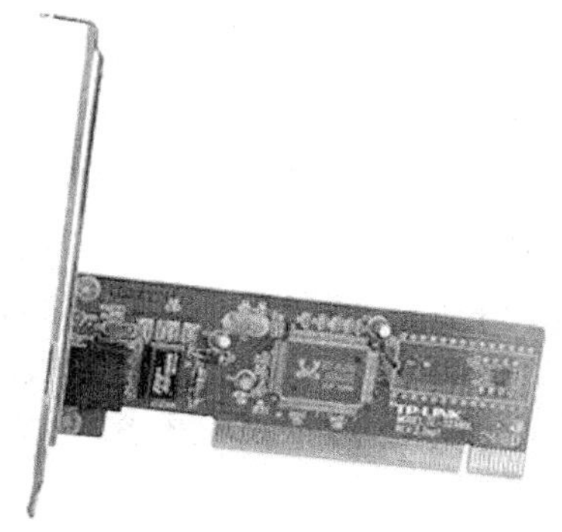

图 6-26 TP-LINK TF-3239DL

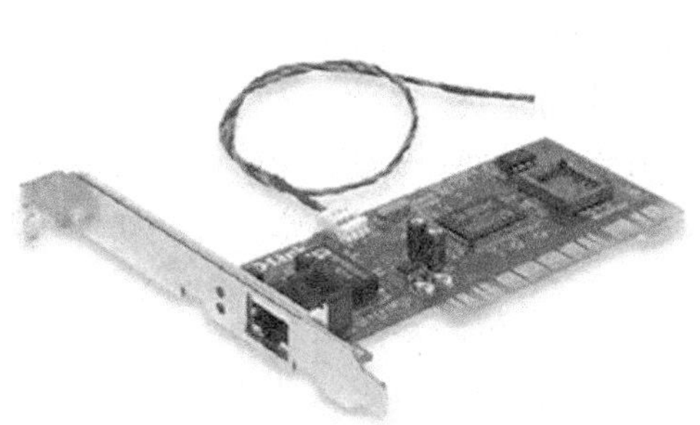

图 6-27 D-Link DFE-530TX

### 6.3.3 集线器

集线器（hub）是局域网中的重要部件之一，它是网络连线的中央转折点，局域网上的所有节点一般都通过集线器互相连接。它工作在 OSI 七层模型中的物理层。由于集线器属于共享型设备，导致了在繁重的网络中，效率变得十分低下，所以我们在中、大型的网络中看不到集线器的身影。市场上常见的集线器传输速率普遍都为 100Mbit/s。

#### 1．集线器的分类

集线器像网卡一样是伴随着网络的产生而产生的，它的产生早于交换机，更早于路由器等网络设备，所以它属于一种传统的基础网络设备。集线器技术发展至今，也经历了许多不同主流应用的历史发展时期，所以集线器产品也有许多不同类型。

（1）按端口数量来分。这是最基本的分类标准之一。目前主流集线器主要有 8 口、16 口和 24 口等，但也有少数品牌提供非标准端口数，如 4 口和 12 口的，还有 5 口、9 口、18 口的集线器产品，这主要是想满足部分对端口数要求过严、资金投入比较谨慎的用户需求。此类集线器一般用作家庭或小型办公室等。

（2）按带宽划分。集线器也有带宽之分，如果按照集线器所支持的带宽不同，通常可分为 10Mbit/s、100Mbit/s、10/100Mbit/s3 种。

（3）按管理方式分类。按管理方式分，可分为哑集线器（damp hub）和智能集线器（intelligent hub）两种。

哑集线器也称为傻瓜集线器，是指既无需进行配置，也不能进行网络管理和监测的集线器。该类集线器属于低端产品，通常只用于小型网络，这类产品比较常见，就是集线器只要插上电，连上网线就可以正常工作。这类集线器虽然安装使用方便，但功能较弱，不能满足特定的网络需求。

智能集线器可通过 SNMP 协议（Simple Network Management Protocol，简单网络管理协议）对集线器进行简单管理的集线器，这种管理大多是通过增加网管模块来实现的。实现网管的最大用途是用于网络分段，从而缩小广播域，减少冲突，提高数据传输效率。另外，通过网络管理可以在远程监测集线器的工作状态，并根据需要对网络传输进行必要的控制。需要指出的是，尽管同是对 SNMP 提供支持，但不同厂商的模块是不能混用的，甚至同一厂商的不同产品的模块也不同。

（4）按扩展方式分类。按照扩展方式分，集线器有可堆叠集线器和不可堆叠集线器两种。

堆叠式集线器可以将多个集线器"堆叠"使用，当它们连接在一起时，其作用就像一个模块化集线器一样，堆叠在一起集线器可以当作一个单元设备来进行管理。一般情况下，当有多个 Hub 堆叠时，其中存在一个可管理 Hub，利用可管理 Hub 可对此可堆叠式 Hub 中的其他"独立型 Hub"进行管理。可堆叠式 Hub 可非常方便地实现对网络的扩充，是新建网络时最为理想的选择。

#### 2．集线器的选购

在购买集线器时一般要考虑的参数有以下 4 项。

（1）设备类型。通常可分为 10M 以太网集线器、100M 以太网集线器和 10/100M 以太网集线器 3 种。

（2）接口类型。通常可分为RJ-45和USB两种接口。

（3）端口数。通常可分为少于10个的、12个的、16个的和24个的共4种。

（4）传输速率。通常可分为10Mbit/s、12Mbit/s和10/100Mbit/s的3种。

根据以上的因素，在此介绍几种目前市场上的主流产品。

### 3．几款主流集线器

（1）TP-LINK TL-HP8MU。设备类型：10M 以太网集线器；端口类型：RJ-45；端口数：8个；传输速率：10Mbit/s，如图6-28所示。

（2）3Com 3C16611。设备类型：100M 以太网集线器；端口类型：RJ-45；端口数：24个；传输速率：10/100 Mbit/s，如图6-29所示。

图6-28　TP-LINK TL-HP8MU

图6-29　3Com 3C16611

（3）D-Link DE-816TP。设备类型：10M 以太网集线器；端口类型：RJ-45；端口数：16个；传输速率：10 Mbit/s，如图6-30所示。

（4）阿尔法 AFH-808T。设备类型：10M 以太网集线器；端口类型：RJ-45；端口数：9个；传输速率：10Mbit/s，如图6-31所示。

图6-30　D-Link DE-816TP

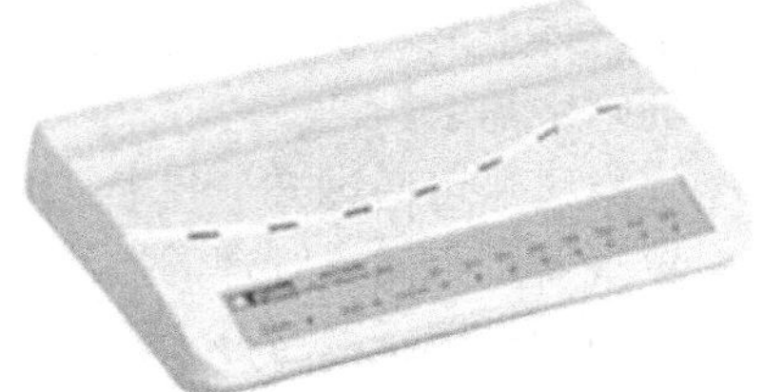

图6-31　阿尔法 AFH-808T

## 6.3.4　交换机

目前交换机正在迅速代替集线器而成为组建和升级局域网的首选设备。主要是因为集线器采用的是共享带宽的工作方式。比如：集线器就好比一条单行道，“10M”的带宽分多个端口使用，当一个端口占用了大部分带宽后，另外的端口就会显得很慢。

交换机是一个独享的通道，它能确保每个端口使用的带宽，如百兆的交换机，它能确保每个端口都有百兆的带宽。更重要的因素是交换机的价格不断下滑，在性价比的促使下，集线器迅速被替代了。

### 1．交换机的信息转发模式

交换机有两种信息转发模式，即穿越式交换模式和存储转发模式。

穿越式交换模式是在交换机收到整个数据帧之前就启动转发操作。这种转发模式转发速度快，延迟相对较小，但可能出现转发不完整数据帧的情况，当在不同速率的网络间转发时需要加缓冲。

存储转发式交换模式是在读入整个数据帧并进行检查后，启动转发操作，因此，可以去掉损坏的帧，进行数据流管理，其缺点是延迟较大。

### 2. 交换机的分类

（1）从网络覆盖范围分。从网络覆盖范围划分为广域网交换机和局域网交换机。

（2）根据传输介质和传输速度分。根据传输介质和传输速度将局域网交换机划分为以太网交换机、快速以太网交换机、千兆（G 位）以太网交换机、10 千兆（10G 位）以太网交换机、FDDI 交换机、ATM 交换机和令牌环交换机等，下面简单地介绍以太网交换机。

以太网交换机是最普遍和便宜的，它的档次比较齐全，应用领域也非常广泛，在大大小小的局域网都可以见到它们的踪影。以太网交换机包括 3 种网络接口：RJ-45、BNC 和 AUI，所用的传输介质分别为：双绞线、细同轴电缆和粗同轴电缆。图 6-32 所示是一款带有 RJ-45 和 AUI 接口的以太网交换机。

（3）根据交换机所应用的网络层次分。根据交换机所应用的网络层次可分为企业级交换机、校园网交换机、部门级交换机、工作组交换机和桌面型交换机 5 种，下面简单地介绍一下桌面型交换机。

桌面型交换机是最常见的一种最低档交换机，它区别于其他交换机的一个特点是支持的每端口 MAC 地址很少，通常端口数也较少（12 口以内，但不是绝对），只具备最基本的交换机特性，当然价格也是最便宜的。这类交换机虽然在整个交换机中属最低档的，但是相比集线器来说它还是具有交换机的通用优越性，况且有许多应用环境也只需这些基本的性能，所以它的应用还是相当广泛的。它主要应用于小型企业或中型以上企业办公桌面。在传输速度上，目前桌面型交换机大都提供多个具有 10/100Mbit/s 自适应能力的端口。图 6-33 所示是一款桌面型交换机。

图 6-32　交换机

图 6-33　桌面型交换机

（4）根据交换机的端口结构分。根据交换机的端口结构划分为固定端口交换机和模块化交换机。其实还有一种是两者兼顾，那就是在提供基本固定端口的基础之上再配备一定的扩展插槽或模块。固定端口顾名思义就是它所带有的端口是固定的，如果是 8 端口的，就只能有 8 个端口，再不能添加。16 个端口也就只能有 16 个端口，不能再扩展。目前这种固定端口的交换机比较常见，端口数量没有明确的规定，一般的端口标准是 8 端口、16 端口和 24 端口。图 6-34 所示是一款 24 端口的交换机。

（5）根据工作的协议层交换机分。根据工作的协议层交换机划分为第二层交换机、第三层交换机和第四层交换机。

图 6-34　24 端口的交换机

第二层交换机是对应于 OSI/RM 的第二协议层来定义的，因为它只能工作在 OSI/RM 开放体系模型的第二层——数据链路层。第二层交换机依赖于链路层中的信息（如 MAC 地址）完成不同端口数据间的线速交换，主要功能包括物理编址、错误校验、帧序列以及数据流控制。目前第二层交换机应用最为普遍（主要是价格便宜，功能符合中、小企业实际应用需求），一般应用于小型企业或中型以上企业网络的桌面层次。图 6-35 所示是一款第二层交换机。

（6）根据是否支持网络管理功能分。根据是否支持网络管理功能划分为："网管型"和"非网管理型"两大类。

网管型交换机采用嵌入式远程监视（RMON）标准用于跟踪流量和会话，对决定网络中的瓶颈和阻塞点是很有效的。网管型交换机的任务就是使所有的网络资源处于良好的状态。目前大多数部门级以下的交换机多数都是非网管型的，只有企业级及少数部门级的交换机支持网管功能，图 6-36 所示是一款网管型交换机。

图 6-35　第二层交换机

图 6-36　网管型交换机

### 3. 交换机的选购

交换机虽然目前有进入到桌面的趋势，但是对于一些比较高档的交换机来说，一般只有在较大型的局域网中存在，而且由于交换机历来在人们心中的神秘性决定了在交换机的选购方面多数情况下是商家说了算。

在交换机的选购方面要注意的事项比较多，不再是像集线器一样那么几个简单的参数就可决定的。下面所列的是在交换机选购时要注意的几个主要方面。

（1）转发方式。低端交换机通常只拥有一种转发模式，或是存储转发模式，或是直通模式，往往只有中高端产品才兼具两种转发模式，并具有智能转换功能，可根据通信状况自动切换转发模式。通常情况下，如果网络对数据的传输速率要求不是太高，可选择存储转发式交换机；如果网络对数据的传输速率要求较高，可选择直通转发式交换机。

（2）延时。交换机的延迟时间越小越好，但是延时越小的交换机价格也就越贵。

（3）管理功能。目前几乎所有中、高档交换机都是可网管的，一般来说所有的厂商都会随机提供一份本公司开发的交换机管理软件，所有的交换机都能被第三方管理软件所管理。低档的交换机通常不具有网管功能，属"傻瓜"型的，只需接上电源、插好网线即可正常工作。网管型价格要贵许多。

（4）MAC 地址数。不同档次的交换机每个端口所能够支持的 MAC 数量不同。通常交换机只要能够记忆 1 024 个 MAC 地址基本上就可以了，而一般的交换机通常都能做到这一点，所以如果对网络规模不是很大的情况下，这参数无需太多考虑。当然越是高档的交换机能记住的 MAC 地址数就越多，这在选择时要视所连网络的规模而定了。

（5）背板带宽。现在越来越多的 100M 交换到桌面方案是为了实现 VOD（Video on Demand，视频点播）为目的，如果您有同样需求，在选购交换器时应注意交换机背板带宽，当然是越宽越好，它将为您的交换器在高负荷下提供高速交换。在端口带宽、延迟时间相同的情况下，背板带宽越大，交换机的传输速率则越快。

（6）端口。交换机与集线器一样，也有端口带宽之分，但这里所指的带宽与集线器的端口带宽不一样，因为这里交换机上所指的端口带宽是独享的，而集线器上端口的带宽是共享的。交换机的端口带宽目前主要包括10M、100M和1 000M3种，但就这3种带宽又有不同的组合形式，以满足不同类型网络的需要。最常见的组合形式包括n·100M+m·10M、n·10/100M、n·1 000M+m·100M和n·1 000M4种，例如："n·100M+m·10M"就表示在一个交换机上同时有"n"个100Mbit/s带宽的端口和"m"个10Mbit/s带宽的端口，这"n+m"就是交换机的端口总和。

根据上述参数，介绍几种目前各个档次的主流产品。

（1）TP-LINK TL—SF1005D。交换机类型：快速以太网交换机；传输速率（Mbit/s）：10Mbit/s/100Mbit/s；端口数量：5；交换方式：存储-转发；背板带宽（Gbit/s）：1Gbit/s；VLAN支持：支持；MAC地址表：1000。产品如图6-37所示。

（2）华为3Com Quidway S1026R。交换机类型：千兆以太网交换机；传输速率（Mbit/s）：10Mbit/s/100Mbit/s/1000Mbit/s；端口数量：26；交换方式：存储—转发；背板带宽（Gbit/s）：8.8Gbit/s；MAC地址表：8000。产品如图6-38所示。

图6-37 TP-LINK TL-SF1005D

图6-38 华为3Com Quidway S1026R

# 6.4 网络互连设备

局域网的迅速发展，把彼此独立的众多个人计算机连接到了网络环境，从而达到了共享资源和相互交换信息的目的。但是由于局域网的连接功能有限，连接距离往往只有几千米，所以局域网不能发挥计算机网络的最大优势，不能实现资源的最大共享。网络互连是网络发展的必然趋势。

网络互连包括局域网与局域网互连，计算机网络和公用网如分组交换网、数字数据网的互连。至于分组交换网的互连和数字数据网的互连则因其属于公用网的互连，通常并不列入计算机网络互连之列，其目的，主要是在地理位置不同的网络之间建立通信链路，完成信息的交换。网络互连设备也相应地成为了实现网络互联的关键。但网络各层之间的连结，需要解决的问题是不同的，其任务也不相同。因此，各种网络设备的工作原理和结构也是大不相同的。本节将介绍四种网络互连设备：中继器、网桥、路由器和网关。

## 6.4.1 中继器

中继器（repeater）又称重发器，是传统总线型网络中使用最多的互连设备，其功能是对接收信号进行再生和发送，从而增加信号传输的距离。它是最简单的网络互连设备，连接同一个网络的两个或多个网段。如以太网常常利用中继器扩展总线的电缆长度，标准细缆以太网的每段长度最大185m，最多可有5段，因此增加中继器后，最大网络电缆长度则可提高到925m。一般来说，中继器两端的网络部分是网段，而不是子网。

### 1. 中继器的用途

集线器是一种特殊的中继器，可作为多个网段的转接设备，因为几个集线器可以级联起来——智能集线器，还可将网络管理、路径选择等网络功能集成于其中。随着网络交换技术的发展，集线器正逐步为交换机所取代。

中继器是最简单的一种网络互联设备，它工作在 OSI 七层协议的最低层，即物理层，主要完成物理层的功能，负责在两个节点的物理层上按位传递信息，完成信号的复制、调整和放大功能，以此来延长网络的长度。由于存在损耗，在线路上传输的信号功率会逐渐衰减，衰减到一定程度时将造成信号失真，因此会导致接收错误。中继器就是为解决这一问题而设计的。它完成物理线路的连接，对衰减的信号进行放大，保持与原数据相同。一般情况下，中继器的两端连接的是相同的媒体，但有的中继器也可以完成不同媒体的转接工作。从理论上讲中继器的使用是无限的，网络也因此可以无限延长。事实上这是不可能的，因为网络标准中都对信号的延迟范围作了具体的规定，中继器只能在此规定范围内进行有效的工作，否则会引起网络故障。图 6-39 所示是中继器的外形。

图 6-39　中继器

### 2. 典型中继器产品

目前在市场上存在很多类型、很多品牌的中继器产品，但是主要注意考虑端口类型：RJ-45 和光纤口。在此向大家介绍几种在市场上备受关注的产品。

（1）OLYCOM OM4305：端口类型为 RJ-11 或 RJ-45，产品如图 6-40 所示。

（2）SPACECOM SPC-404-GB-S3：端口类型为光纤口，产品如图 6-41 所示。

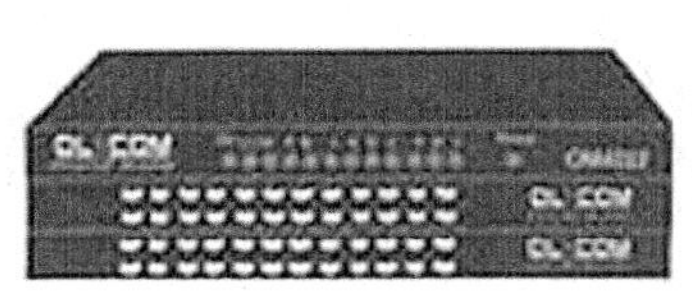

图 6-40　OLYCOM OM4305

图 6-41　SPACECOM SPC-404-GB-S3

## 6.4.2　网桥

网桥（bridge）又称桥接器，是一种在 OSI 参考模型的第 2 层（数据链路层）实现局域网互连的设备。它将两个局域网（LAN）连起来，根据 MAC 地址（物理地址）来转发帧，可以看作一个“低层的路由器”（路由器工作在网络层，根据网络地址如 IP 地址进行转发）。它可以有效地连接两个 LAN，使本地通信限制在本网段内，并转发相应的信号至另一网段，网桥通常用于连接数量不多的、同一类型的网段。

### 1. 网桥的类型

网桥有透明网桥、转换网桥、封装网桥、源路由选择网桥 4 种类型。

（1）透明网桥。所谓“透明网桥”是指，它对任何数据站都完全透明，用户感觉不到它的存在，也无法对网桥寻址。所有的路由判决全部由网桥自己确定。当网桥连入网络时，它能自动初始化并对自身进行配置。图 6-42 所示是网桥的原理示意图。LAN 网段与网桥相连的口称为网桥端口。

基本网桥只有两个端口，而多端口网桥可有多个连接 LAN 的端口。每个网桥端口都是由与特定 LAN 类型相应的 MAC 集成电路芯片以及相关端口管理软件组成。端口管理软件在加电时负责对该芯片进行初始化，并对缓冲器进行管理。

（2）转换网换。转换网桥是透明网桥的一种特殊形式。它在物理层和数据链路层使用不同协议的 LAN 提供网络连接服务。转换网桥通过处理与每种 LAN 类型相关的的信封来提供连接服务。转换网桥提供的处理由于令牌环和 Ethernet 信封类似而比较简单。但是，这两种 LAN 的帧长不同，转换网桥又不能将长帧分段，所以在使用这种网桥时，所互连的 LAN 所发送的帧长要能被两种 LAN 接受。

（3）封装网桥。封装网桥通常用于连接 FDDI 骨干网。封装网桥用来将 4 个 Ethernet 连到 FDDI 骨干网上。与转换网桥不同，封装网桥是将接收的帧置于 FDDI 骨干网使用的信封内，并将封装的帧转发到 FDDI 骨干网，进而传递到其他封装网桥，拆除信封，送到预定的工作站。

（4）源路由选择网桥。源路由选择网桥主要用于互连令牌环网，但在理论上可用于连接任何类型的 LAN。图 6-43 所示是使用路由选择网桥互连 5 个令牌环网的结构。源路由选择网桥与上述 3 种网桥的一个基本区别是，源路由选择网桥要求信息源（不是网桥本身）提供传递帧到终点所需的路由信息。使用源路由选择网桥时，网桥不需要保存转发数据基，它对帧实施转发和滤除的依据是帧信封内包括的数据。信源要想在发送数据时写入到达终点的路由，必须先通过“路由探询过程”来获得。路由探询可用几个方法来实现，其中一种将在下面说明。参看图 6-43 所示的结构，5 个令牌环网由 3 个源路由选择网桥连接。假定 LAN1 站有报文向 LAN5 上的站发送。LAN1 上的站通过发送“探询”包来启动路径发现过程。探询包使用独一无二的信封，只有源路由选择网桥才能识别。每个源路由选择网桥一旦收到探询包，便打入接收该探询包的连接和自身的名字到路由选择信息字段。随后网桥便将包四处扩散到接收包的连接之外的所有连接上。

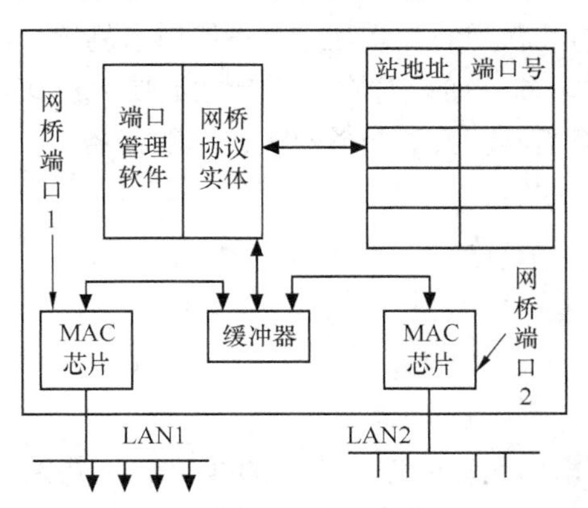

图 6-42　网桥的原理示意图

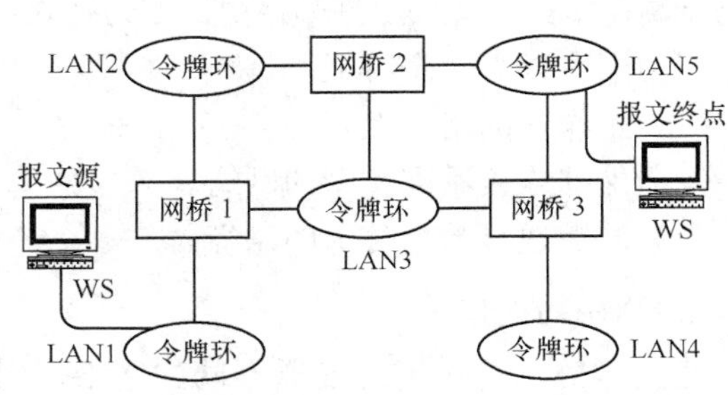

图 6-43　互连 5 个令牌环网的结构

因此，同一探询报文的多个备份可能出现在 LAN 上，探询帧接收者也将收到多个备份，从源点到终点每一可能的通路便有一个备份。每个接收到的帧都包括由连接/ 网桥名字构成的系列表，该系列表列出了从源到终点的可能路径。LAN5 的接收者可能收到多个探询报文，于是根据最快最直接的原则选择一个路径，并向 LAN1 的发信者发回一个响应。该响应列出源和终点间的由中间桥和 LAN 连接组成的特定路径。

LAN1 的信源发现此路径后，将其存储在存储器中，供其随后使用。这些报文包括在由源路由选择桥可以识别的不同类型的信封中。网桥接收到这种信封，只需对连接和网桥组成的表进行扫描才可获得转发信息。



**2．网桥的功能和特点**

网桥的主要功能是对信息的过滤和转发，在延长网络跨度上类似于中继器，然而它能提供智能化连接服务，即根据帧的终点地址处于哪一网段来进行转发和滤除。网桥对站点所处网段的了解是靠“自学习”实现的。与中继器相比，网桥具有以下特点。

（1）可以实现不同类型的局域网互连。

（2）可以实现大范围局域网互连。

（3）可以隔离错误帧，提高网络运行的可靠性。

（4）进一步提高网络的安全性。

## 6.4.3 路由器

路由器（router）是互联网的主要节点设备。路由器通过路由决定数据的转发。转发策略称为路由选择（routing），这也是路由器名称的由来（router，转发者）。它是工作在 OSI 参考模型的第三层（网络层）上的智能型的网络互连设备，具有连接不同类型网络的能力，并能够选择数据传送路径的网络设备。

**1．路由器的特征**

路由器通常用于节点众多的大型网络环境，它处于 ISO/OSI 模型的网络层。与交换机和网桥相比，在实现骨干网的互联方面，路由器特别是高端路由器有着明显的优势。路由器高度的智能化，对各种路由协议、网络协议和网络接口的广泛支持，还有其独具的安全性和访问控制等功能和特点是网桥和交换机等其他互连设备所不具备的。路由器的中低端产品可以用于连接骨干网设备和小规模端点的接入，高端产品可以用于骨干网之间的互连以及骨干网与互联网的连接。特别是对于骨干网的互连和骨干网与互联网的互联互通，不但技术复杂，涉及通信协议、路由协议和众多接口，信息传输速度要求高，而且对网络安全性的要求也比其他场合高得多。因此采用高端路由器作为互联设备，有着其他互联设备不可比拟的优势。

路由器有以下 3 个特征。

（1）工作在网络层上。

（2）能够连接不同类型的网络。

（3）能够选择数据传送的路径。

**2．路由器的作用**

路由器的一个作用是连通不同的网络，另一个作用是选择信息传送的线路。选择通畅快捷的线路，能大大提高通信速度，减轻网络系统通信负荷，节约网络系统资源，提高网络系统畅通率，从而让网络系统发挥出更大的效益来。

从过滤网络流量的角度来看，路由器的作用与交换机和网桥非常相似。但是与工作在网络物理层，从物理上划分网段的交换机不同，路由器使用专门的软件协议从逻辑上对整个网络进行划分。例如，一台支持 IP 协议的路由器可以把网络划分成多个子网段，只有指向特殊 IP 地址的网络流量才可以通过路由器。对于每一个接收到的数据包，路由器都会重新计算其校验值，并写入新的物理地址。因此，使用路由器转发和过滤数据的速度往往要比只查看数据包物理地址的交换机慢。但是，对于那些结构复杂的网络，使用路由器可以提高网络的整体效率。路由器的另外一个明显优势就是可以自动过滤网络广播。从总体上说，在网络中添加路由器的整个安装过程要比即插即用的交换机复杂很多。



### 3．路由器的类型及特点

互联网各种级别的网络中随处都可见到路由器。接入网络使得家庭和小型企业可以连接到某个互联网服务提供商；企业网中的路由器连接一个校园或企业内成千上万的计算机；骨干网上的路由器终端系统通常是不能直接访问的，它们连接长距离骨干网上的 ISP 和企业网络。互联网的快速发展无论是对骨干网、企业网还是接入网都带来了不同的挑战。骨干网要求路由器能对少数链路进行高速路由转发。企业级路由器不但要求端口数目多、价格低廉，而且要求配置起来简单方便，并提供 QoS（服务质量）。

（1）接入路由器。接入路由器连接家庭或 ISP 内的小型企业客户。接入路由器已经开始不只是提供 SLIP 或 PPP 连接，还支持诸如 PPTP 和 IPSec 等虚拟私有网络协议。这些协议要能在每个端口上运行。诸如 ADSL 等技术将很快提高各家庭的可用带宽，这将进一步增加接入路由器的负担。由于这些趋势，接入路由器将来会支持许多异构和高速端口，并在各个端口能够运行多种协议，同时还要避开电话交换网。

（2）企业级路由器。企业或校园级路由器连接许多终端系统，其主要目标是以尽量便宜的方法实现尽可能多的端点互连，并且进一步要求支持不同的服务质量。许多现有的企业网络都是由 Hub 或网桥连接起来的以太网段。尽管这些设备价格便宜、易于安装、无需配置，但是它们不支持服务等级。相反，有路由器参与的网络能够将机器分成多个碰撞域，并因此能够控制一个网络的大小。此外，路由器还支持一定的服务等级，至少允许分成多个优先级别。但是路由器的每端口造价要贵些，并且在能够使用之前要进行大量的配置工作。因此，企业路由器的成败就在于是否提供大量端口且每端口的造价很低，是否容易配置，是否支持 QoS（服务质量）。另外还要求企业级路由器有效地支持广播和组播。企业网络还要处理历史遗留的各种 LAN 技术，支持多种协议，包括 IP、IPX 和 Vine。它们还要支持防火墙、包过滤以及大量的管理和安全策略以及 VLAN。

（3）骨干级路由器。骨干级路由器实现企业级网络的互连。对它的要求是速度和可靠性，而代价则处于次要地位。硬件可靠性可以采用电话交换网中使用的技术，如热备份、双电源和双数据通路等来获得。这些技术对所有骨干路由器而言差不多是标准的。骨干 IP 路由器的主要性能瓶颈是在转发表中查找某个路由所耗的时间。当收到一个包时，输入端口在转发表中查找该包的目的地址以确定其目的端口，当包越短或者当包要发往许多目的端口时，势必增加路由查找的代价。因此，将一些常访问的目的端口放到缓存中能够提高路由查找的效率。不管是输入缓冲还是输出缓冲路由器，都存在路由查找的瓶颈问题。除了性能瓶颈问题，路由器的稳定性也是一个常被忽视的问题。

（4）太比特路由器。在未来核心互联网使用的 3 种主要技术中，光纤和 DWDM 都已经是很成熟的并且是现成的。如果没有与现有的光纤技术和 DWDM 技术提供的原始带宽对应的路由器，新的网络基础设施将无法从根本上得到性能的改善，因此开发高性能的骨干交换/路由器（太比特路由器）已经成为一项迫切的要求。太比特路由器技术现在还主要处于开发实验阶段。

### 4．路由器的体系结构

从体系结构上看，路由器可以分为第一代单总线单 CPU 结构路由器、第二代单总线主从 CPU 结构路由器、第三代单总线对称式多 CPU 结构路由器；第四代多总线多 CPU 结构路由器、第五代共享内存式结构路由器、第六代交叉开关体系结构路由器和基于机群系统的路由器等多类。

### 5．路由器的构成

路由器具有 4 个要素：输入端口、输出端口、交换开关和路由处理器。

输入端口是物理链路和输入包的进口处。端口通常由线卡提供，一块线卡一般支持 4 个、8 个或 16 个端口，一个输入端口具有许多功能。第一个功能是进行数据链路层的封装和解封装。第二个功能是在转发表中查找输入包目的地址从而决定目的端口（称为路由查找），路由查找可以使用一般的硬件来实现，或者通过在每块线卡上嵌入一个微处理器来完成。第三，为了提供 QoS（服务质量），端口要对收到的包分成几个预定义的服务级别。第四，端口可能需要运行诸如 SLIP（串行线网际协议）和 PPP（点对点协议）这样的数据链路级协议或者诸如 PPTP（点对点隧道协议）这样的网络级协议。一旦路由查找完成，必须用交换开关将包送到其输出端口。如果路由器是输入端加队列的，则有几个输入端共享同一个交换开关。这样输入端口的最后一项功能是参加对公共资源（如交换开关）的仲裁协议。

### 6．路由协议

典型的路由选择方式有两种：静态路由和动态路由。

静态路由是在路由器中设置的固定的路由表。除非网络管理员干预，否则静态路由不会发生变化。由于静态路由不能对网络的改变做出反映，一般用于网络规模不大、拓扑结构固定的网络中。静态路由的优点是简单、高效和可靠。在所有的路由中，静态路由优先级最高。当动态路由与静态路由发生冲突时，以静态路由为准。

动态路由是网络中的路由器之间相互通信，传递路由信息，利用收到的路由信息更新路由器表的过程。它能实时地适应网络结构的变化。如果路由更新信息表明发生了网络变化，路由选择软件就会重新计算路由，并发出新的路由更新信息。这些信息通过各个网络，引起各路由器重新启动其路由算法，并更新各自的路由表以动态地反映网络拓扑变化。动态路由适用于网络规模大、网络拓扑复杂的网络。当然，各种动态路由协议会不同程度地占用网络带宽和 CPU 资源。

静态路由和动态路由有各自的特点和适用范围，因此在网络中动态路由通常作为静态路由的补充。当一个分组在路由器中进行寻径时，路由器首先查找静态路由，如果查到则根据相应的静态路由转发分组；否则再查找动态路由。

根据是否在一个自治域内部使用，动态路由协议分为内部网关协议（IGP）和外部网关协议（EGP）。这里的自治域指一个具有统一管理机构、统一路由策略的网络。自治域内部采用的路由选择协议称为内部网关协议，常用的有 RIP、OSPF；外部网关协议主要用于多个自治域之间的路由选择，常用的是 BGP 和 BGP-4。

### 7．路由器的选购

现在市场上存在各种各样的品牌，所以在选购路由器时，需考虑以下 3 个因素。

（1）路由器类型：家庭宽带路由器、宽带路由器、负载均衡路由器和模块化路由器；

大众化的类型为前两种类型。

（2）端口类型。

（3）网络协议。

下面介绍典型的路由器产品。

（1）TP-LINK TL-R402M：路由器类型：宽带路由器；固定广域网接口：10/100Base-TX×1；固定局域网接口：10/100Base-T/TX×4；网络协议：TCP/IP、DHCP、ICMP、NAT、PPoE 和 SNTP；产品外形如图 6-44 所示。

（2）华为 3Com Aolynk BR104：路由器类型：家庭宽带路由器；固定广域网接口：1×10/100Base-TX；固定局域网接口：4×10/100Base-TX；产品外形如图 6-45 所示。

图 6-44　TP-LINK TL-R402M

图 6-45　华为 3Com Aolynk BR104

## 6.4.4　网关

网关（gateway）又称网络协议转换器，是连接两个协议差别很大的计算机网络时使用的设备。它可以将具有不同体系结构的计算机网络连接在一起，工作在 OSI 模型的网络层以上。

### 1．网关概述

在 OSI 中网关有两种：一种是面向连接的网关；另一种是无连接的网关。当两个子网之间有一定距离时，往往将一个网关分成两半，中间用一条链路连接起来，我们称之为半网关。

无连接的网关用于数据报网络的互连，面向连接的网关用于虚拟电路网络的互连。例如在网间互连和 X.25 与 X.75 协议间的互连。网关提供的服务是全方位的，例如，若要实现 IBM 公司的 SNA 与 DEC 公司的 DNA 之间的网关，则需要完成复杂的协议转换工作，并将数据重新分组后才能传送。

网关的实现非常复杂，工作效率也很难提高，一般只提供有限的几种协议的转换功能。常见的网关设备都是用在网络中心的大型计算机系统之间的连接上，为普通用户访问更多类型的大型计算机系统提供帮助。当然，有些网关可以通过软件来实现协议转换操作，并能起到与硬件类似的作用。但它是以损耗机器的运行时间来实现的。

网关在概念上与网桥相似，它与网桥的不同之处就在于以下几个方面。

（1）网关是用来实现不同局域网的连接。

（2）网关建在应用层，网桥建在数据链路层。

（3）网关比起网桥有一个主要的优势，它可以将具有不相容的地址格式的网络相连起来。

### 2．典型网关产品

（1）艾泰 2510VF VPN。艾泰 2510VF VPN 网关如图 6-46 所示，是上海艾泰科技有限公司生产的一种网关，它的基本性能如下。

- 防火墙性能

防火墙策略可以实施到任何一个端口上。可以防止入侵，防止 DoS 和 DDoS 攻击；可判别蠕虫病毒攻击，防止端口扫描、SYN 攻击、ICMP Flooding；防止 ARP 欺骗等。

- VPN 处理能力

它支持 IP/MAC 地址绑定，实现过滤非法 IP 地址或 MAC 地址，防止 IP 地址盗用；允许设置上网黑名单和白名单，从而大大提高过滤数据包的效率，有效地屏蔽非法用户发送来的数据包。

- 产品功率

最大情况下是 5W，通常情况下是 3W。

（2）合勤 Prestige 2002L 网关。合勤 Prestige 2002L 网关如图 6-47 所示，是我国台湾地区合勤科技股份有限公司生产的一种网关，它的基本性能如下。

图 6-46　艾泰 2510VF VPN 网关

图 6-47　合勤 Prestige 2002L 网关

- 主要规格协议：SIP 协议。
- 局域网接口：2 个以太网口，2 个 RJ-11 端口。
- 管理功能：支持多种配置方式，包括基于 Web 的配置、Telnet 管理和 TFTP 自设定（Auto-Provisioning）。
- 可接两路模拟电话。
- 端口号码可分配。

## 6.5　小结

本章介绍了网络设备。网络设备分为两大类，在网络连接设备部分介绍了组建局域网的主要设备：网络传输介质、网卡、集线器和交换机；在网络互联设备部分介绍了用于局域网互联的主要设备：中继器、网桥、路由器和网关。在这之前，首先讨论了当前网络通信的基本工作方式——串行通信中使用的异步串行通信接口的原理和特性，这对于理解网络通信的基本原理是很重要的。调制解调器是计算机进入网络通信线路的必要设备，因此将它单独作为一节来讲，这样能让读者对本章有更深的了解。

## 6.6　习题

### 一、填空题

1．Modem 的中文名称是________。

2．网络通信线路上传输的信号有________方式和________方式两种，后者根据载波信号的形式又可以分为________和________两种。

3．双绞线中包含________条电缆线。双绞线可分为________与________两类。

4．光纤作为网络介质的 LAN 技术主要是________。

5．目前以太网交换机的端口大多数为________端口。

6．在载波传输中，对数字信号进行调制的方法通常有________、________和________3 种。

7．路由器是由________、________、________和________4 个部件构成。

8．在组建局域网最常见的 3 种传输介质中，抗干扰性最好的是________，传输速度最快的是________，价格最便宜的是_______。

9．网络互联设备的 4 种主要类型是________、________、________和_______。

10．组建局域网时，最常用的传输介质有 3 种，分别是________、________和_______。

11．RS-232C 标准规定了 DTE 和 DCE 连接的________、________、________3 个方面的特性。

12．调制解调器有两个信号接口：一个是_______，用于连接电话外线；另一个是_______，用于连接电话机。

**二、选择题**

1．相对于内置 Modem，外置 Modem 的优点有________。

A．价格便宜，节约空间，性能稳定　　B．不易受到物理损坏，价格便宜

C．无需外接独立电源，节约空间　　D．方便灵巧，易于安装

2．Modem 通过普通电话线的上网速率最大可达到________。

A．30kbit/s　　B．56kbit/s　　C．112kbit/s　　D．256kbit/s

3．目前用于连接集线器或者交换机的网卡，其接口类型是________。

A．Pin　　B．BNC　　C．RJ-45　　D．Socket

4．在载波通信中，表示线路上所传送的编码信号传送传输速率的是________。

A．波特率　　B．比特率　　C．数传率　　D．误码率

5．插在 PC 主机扩展槽中，提供 PC 与网络线路连接和数据传输功能的设备是________。

A．网关　　B．网桥　　C．网卡　　D．中继器

6．________是目前服务器网卡经常采用的总线接口。

A．ISA　　B．PCI　　C．PCI-X　　D．PCMCIA

7．细缆按 10Base2 介质标准直接连到网卡上，其单段最大长度为________。

A．100m　　B．150m　　C．185m　　D．200m

8．对于大数据量网络来说，服务器应该采用________网卡，这种网卡多用于服务器与交换机之间的连接，以提高整体系统的响应速率。

A．10M　　B．千兆以太网　　C．100M　　D．10M/100M

9．下列叙述中不是关于路由器的是________。

A．选择不同的网络

B．选择信息传送的线路

C．用于两种高层协议不同的网络系统之间的互连，实现协议的转换

D．通过路由决定数据的转发

10．下列关于网卡概念的叙述，错误的是________。

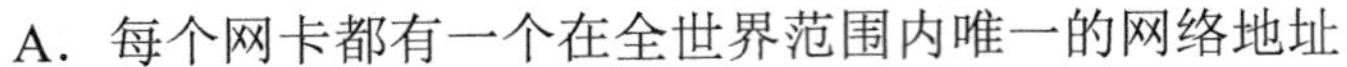



A．每个网卡都有一个在全世界范围内唯一的网络地址

B．任何网卡上必须有微处理器件

C．以太网规定数据的传输必须是曼切斯特编码进行，所以以太网卡中有曼切斯特编码/译码器

D．网卡的网络吞吐量决定了它接收及发送信息的速度

11．下列网络设备中，起着不同网络之间互相连接枢纽的作用的是________。

A．网卡　　B．交换机　　C．网桥　　D．路由器

12．网桥是一种在 OSI 参考模型的________实现局域网互连的设备。

A．数据链路层　　B．物理层　　C．应用层　　D．网络层